U0287591

长江流域水库群科学调度丛书

# 溪洛渡、向家坝、三峡水库联合消落与应急补水调度

张利升　张　松　王学敏　荆平飞　邢　龙等　著

科学出版社
北　京

## 内 容 简 介

本书围绕长江中下游供水条件和指标，结合现有的相关研究成果，对重要控制断面、大型取水口设施及部分河道下切的信息进行深入调研，从长江中下游河势、水文情势变化对各水文站和重要断面水位的影响入手，在探究沿江取水、抗旱、航运补水、生态补水、河口压咸等方面现状和发展趋势的基础上，识别长江中下游已经产生的影响，以期建立考虑多种因素的长江中下游枯水期应急补水调度的目标体系，依据相关法规文件，结合长江上游水库群枯水期补水能力和效果，制定长江中下游抗旱应急调度预案。

本书适合于水利工程、气象工程、水文水资源、环境工程、国土资源等领域内的广大科技工作者、工程技术人员参考使用。

**图书在版编目（CIP）数据**

溪洛渡、向家坝、三峡水库联合消落与应急补水调度/张利升等著. —北京：科学出版社，2024.3

（长江流域水库群科学调度丛书）

ISBN 978-7-03-076797-4

Ⅰ.①溪… Ⅱ.①张… Ⅲ.①长江流域-水库工作深度 ②长江流域-水库调度 Ⅳ.①TV697.1

中国国家版本馆 CIP 数据核字（2023）第 205676 号

责任编辑：何 念 汪宇思/责任校对：高 嵘

责任印制：赵 博/封面设计：无极书装

科学出版社 出版

北京东黄城根北街 16 号

邮政编码：100717

http://www.sciencep.com

北京中科印刷有限公司印刷

科学出版社发行 各地新华书店经销

*

开本：787×1092 1/16

2024 年 3 月第 一 版 印张：11 1/4

2025 年 2 月第二次印刷 字数：265 000

**定价：169.00 元**

（如有印装质量问题，我社负责调换）

# “长江流域水库群科学调度丛书”序

长江是我国第一大河，流域面积达 178.3 万 $km^2$。截至 2022 年末，长江经济带常住人口数量占全国比重为 43.1%，地区生产总值占全国比重为 46.5%。长江流域在我国经济社会发展中占有极其重要的地位。

长江三峡水利枢纽工程（简称三峡工程）是治理开发和保护长江的关键性骨干工程，是世界上规模最大的水利枢纽工程，水库正常蓄水位 175 m，防洪库容 221.5 亿 $m^3$，调节库容 165 亿 $m^3$，具有防洪、发电、航运、水资源利用等巨大的综合效益。

2018 年 4 月 24 日，习近平总书记赴三峡工程视察并发表重要讲话。习近平总书记指出，三峡工程是国之重器，是靠劳动者的辛勤劳动自力更生创造出来的，三峡工程的成功建成和运转，使多少代中国人开发和利用三峡资源的梦想变为现实，成为改革开放以来我国发展的重要标志。这是我国社会主义制度能够集中力量办大事优越性的典范，是中国人民富于智慧和创造性的典范，是中华民族日益走向繁荣强盛的典范。

2003 年三峡水库水位蓄至 135 m，开始发挥发电、航运效益；2006 年三峡水库比初步设计进度提前一年进入 156 m 初期运行期；2008 年三峡水库开始正常蓄水位 175 m 试验性蓄水期，其中 2010～2020 年三峡水库连续 11 年蓄水至 175 m，三峡工程开始全面发挥综合效益。

随着经济社会的高速发展，我国水资源利用和水安全保障对三峡工程运行提出了新的更高要求。针对三峡水库蓄水运用以来面临的新形势、新需求和新挑战，2011 年，中国长江三峡集团有限公司与水利部长江水利委员会实施战略合作，联合开展“三峡水库科学调度关键技术研究”第一阶段项目的科技攻关工作。研究提出并实施三峡工程适应新约束、新需求的调度关键技术和水库优化调度方案，保障了三峡工程综合效益的充分发挥。

“十二五”期间，长江上游干支流溪洛渡、向家坝、亭子口等一批调节性能优异的大型水利枢纽陆续建成和投产，初步形成了以三峡水库为核心的长江流域水库群联合调度格局。流域水库群作为长江流域防洪体系的重要组成部分，是长江流域水资源开发、水资源配置、水生态水环境保护的重要引擎，为确保长江防洪安全、能源安全、供水安全和生态安全提供了重要的基础性保障。

从新时期长江流域梯级水库群联合运行管理的工程实际出发，为解决变化环境中以三峡水库为核心的长江流域水库群联合调度所面临的科学问题和技术难点，2015 年，中国长江三峡集团有限公司启动了“三峡水库科学调度关键技术研究”第二阶段项目的科技攻关工作。研究成果实现了从单一水库调度向以三峡水库为核心的水库群联合调度的转变，从汛期调度向全年全过程调度的转变，以及从单一防洪调度向防洪、发电、航运、供水、生态、应急等多目标综合调度的转变，解决了水库群联合调度运用面临的跨区域精准调控难度大、一库多用协调要求高、防洪与兴利效益综合优化难等一系列亟待突破的科学问题，为流域水库群长期高效稳定运行与综合效益发挥提供了技术保障和支撑。2020年，三峡工程完成整体竣工验收，其结论是：运行持续保持良好状态，防洪、发电、航运、水资源利用等综合效益全面发挥。

当前，长江经济带和长江大保护战略进入高质量发展新阶段，水库群对国家重大战略和经济社会发展的支撑保障日益凸显。因此，总结提炼、持续创新和优化梯级水库群联合调度理论与方法更为迫切。

为此，“长江流域水库群科学调度丛书”在对“三峡水库科学调度关键技术研究”第二阶段项目系列成果进行总结梳理的基础上，凝练了一批水文预测分析、生态环境模拟和联合优化调度核心技术，形成了与梯级水库群安全运行和多目标综合效益挖掘需求相适应的完备技术体系，有效指导了流域水库群联合调度方案制定，全面提升了以三峡水库为核心的长江流域水库群联合调度管理水平和示范效应。

“十三五”期间，随着乌东德、白鹤滩、两河口等大型水库陆续建成投运和水库群范围的进一步扩大，以及新技术的迅猛发展，新情况、新问题、新需求还将接续出现。为此，需要持续滚动开展系统、精准的流域水库群智慧调度研究，科学制定对策措施，按照“共抓大保护、不搞大开发”和“生态优先、绿色发展”的总体要求，为长江经济带发挥生态效益、经济效益和社会效益提供坚实的保障。

“长江流域水库群科学调度丛书”力求充分、全面、系统地展示“三峡水库科学调度关键技术研究”第二阶段项目的丰硕成果，做到理论研究与实践应用相融合，突出其系统性和专业性。希望该丛书的出版能够促进学科相关科研成果交流和推广，为同类工程体系的运行和管理提供有益的借鉴，并对学科未来发展起到积极的推动作用。

中国工程院院士

张超然

2023年3月21日

# 前　言

长江上游干支流已建成一大批控制性水库群，具备较强的水旱灾害防御能力。但水库群联合调度尚未完全覆盖全流域，水资源综合利用水平不足，难以充分应对近年全球气候变化带来的极端洪涝和干旱灾害，特别当面临局部或流域性枯水时，可能威胁到长江中下游枯水期生活生产生态用水，亟须开展水库群枯水期联合供水和应急保障研究。

为了促进流域水资源统一高效灵活配置，本书结合水库群调度运用，开展长江中下游枯水期应急补水调度的目标体系研究，编制部分干支流抗旱水量应急调度预案。本书在调度的新约束、新需求、新边界的条件下，开展长江上游水库群运行后溪洛渡、向家坝、三峡水库三库联合防洪调度系列问题和洪水资源化利用研究。

本书第 1 章为绪论。简要叙述水库群应急补水，枯水期补水、河口压咸及水库联合消落情况，并简要介绍本书主要内容。第 2 章为长江中下游取用水现状。通过调研和资料收集，分析长江中下游沿江城市的生活生产取用水现状，梳理主要取水口和引调水工程等对供水的影响，收集各城市控制水文站的信息和历史数据，为长江中下游调度参数研究提供支撑。第 3 章为长江中下游干流应急补水需求。研究分析对象包括主要取水工程、重点城市和重要断面。复核并分析枯水期长江中下游沿江城市的生活、工业生产、农业灌溉及跨区供水等取用水情况；考虑变化的河势和水文情势对各取水断面水位和流量的影响，分析补水效益与各重要断面水位的对应关系，确定长江下游重点城市的生活、生产、灌溉及跨区供水等用水需求。第 4 章为长江中下游枯水期应急控制指标体系。针对已经发生变化的水文情势，对主要水文站和断面进行数据复核与分析；针对枯水期选取不同来水频率，分析由于流域环境变化、清水下泄、采砂等自然因素和人类活动造成的主要断面水位关系发生变化的程度；计算提出能有效反映多种因素的重要断面综合应急水位控制目标体系。第 5 章为长江上游水库和补水效果。结合长期历史资料，分析长江上游梯级水库群运行与大通站流量的关系，量化影响程度的逐年和年内变化规律，明确大通站流量与三峡水库下泄流量响应关系，进一步分析三峡水库补水压咸的时机和流量的方案。第 6 章为水库消落参数和边界分析。从特枯来水工况出发，分析枯水发生的特征和分布，结合供水调度对象和目标研究水库群应急库容的设置，进一步结合不同水库消落时机的差异性，分析水库群联合消落的影响。第 7 章为水库消落分析和优化。研究分析不同来水条件和工况情况下，不同消落方案在进程、深度方面的差异性，结合洪水、发电需求指定消落控制边界，应用成熟优化方法构建水库群联合消落协调模型，指定消落方案并进行优化。第 8 章为长江上游支流应急补水能力分析。在相关规程、标准基础上，针对嘉陵江和乌江开展枯水期水库群可供水量分析计算，结合洪水控制断面提出应急补水预案。第 9 章为长江中下游干流应急补水调度。结合长期历史数据和沿江用水需求，确定涉及的控制断面范围，分析提出各断面在不同枯水情景下的预警参数，结合水源工程可调水量计算，提出应急补水预案。

本书共 9 章，其中第 1 章由张利升、周曼、喻杉撰写，第 2 章由张松、邹强撰写，第 3 章由王学敏、洪兴骏撰写，第 4 章由邢龙、荆平飞、任金秋撰写，第 5 章由李帅、李肖男撰写，第 6 章由胡挺、王学敏、李荣波撰写，第 7 章由张利升、何小聪、邹强撰写，第 8 章由徐涛、李帅、高玉磊、张丹撰写，第 9 章由荆平飞、荆柱撰写。本书内容由张利升审定，具体组稿、统稿由王学敏负责。本书的编写还得到了长江设计集团有限公司、中国长江三峡集团有限公司流域枢纽运行管理中心、中国长江电力股份有限公司三峡水利枢纽梯级调度通信中心，水利部长江水利委员会及其所属的水旱灾害防御局、水文局等相关单位领导、专家的大力支持和指导。本书的出版得到了中国长江三峡集团有限公司“三峡水库科学调度关键技术研究”第二阶段项目的资助，在此一并致以衷心的感谢。

流域极端枯水期应急补水调度面临水库存水少、用户需水急的双重困难，如何分区域、分时段、分条件高效分配水资源，是一个值得长期研究的问题。由于水库群联合应急补水调度的复杂性及时间、资料的限制，本书难免存在一些不足之处，需要通过实践不断完善。目前，水库群联合消落和应急补水调度相关研究取得了阶段性成果，但许多理论与方法仍在探索之中，有待进一步发展和完善，加之作者水平有限，书中不当之处在所难免，敬请读者批评指正。

作　者

2022 年 9 月于武汉

# 目　录

# 第1章 绪论

长江上游干支流已建成一大批库容大、调节能力好的综合利用水利枢纽，具有较强的水量调蓄能力，但同时也引起长江中下游河道长时间、长距离的冲刷调整，加之气候变化、长江上游水土保持等因素影响，将进一步改变长江中下游河道的水沙过程，从而对长江中下游河段的冲淤变化、河势稳定、岸坡稳定、江湖演变、江湖联动机制等水系特性产生影响。此外，受到潮汐、风应力、河口形态及水下地形等因素的影响，位于长江口的水库在一定时段内都会受到咸潮入侵的威胁，一般发生在冬春枯水期11月～次年4月，每次咸潮入侵历时随着潮汐周期而变化，多为5～7天。由于长江干流缺乏抗旱水量应急调度方案，难以实现高效统一的水资源快速灵活调配。本章主要介绍水库群应急补水调度现阶段的研究和实践情况，并简要概述本书的主要内容。

## 1.1 水库群应急补水概述

长江干流全长约 6 300 km，干支流流经 19 省（自治区、直辖市），流域面积达 178.3 万 $km^2$，横跨我国西部、中部、东部三大地区。流域矿产资源、森林资源、旅游资源丰富；流域城市化水平较高、工业较发达。长江流域在近代经济发展中成为我国工业的发祥地，也是我国今后较长时期内经济增长潜力最大的地区之一。近年来，在全球大气环流异常的极端气候影响下，长江流域内流域性或区域性的干旱灾害出现频次增加，范围涉及长江上、中、下游，给流域经济造成了巨大的损失，严重影响人民群众的生活生产秩序。流域内枯水期水量下降趋势明显，导致部分城镇取水困难、局部河段碍航问题凸显；部分支流水生态、水环境问题渐显；长江口咸水倒灌影响日益显现，流域水生态、水环境安全压力增加，并且威胁到上海市城市用水安全。频繁而严重的旱灾威胁着长江流域经济社会的可持续发展，影响区域社会稳定。

以三峡水库为核心的水库群是治理开发和保护长江的关键性工程，其具有巨大的防洪、发电、航运和枯水期向下游补水等综合利用效益。水库群联合调度可增加长江中游河道枯水期流量，增加枯水期水深，改善长江中游浅滩河段的航运条件，还能有针对性地对长江下游进行补水。因此，本书对长江中下游各控制水文站和重要断面、大型取水口及部分下切河道的参数进行调研和深入分析，开展沿江取水、抗旱、航运补水、生态补水等方面的研究工作，重点分析长江上游来水变化与长江口咸潮入侵的相关关系，为长江上游控制性水库群枯水期运行提供水量应急调度参考，并制定长江中下游抗旱应急调度预案，充分发挥水库群的调控作用，具有重要意义。

根据已建、在建大型水库工程条件、调度能力和地理分布，按照国家防汛抗旱总指挥部（以下简称为国家防总）办公室印发的《跨流域跨省区（区域）水量应急调度预案编制大纲》的要求，编制长江干流抗旱水量应急调度预案，提升水资源调配管理水平，最大程度保障干旱地区用水安全，维护社会稳定。

## 1.2 枯水期补水、河口压咸及水库群联合消落概述

### 1.2.1 枯水期补水

按长江流域综合规划的总体部署，长江上游干支流已经形成了调节能力好、库容大的水库群组（水利部长江水利委员会，2012），为流域蓄丰补枯提供了有力的支撑。但是随着流域年内水量分布发生变化，长江中下游河道水体含沙量减少，可能对中下游河道造成河床下切、边坡不稳、支流断流等不利影响。因此，有必要对长江中下游各控制水文站和重要断面、大型取水口设施及部分下切河道的参数进行调研和深入分析，并结合开展沿江取水、抗旱、航运补水、生态补水、河口压咸等方面的研究工作，为以三峡水库为核心的长江上游

控制性水库群枯水期运行提供水量应急调度目标及参数，充分发挥水库群的调控作用。

为满足流域管理的需要，长江流域开展了多项长江中下游水文情势和水量应急调度方面的研究。2009 年长江勘测规划设计研究院开展了“长江中下游水量应急调度预警水位”的研究工作，研究制定了长江中下游若干控制断面不同等级的水位指标，并确定了枯水期预警水位等级划分标准（长江勘测规划设计研究院，2009a）；完成了“长江流域水资源管理控制指标方案”制定工作，将流域用水总量控制指标分解落实到各省级行政区，为逐步建立以“总量控制与定额管理相结合”的流域最严格水资源管理工作体系提供定量化的技术支撑和决策依据（水利部长江水利委员会，2011）；2013 年长江勘测规划设计研究院完成《大通以下主要引排江工程引排水对长江干流水文情势的影响分析》（长江勘测规划设计研究院，2013a）和《长江干流大通以下区域水资源供需平衡分析和主要控制断面管理指标分析》（长江勘测规划设计研究院，2013b）等研究报告，提出适应流域与区域管理相结合的河口区主要引江工程调度方式和管理意见；《三峡工程对长江中下游重点影响区影响处理》研究报告对三峡工程对长江中下游重点影响区①河势及岸坡，②灌溉及供水，③航道，④生态与环境四个方面的影响进行了规划（长江勘测规划设计研究院，2009b）。这些研究是在河势、水文情势变化条件下建立长江中下游枯水期应急补水调度综合保障体系的相关工作的重要基础。

结合现有相关研究成果，对重要控制断面、大型取水口设施及部分河道下切的信息进行深入研究，从长江中下游河势、水文情势变化对各控制水文站和重要断面水位目标的影响入手，在探究沿江取水、抗旱、航运补水、生态补水、河口压咸等方面现状和发展趋势的基础上，识别长江中下游已经产生的影响，并寻求表征该影响的特征参数，得到流域调度能够识别的各项约束条件，建立考虑多种因素的长江中下游枯水期应急补水调度的目标体系，为开展水库科学调度研究提供依据，对开展本书研究工作十分必要。

### 1.2.2 河口压咸

国外对河口咸潮入侵的系统研究始于 20 世纪 50 年代，其中早期的研究成果主要集中在河口咸潮入侵的基本理论方面。Pritchard（1956，1954，1952）较为全面地阐述了河口纵向环流形成的动力机制，并得出了经典的河口环流和盐度的平衡关系。Bowden 等通过实测资料研究了河口纵向流速分布特征及盐度混合过程（Bowden，1967；Bowden and Sharaf，1966；Bowden et al.，1959）。Bowden（1967）和 Pritchard（1967）均按照垂向盐度的分布特征将河口进行分类。随着研究的深入，部分学者发现在横向尺度较大的河口，不仅存在纵向环流，而且还存在横向环流，在某些区域横向环流比纵向环流更为显著（Fischer，1972），并会反过来影响纵向环流（Lacy et al.，2003）。地形引起的纵向环流在横向上的差异是横向环流形成的主要原因，横向环流是引起横向混合的重要动力机制（Smith，1976）。MacCready（2004，1999）推导了理想河口盐度平流和扩散的平衡关系，并指出在纵向上底层流进表层流出的垂向环流可以增加盐度的垂向分布差异，而垂向混合作用则趋于减小这种差异。河口环流与垂向混合密切相关，垂向混合的增加将引起垂向环流的减弱，从而引起层化的减弱；同时，垂向环流的减弱使得进入河口盐通量减少，从而减小咸潮入侵长度（MacCready，2004；Park and Kuo，1996）。近年来，研究河口咸潮入侵的手段主要以现场观测和数值模拟为主，研究内容侧重于定量分析和动力机制探讨（Scully et al.，2009；Ralston et al.，2008；Lerczak et al.，2006；Warner et al.，2005；Lerczak and Geyer，2004；Prandle，2004；Bowen and Geyer，2003；Geyer et al.，2000）。

我国对河口咸潮入侵的研究始于19世纪80年代，主要集中在长江口和珠江口。以往的研究结果表明，潮汐强弱和径流量大小是影响长江口咸潮入侵的两个最主要的动力因子（贺松林 等，2006；孔亚珍 等，2004；沈焕庭 等，2003；朱建荣和朱首贤，2003；肖成猷和沈焕庭，1998；徐建益和袁建忠，1994；茅志昌 等，1993；韩乃斌，1983；沈焕庭 等，1980）。长江口咸潮入侵的最大特点是北支咸潮倒灌进入南支，北支喇叭口特殊地形、上段青龙港潮位涌升和潮余流的综合作用是其形成的主要动力机制（Xue et al.，2009；吴辉和朱建荣，2007；Wu et al.，2006；顾玉亮 等，2003；王国峰和乐勤，2003；宋志尧和茅丽华，2002；茅志昌 等，2001）。倒灌的咸潮在径流的作用下向下游输运，并逐渐对南支的东风西沙水源地和陈行水源地，以及北港的青草沙水源地产生影响（吴辉和朱建荣，2007；顾玉亮 等，2003；王国峰和乐勤，2003；宋志尧和茅丽华，2002；茅志昌 等，2001）。

根据以上研究，影响河口咸潮入侵的主要因子为入海径流量和潮汐强度，其他的还有风应力、河势变化等。咸潮入侵的变化是由多个动力因子共同作用造成的，对于长江口来说，径流量受到上游流域气候变化导致的降水、蒸发量变化的影响，以及大型水利水电工程的影响；而潮汐强度则会受到长江三角洲附近海域海平面上升、地基沉降和地壳沉降等的影响。

气候变化和重大工程引起的改变对河口咸潮入侵影响的研究多为数值模拟，需要具体落实到模式的边界条件和初始条件上，并且研究未来某一确定年份的咸潮入侵变化，需要给出明确的变化量值。就目前研究状况来看，相关研究主要集中在对现状流域水资源和海平面情况的分析，以及预测未来径流量和海平面的变化区间。但基于不同研究背景和数据得到的结论不尽相同，气候变化和重大工程的影响还需要进一步深入的研究。

### 1.2.3 水库群联合消落

在长江上游梯级水库群消落期调度研究方面，中国长江三峡集团有限公司、长江设计集团有限公司等单位先后完成了一系列相关工作，是本书的研究基础。

《三峡水库优化调度方案》和《三峡（正常运行期）—葛洲坝水利枢纽梯级调度规程（2019年修订版）》对三峡水库防洪调度方式、蓄水调度方式、汛前集中消落调度方式等进行了深入研究，溪洛渡水库和向家坝水库调度规程对其发电调度运行方式、水位控制原则、下泄流量等提出了具体要求，其中供水期调度需求、发电调度方式、汛前集中消落研究成果是本书的重要基础和边界条件（中华人民共和国水利部，2019，2009b）。但是在消落期调度方式上，上游水库群的调度方式主要作为研究的边界条件纳入考虑，没有考虑上游水库群联合消落调度方式，水库调度范围也不足以涵盖目前长江上游控制性水库群的建库范围。

需要研究长江上游梯级水库群联合调度背景下，溪洛渡水库、向家坝水库、三峡水库和葛洲坝水库消落期联合调度方式。

《三峡水库汛前水位集中消落调度方式优化研究》分析了三峡水库不同消落时间对下游沙市站、城陵矶站、汉口站、湖口站的水位影响，分析截至2014年三峡水库以上正常运行大型控制性水库（如二滩水库、紫坪铺水库、瀑布沟水库、构皮滩水库和宝珠寺水库）实际消落过程对三峡水库汛前集中消落期的影响，以及在上游水库汛前蓄水的情况下三峡水库推迟汛前集中消落调度的防洪影响、发电效益和风险，并提出相应的应急调度响应策略（长江勘测规划设计研究有限责任公司，2014a）。本书将新增的锦屏一级等2014年后新投入的大型控制性水库纳入研究范围，在分析三峡水库以上梯级水库群消落影响分析的基础上，研究溪洛渡水库和向家坝水库主动配合三峡水库实施联合调度，优化梯级水库群消落调度进程和水量分配，为促进水调电调协调创造更好的条件。

针对长江上游控制性水库调度方案的研究，聚焦可投入运用、对长江中下游防洪和水资源调度影响较大的控制性水库，从防洪、蓄水、发电、供水、泥沙、水生态和水环境等方面，从时间上按汛期、蓄水期、枯水期及汛前消落期等调度时期进行研究，从空间上先分支流研究本河流的联合调度方案，再研究配合三峡水库联合调度的总体调度方案，最终形成指导长江上游控制性水库群联合运行的调度方案。针对长江上游控制性水库调度方案的研究以三峡水库为重点研究对象，分析了消落期调度的主要影响因素，以及上游控制性水库汛前消落库容和汛前消落期来水情况，分析了上游水库汛前消落期调度对中下游的防洪影响。研究重点工作为水量调度问题，没有考虑电网负荷，不符合目前电力市场新环境导致的长江上游梯级水库群消落期调度特性变化，需要针对新的电网负荷需求形势下上游水库消落调度的特点，分析梯级水库群联合调度对溪洛渡水库、向家坝水库和三峡水库消落调度的影响，统筹考虑水库群汛前水量调度需求和电量调度需求，提出保障长江中下游防洪安全的消落期调度方案。

《三峡水库消落期调度风险分析及应急调度策略研究》综合考虑三峡水库集中消落期各种影响因素，分均匀消落和优化消落两种集中消落期水位消落方式、紧急追降和延迟预泄两种集中消落期末流量下泄方式，重点分析集中消落不到位的各种末时段水位的防洪风险，同时综合分析集中消落期的发电效益和生态效益，在以上风险分析的基础上提出了应急调度响应策略。该研究以三峡水库汛前集中消落调度为主，主要研究了汛前集中消落不到位的防洪风险及应对策略（长江勘测规划设计研究有限责任公司，2014b）。

## 1.3 本书主要内容

在现有规程规范和研究成果的基础上，对长江中下游取用水需求和现行应急补水方式进行调研，结合河道冲刷、江湖关系、城市发展对应急补水需求的演变，分析城市生活用水、工业用水、农业用水、生态用水等应急取用水需求，提出重点控制断面的枯水表征指标，为应急取用水提供预警参考；归纳总结咸潮入侵的变化规律及探讨影响其变化的主要动力因素，探索长江上游来水量和咸潮入侵存在的内在联系，以流域梯级水库水资源调度对长江口淡水资源的影响为切入点，在长江口咸潮倒灌期间通过以三峡水库为核心的水库群实施应急调度，研究其对长江口地区咸潮入侵的影响及对策。建立考虑多种因素的长江中下游枯水期应急补水调度的目标体系，为保障长江口地区饮用水安全、社会经济安全、生态环境安全，开展水库科学调度研究提供依据。

本书在总结长江上游梯级水库群消落期调度规律的基础上，评价长江上游梯级水库群消落期调度对长江中下游的防洪影响，研究提出不影响长江中下游防洪安全的汛前消落期三峡水库出库流量控制条件，优化溪洛渡水库、向家坝水库和三峡水库消落期水量分配过程，提出长江上游梯级水库调度影响及保障防洪安全条件下，能够协调水量调度和发电调度要求、提高梯级水库发电效益的溪洛渡水库和向家坝水库配合三峡水库调度的消落时机和次序。

本书依据历年干旱事件选取枯水典型年和典型工况，结合现有相关研究成果及长江中下游枯水期应急补水调度保障目标和参数分析中应急抗旱控制断面及相应的控制指标，计算分析长江干支流水库群枯水期补水能力和效果，依据相关法规文件制定《长江上游干流抗旱水量应急调度预案》、《嘉陵江水量应急调度预案》、《乌江抗旱水量应急调度预案》和《长江中下游抗旱应急调度预案》。

本书重点从以下5个方面开展论述。

（1）长江上游水库群消落方式研究，要在梯级水库群消落运行中综合考虑发电调度需求及防洪安全需求和航运、生态、供水等水量调度方面的需求，建立协调调度模型进行分析计算，并重点研究各因素间约束的考虑方式。

（2）长江口咸潮入侵研究，需要考虑影响河口咸潮入侵的主要因子，除入海径流量和潮汐强度外，还受风应力、河势变化等多个动力因子共同作用。本书既要综合模拟分析咸潮入侵规律，也要合理分析评估上游水库群、引调水工程、航道整治工程等对咸潮的影响方式和程度。

（3）枯水期应急补水需求研究，难点主要在于统筹长江中下游干流的枯水期供水需求，分析不同河段、不同对象的供水问题和困难程度，由于范围广、对象多，需要聚焦关键控制断面，并寻求反映影响水量控制指标之间的特征参数或表征方式，得到基于多种因素影响下的长江中下游水库枯水期应急补水调度目标体系。

（4）长江上游干支流水量应急调度研究涉及干支流水库众多，水力联系紧密，需要综合考虑干支流应急调度预案间的协调关系，确保涉及水库和供水对象成果和方案的一致性。

（5）长江中下游干流应急补水预案编制，长江中下游干流基本不存在资源性缺水，如何综合衡量长江上下游用水应急需求，提出统筹协调不同时期、不同区域各方水量应急的方案建议，是本书需要解决的关键问题。

本书涉及多方面内容，具体情况如下。

（1）长江中下游河道、水文情势、取用水设施调研。本书重点调研长江中下游沿江主要取水工程取水情况和取水口水位等数据；调研收集沿江重点城市的生活、工业生产、农业灌溉及跨区供水等取用水情况；收集宜昌、沙市、城陵矶、武汉关、九江、大通、南京等断面情况；收集整理长江口咸潮入侵的现有相关研究成果，归纳总结长江口咸潮入侵的影响因素和机理、路径和周期，以及咸潮入侵强度与水体含盐度沿程变化的关系等。

（2）长江上游来流量与咸潮入侵的响应关系研究。本书研究长江上游来流量与咸潮入侵的关系，探索咸潮入侵与长江上游来流量的响应关系，提出大通站临界流量特征值。以长江入海水量控制水文站大通站为节点，分析长江大通站以上、以下流域的径流、水资源特征及其年内、年际变化规律。结合长江口咸潮入侵沿程盐度变化分析成果，探索咸潮入侵与长江上游来流量的响应关系及互动影响，确定长江口各河段氯化物质量浓度普遍升高时大通站的临界流量特征值。

（3）对长江中下游取用水情况的研究分析。调研长江中下游不同类型取用水设施在不同时期的用水需求，分析水库运行对各地区、各类设施取用水的影响程度，结合宜昌站、枝城站、沙市站、莲花塘站、汉口站、大通站等主要控制水文站和断面历史数据统计分析，采用不同维度提出各重点控制断面的枯水期应急补水控制水位建议。

（4）供水应急情况的原因分析和表征参数研究。选取沿江取水、抗旱、航运补水、生态补水、河口压咸等多个方面制定项目的应急调度保障目标。对三峡水库及其上游水库的应急调度补水能力和效果进行研究，并对应急调度的可行范围和能够达到的程度进行界定；结合以三峡水库为核心的水库群调度运行情况，选择不同水平年对各重点断面的水位要求和河口压咸的补偿程度进行分析，提出梯级水库群调蓄对大通站的影响程度；根据不同保障目标的重要性进行分级考虑，提出三峡水库及其上游水库相应的流量控制指标，建立能有效反映多种因素的长江中下游综合应急补水调度目标体系。

（5）长江上游水库群消落调度影响分析。依据长江上游梯级水库群消落期调度特点，建立梯级水库群消落期联合调度模型，计算长系列水文过程水库调度情况，对比天然状态下水库的入库流量过程，分析长江上游水库调度对溪洛渡水库、向家坝水库和三峡水库消落期入库流量的影响，以及对洞庭湖和鄱阳湖区域4～6月水位的影响。

（6）协调综合利用需求的消落期调度方式优化。初步分析溪洛渡水库、向家坝水库、三峡水库、葛洲坝水库发电调度需求和水量调度条件是否匹配，明确梯级水库水量调度和发电调度协调需解决的关键问题，进一步计算评价不同消落期调度方案的防洪影响、水量调度和发电调度的适应性，提出能够协调梯级水库水量调度和发电调度并具有较好发电效益的溪洛渡水库、向家坝水库和三峡水库联合消落调度方式。

（7）长江中下游干流应急调度预案编制。根据《跨流域跨省区（区域）水量应急调度预案编制大纲》的要求，收集整理有关法律文件和已经审批的其他流域水量应急预案，对组织管理、预防预警、预案启动条件、调度实施方案、调度实施组织方式、后期处理、保障措施等方面的内容进行梳理，并根据长江上游水库群不同运行状态的应急保障能力，提出应急调度方案，最终形成《长江中下游干流抗旱水量应急调度预案》。

（8）长江上游干支流应急调度预案编制。为进一步完善长江流域水量调度体系，支撑水库群联合调度方案编制，本书以长江上游干流、乌江、嘉陵江等为研究对象，分析其所在流域范围内的城乡供水、企业生产、农业灌溉、交通航运及环境生态等用水总量和不同时期的用水需求，按生活、工业生产和农业灌溉用水等不同保障要求，研究确定相应旱警指标，提出水量应急调度方案，编制水量应急调度预案。从长江干流应急补水需求出发，分析城乡、灌溉、航运、洞庭湖四口（松滋口、太平口、藕池口、调弦口）的供水需求，并重点对长江口压咸进行了研究分析，再结合上游水库可用库容进行枯水期消落的影响研究，提出不同干支流枯水期应急调度预案。

# 第 2 章

# 长江中下游取用水现状

长江自宜昌以下进入中下游冲积平原，干流流经湖北、湖南、江西、安徽、江苏、上海等省（直辖市），于上海崇明岛以东注入东海，根据长江流域水资源综合规划水资源分区成果，长江中下游共有 6 个二级水资源区划，分别是"洞庭湖水系"、"汉江"、"鄱阳湖水系"、"宜昌至湖口"、"湖口以下干流"和"太湖水系"。长江流域是我国重要的经济区，在我国经济社会发展中占有极其重要的地位。而全流域经济重心在长江中下游，形成了以上海、南京为中心的长江下游经济区，以武汉为中心的长江中游经济区。随着经济社会的快速发展，物质生活水平的日益提高，人们对水资源的需求不断增加。由于当地水资源有限，部分地区河流污染严重，地下水超采，两岸沿江各地从长江干流大量取水以满足其生产、生活的要求。

## 2.1　沿江城市取用水概况

长江中下游干流沿线有宜昌、荆州、岳阳、武汉、咸宁、鄂州、黄冈、黄石、九江、安庆、池州、马鞍山、铜陵、芜湖、南京、扬州、泰州、常州、镇江、无锡、苏州、南通22个地级市和上海1个直辖市，用水均以地表水为主，沿长江建有取水的自来水厂、工业自备水厂和灌溉泵站等取水设施。取水用途一般分为生产用水、生活用水、生态用水。

### 1. 宜昌

2021年，宜昌市全市总用水量21.167 7亿$m^3$，从用途看，88.52%为生产用水，10.31%为生活用水，1.17%为生态用水，分用途取水量见表2.1。

**表2.1　宜昌长江干流分用途取水表**

| 主要取水用途 | 用水量/亿$m^3$ | 比例/% |
|---|---|---|
| 生产 | 18.738 6 | 88.52 |
| 生活 | 2.181 6 | 10.31 |
| 生态 | 0.247 5 | 1.17 |
| 总量 | 21.167 7 | 100.00 |

### 2. 荆州

2021年，荆州市全市总用水量39.256 5亿$m^3$，从用途看，92.30%为生产用水，6.47%为生活用水，1.23%为生态用水，分用途取水量见表2.2。

**表2.2　荆州长江干流分用途取水表**

| 主要取水用途 | 用水量/亿$m^3$ | 比例/% |
|---|---|---|
| 生产 | 36.234 2 | 92.30 |
| 生活 | 2.540 9 | 6.47 |
| 生态 | 0.481 4 | 1.23 |
| 总量 | 39.256 5 | 100.00 |

### 3. 武汉

2021年，武汉市全市总用水量39.39亿$m^3$，从用途看，63.85%为生产用水，34.27%为生活用水，1.88%为生态用水，分用途取水量见表2.3。

**表 2.3　武汉长江干流分用途取水表**

| 主要取水用途 | 用水量/亿 $m^3$ | 比例/% |
| --- | --- | --- |
| 生产 | 25.15 | 63.85 |
| 生活 | 13.50 | 34.27 |
| 生态 | 0.74 | 1.88 |
| 总量 | 39.39 | 100.00 |

### 4. 岳阳

2021 年，岳阳市全市总用水量 36.305 亿 $m^3$，从用途看，85.85%为生产用水，10.25%为生活用水，3.90%为生态用水，分用途取水量见表 2.4。

**表 2.4　岳阳长江干流分用途取水表**

| 主要取水用途 | 用水量/亿 $m^3$ | 比例/% |
| --- | --- | --- |
| 生产 | 31.170 | 85.85 |
| 生活 | 3.720 | 10.25 |
| 生态 | 1.415 | 3.90 |
| 总量 | 36.305 | 100.00 |

### 5. 九江

2021 年，九江市全市总用水量 23.228 6 亿 $m^3$，从用途看，87.04%为生产用水，12.02%为生活用水，0.94%为生态用水，分用途取水量见表 2.5。

**表 2.5　九江长江干流分用途取水表**

| 主要取水用途 | 用水量/亿 $m^3$ | 比例/% |
| --- | --- | --- |
| 生产 | 20.218 3 | 87.04 |
| 生活 | 2.791 2 | 12.02 |
| 生态 | 0.219 1 | 0.94 |
| 总量 | 23.228 6 | 100.00 |

### 6. 安庆

2021 年，安庆市全市总用水量 23.09 亿 $m^3$，从用途看，87.40%为生产用水，11.04%为生活用水，1.56%为生态用水，分用途取水量见表 2.6。

表 2.6 安庆长江干流分用途取水表

| 主要取水用途 | 用水量/亿 $m^3$ | 比例/% |
|---|---|---|
| 生产 | 20.18 | 87.40 |
| 生活 | 2.55 | 11.04 |
| 生态 | 0.36 | 1.56 |
| 总量 | 23.09 | 100.00 |

### 7. 扬州

2021 年，扬州市全市总用水量 36.100 4 亿 $m^3$，从用途看，89.37%为生产用水，9.75%为生活用水，0.88%为生态用水，分用途取水量见表 2.7。

表 2.7 扬州长江干流分用途取水表

| 主要取水用途 | 用水量/亿 $m^3$ | 比例/% |
|---|---|---|
| 生产 | 32.264 2 | 89.37 |
| 生活 | 3.520 5 | 9.75 |
| 生态 | 0.315 7 | 0.88 |
| 总量 | 36.100 4 | 100.00 |

### 8. 苏州

苏州用水主要取自长江干流和太湖，每年还通过引江济太工程从长江向太湖补水。2021 年，苏州市全市总用水量 99.77 亿 $m^3$，从用途看，87.93%为生产用水，11.49%为生活用水，0.58%为生态用水，分用途取水量见表 2.8。

表 2.8 苏州长江干流分用途取水表

| 主要取水用途 | 用水量/亿 $m^3$ | 比例/% |
|---|---|---|
| 生产 | 87.73 | 87.93 |
| 生活 | 11.46 | 11.49 |
| 生态 | 0.58 | 0.58 |
| 总量 | 99.77 | 100.00 |

### 9. 南通

2021 年，南通市全市总用水量 47.64 亿 $m^3$，从用途看，88.27%为生产用水，10.77%为生活用水，0.96%为生态用水，分用途取水量见表 2.9。

表 2.9　南通长江干流分用途取水表

| 主要取水用途 | 用水量/亿 $m^3$ | 比例/% |
| --- | --- | --- |
| 生产 | 42.05 | 88.27 |
| 生活 | 5.13 | 10.77 |
| 生态 | 0.46 | 0.96 |
| 总量 | 47.64 | 100.00 |

### 10. 上海

2021 年，上海市全市总用水量 77.44 亿 $m^3$，从用途看，67.11%为生产用水，31.83%为生活用水，1.06%为生态用水，分用途取水量见表 2.10。

表 2.10　上海长江干流分用途取水表

| 主要取水用途 | 用水量/亿 $m^3$ | 比例/% |
| --- | --- | --- |
| 生产 | 51.97 | 67.11 |
| 生活 | 24.65 | 31.83 |
| 生态 | 0.82 | 1.06 |
| 总量 | 77.44 | 100.00 |

从取水水量及用途看，武汉、上海等城市人口较为集中，生活用水水量的比重较高。沿江火电厂用水主要用于冷却，大多采用直流式工艺，用水量虽大但几乎不损耗，即用即排，仅对水温有一定影响，对河道内水量、水质无影响。

因此，从水量方面来说，现有供水能力能满足城市各行业用水需要。城市用水年内分配较为均匀，长江中下游沿江各城市枯水期用水的问题主要是长江枯水期水位与生活、生产取水设施取水口高程的矛盾问题。

## 2.2　主要取水口和相关工程

长江中下游有较多集泄洪、排涝、灌溉、供水等功能于一体的大型水利枢纽工程，采用水闸或泵站取水，其中的一部分也是大型调水工程的龙头工程，这些调水工程主要有南水北调中线及东线工程、引江济汉工程、引江济巢工程、引江济太工程等。另外，沿江还有数量众多、功能较为单一的取水口，包括建于通江河道入江口处的水闸和抽水泵站，江、洲、港堤涵洞，自来水厂取水口及企业自备水源取水口，其中取水能力较大的取水口（取水量 50 $m^3/s$ 及以上）主要分布在湖北荆江河段和大通以下河段。

## 2.2.1 主要取水口

长江中下游沿江地区直接从长江干流取水的取水口 1 814 个（不包括大型水利枢纽工程取水口，下同），最大取水量之和为 6 881 $m^3/s$，包括自来水厂取水口 290 个，一般工业自备水源取水口 202 个，火（核）电厂取水口 75 个及以农业用水为主的取水口 1 247 个。部分农业用水取水口兼有城乡供水和一般工业用水取水要求。按行政区域统计取水口，湖北 394 个，湖南 62 个，江西 81 个，安徽 294 个，江苏 543 个，上海 440 个。

长江中下游干流取水口中引水流量大于等于 50 $m^3/s$ 的有 23 个，主要分布在湖北的荆州（6 个）、武汉（1 个）、黄冈（1 个），安徽的安庆（1 个）、马鞍山（1 个），江苏的镇江（4 个）、泰州（1 个）、苏州（2 个），以及上海（6 个）等地。大通以下有 14 个。从取水用途看，农业、工业、生态和城乡供水等用水均有涉及，镇江以上多为农业用水取水口，镇江以下多为火（核）电厂取水口，2 个城乡供水取水口均在上海（表 2.11）。

**表 2.11　长江中下游沿江主要取水口**

| 省份 | 地区 | 工程名称 | 设计引水流量/（$m^3/s$） | 主要取水用途 |
|---|---|---|---|---|
| 湖北 | 荆州 | 调弦口闸取水口 | 60.0 | 农业 |
| | 荆州 | 观音寺闸取水口 | 70.0 | 农业 |
| | 荆州 | 孙良洲退洪闸取水口 | 60.2 | 农业 |
| | 荆州 | 西门渊闸取水口 | 50.0 | 农业 |
| | 荆州 | 新堤老闸取水口 | 158.0 | 生态 |
| | 荆州 | 新堤排水闸取水口 | 800.0 | 生态 |
| | 武汉 | 阳逻电厂取水口 | 50.0 | 火（核）电 |
| | 黄冈 | 八一闸灌区八一闸取水口 | 57.3 | 农业 |
| 安徽 | 安庆 | 漳湖闸取水口 | 50.0 | 农业 |
| | 马鞍山 | 驷马山泵站取水口 | 110.0 | 农业 |
| 江苏 | 镇江 | 龟山闸取水口 | 70.0 | 农业 |
| | 镇江 | 沙腰河闸取水口 | 70.0 | 农业 |
| | 镇江 | 姚桥闸取水口 | 70.0 | 农业 |
| | 镇江 | 谏壁电厂取水口 | 50.0 | 火（核）电 |
| | 泰州 | 国电泰州发电有限公司取水口 | 63.2 | 火（核）电 |
| | 苏州 | 华能国际电力股份有限公司取水口 | 52.4 | 火（核）电 |
| | 苏州 | 江苏常熟发电有限公司取水口 | 50.0 | 一般工业 |

续表

| 省份 | 地区 | 工程名称 | 设计引水流量/（$m^3/s$） | 主要取水用途 |
| --- | --- | --- | --- | --- |
| | 上海 | 宝山钢铁股份有限公司电厂取水口 | 51.8 | 火（核）电 |
| | | 上海城投原水有限公司长江原水厂取水口 | 68.3 | 城乡供水 |
| | | 青草沙水库取水口 | 83.2 | 城乡供水 |
| | | 华能国际电力股份有限公司上海石洞口第一电厂取水口 | 66.4 | 火（核）电 |
| | | 上海外高桥第二发电有限责任公司取水口 | 62.7 | 火（核）电 |
| | | 上海外高桥第三发电有限责任公司取水口 | 64.4 | 火（核）电 |

### 2.2.2　主要调水工程

1. 南水北调中线工程

南水北调中线工程从长江北岸最大支流汉江中上游丹江口水库陶岔渠首枢纽引水，经长江流域与淮河流域的分水岭方城垭口，沿唐白河流域和黄淮海平原西部边缘开挖渠道，在河南郑州附近通过隧道穿过黄河，沿京广铁路西侧北上，自流到北京的团城湖。供水范围主要是唐白河平原和黄淮海平原的中西部，供水总面积约 15.5 万 $km^2$，工程重点解决河南、河北、天津、北京等 4 个省市，沿线 20 多座大中城市的生活和生产用水，并兼顾沿线地区的生态和农业用水。中线输水干渠总长达 1 427 km，向天津输水干渠长 154 km，设计引水流量 350 $m^3/s$，加大引水流量 420 $m^3/s$，年均调水 95 亿 $m^3$；后期规模设计引水流量 500～630 $m^3/s$，加大引水流量 630～800 $m^3/s$，年均调水 120 亿～140 亿 $m^3$。第一期调水 95 亿 $m^3$，后期调水 130 亿 $m^3$。

2. 南水北调东线工程

南水北调东线工程利用已有的江苏江水北调工程，扩大调水规模，向北延伸。江苏扬州附近的江都水利枢纽从长江干流引水，利用京杭大运河及其平行的河道输水，连通洪泽湖、骆马湖、南四湖、东平湖，并作为调蓄水库，经泵站逐级提水进入东平湖后，分水两路：一路向北穿黄河后自流到天津；另一路向东经新辟的胶东地区输水干线接引黄济青渠道，向胶东地区供水。从长江至东平湖设 13 个梯级抽水站，总扬程 65 m。东线工程从长江引水，有三江营和高港两个引水口门，三江营是主要的引水口门，高港在冬春季节长江低潮位时，承担经三阳河向宝应站加力补水任务。江苏扬州附近的长江干流引水，基本沿京杭大运河逐级提水北送，向黄淮海平原东部和胶东地区供水，供水区内分布有淮河、海河、黄河流域的 25 个地级市及其以上城市。

南水北调东线工程分三期实施。第一期工程主要向江苏和山东两省供水，设计引水流量 500 $m^3/s$，工程多年平均抽江水量 89.37 亿 $m^3$，2013 年建成。第二期工程供水范围扩大至河北、天津，设计引水流量增加到 600 $m^3/s$，第二期工程多年平均抽江水量达到 105.86 亿 $m^3$。

第三期工程增加北调水量，以满足供水范围内 2030 年国民经济发展对水的需求，设计引水流量增加到 800 $m^3/s$，第三期工程多年平均抽江水量达到 148.17 亿 $m^3$。

江都水利枢纽工程既是江苏江水北调的龙头，又是国家南水北调东线的源头。江都水利枢纽工程地处扬州以东 14 km 处的江都市区，位于京杭大运河、新通扬运河和淮河入江尾闾芒稻河的交汇处。该工程由 4 座大型电力抽水站、5 座大型水闸、7 座中型水闸、3 座船闸、2 个涵洞、2 条鱼道及输变电工程、引排河道组成，是一个具有灌溉、排涝、泄洪、通航、发电、改善生态环境等综合功能的大型水利枢纽工程。其中 4 座抽水站共装有大型立式轴流泵机组 33 台（套），装机容量 5.3 万 kW，最大抽水能力为 508 $m^3/s$，是目前我国规模最大的电力排灌工程。目前江都水利枢纽由江苏省江都水利工程管理处负责日常运行管理工作。

高港枢纽工程为泰州引江河工程的龙头，同时也是其控制性工程，包括泵站、节制闸、调度闸、送水闸、船闸及 110 kV 变电站和配套管理设施。其中：节制闸设计流量为 440 $m^3/s$；泵站通过闸门调节，可正反抽水 300 $m^3/s$，并通过下层流道，自引江水 160 $m^3/s$（与节制闸同时开启共引水 600 $m^3/s$）；调度闸设计流量 100 $m^3/s$；送水闸设计流量 100 $m^3/s$；船闸可通行千吨级船队。泰州引江河工程是江苏苏北地区从长江引水至新通扬运河的引江工程，也是南水北调东线工程的引江口之一。该工程是以引水为主，灌溉、排涝、航运、生态、旅游综合利用的大型水利设施，主要功能是增供苏北地区水源，改善里下河地区洼地排涝，提高南通地区灌排标准；工程总体规模按自流引江流量 600 $m^3/s$ 设计，河底宽 80 m。泰州引江河工程实行统一管理和分级管理相结合的管理体制，江苏省泰州引江河管理处负责该工程的日常运行管理工作。

### 3. 引江济汉工程

引江济汉工程是从湖北荆州的李埠镇长江龙洲垸河引水到潜江的高石碑镇汉江兴隆河段，引江干渠全长 62.23 km，设计引水流量 350 $m^3/s$，最大引水流量 500 $m^3/s$，渠道以通水为主，兼顾灌溉与通航两个功能，可常年通行 1 000 吨级船舶。引江济汉工程是南水北调中线的调水补偿工程，工程的主要任务是向汉江兴隆以上河段补充因南水北调中线一期工程调水而减少的水量，改善河段的生态、灌溉、供水、航运用水条件。该工程由水利部南水北调规划设计管理局负责管理。

### 4. 引江济巢工程

引江济巢工程是引江济淮工程的第一步。引江济淮工程是一项以工业和城市为主，兼有农业灌溉补水、水生态环境改善和发展江淮航运等综合效益的大型跨流域调水工程，自南向北可划分为引江济巢、江淮沟通、淮水北调三段，其中引江济巢为引江济淮水源和兼顾巢湖水环境改善工程，江淮沟通为引江济淮输水和兼顾江淮航运工程，淮水北调为引江济淮延伸配水工程。

引江济巢工程从长江枞阳闸提水至巢湖，设计引水流量 350 $m^3/s$，全长 110 km，估算投资 90 亿元，可有力改善巢湖水生态，同时可满足合肥滨湖新区及巢湖市的工业、景观等用水需求，也为下一步引江济淮工程奠定了基础。引江济巢工程引江口门的具体位置有凤凰颈、白荡湖、菜子湖三条线路可供比选，引江水量经巢湖流动后有裕溪河注入长江。其中凤凰颈排灌站目前由安徽省凤凰颈排灌站管理处进行具体的水利工程日常管理工作。

5. 引江济太工程

引江济太工程通过从江苏常熟的望虞河将长江水引入太湖，改善太湖水环境，由此带动其他水利工程的优化调度，加快水体流动，提高水体自净能力，缩短太湖换水周期，实现流域水资源优化配置。

望虞河常熟水利枢纽工程是望虞河连接长江的控制性水工建筑物，也是引江济太工程的龙头。工程由泵站、节制闸、船闸等组成，具有泄洪、引水、挡潮、通航及改善水环境等综合功能。其中：枢纽泵站双向设计引水流量为 180 $m^3/s$；下层流道自流引排水设计流量为 125 $m^3/s$；节制闸设计流量为 375 $m^3/s$；校核流量为 750 $m^3/s$。

太湖流域管理局负责引江济太工程的管理工作，常熟市长江河道管理处负责管理望虞河常熟水利枢纽工程，太湖流域管理局参与常熟水利枢纽工程管理。

长江中下游主要的调水工程列于表 2.12。

**表 2.12　长江中下游主要调水工程**

| 序号 | 工程名称 | 龙头工程 | 所在地点 | 调水区 | 受水区 | 设计引水流量/($m^3/s$) | 管理单位 | 备注 |
|---|---|---|---|---|---|---|---|---|
| 1 | 南水北调中线工程 | 陶岔渠首枢纽工程 | 湖北十堰 | 汉江 | 唐白河平原、黄淮海平原 | 350 | 中国南水北调集团中线有限公司 | 已建 |
| 2 | 南水北调东线工程 | 江都水利枢纽工程；泰州引江河工程（高港枢纽工程） | 江苏扬州 | 长江 | 黄淮海流域 | 500/600/800（一/二/三期） | 江苏省江都水利工程管理处 | 一期工程已建 |
| 3 | 引江济汉工程 | 龙洲垸渠首泵站 | 湖北荆州 | 长江 | 汉江 | 350 | 湖北省引江济汉工程管理局 | 已建 |
| 4 | 引江济巢工程 | 凤凰颈排灌站 | 安徽巢湖 | 长江 | 巢湖 | 350 | 安徽省凤凰颈排灌站管理处 | 试运行 |
| 5 | 引江济太工程 | 望虞河常熟水利枢纽工程 | 江苏常熟 | 长江 | 太湖 | 180 | 常熟市长江河道管理处 | 已建 |

## 2.2.3　主要引江工程

长江沿线主要的引江工程指大型水闸和泵站，除前述调水工程的龙头工程外，已在建主要包括裕溪闸水利枢纽工程、乌江抽水站、白屈港水利枢纽工程、红山窑水利枢纽工程、秦淮新河水利枢纽工程、九曲河水利枢纽工程、魏村水利枢纽工程、谏壁抽水站、南通节制闸、九圩港闸等，多在大通以下河段。部分引江工程的取水位置虽然在长江支流上，但是距离干支流汇口不远，因处于感潮河段，引水水量和水质均与干流密切相关。

### 1. 裕溪闸水利枢纽工程

裕溪河是巢湖流域主要通江支流。裕溪闸水利枢纽工程位于安徽芜湖无为二坝、沈巷交界处巢湖流域裕溪河入长江口上 4 km 处。裕溪闸水利枢纽工程是无为大堤上的大型水利枢纽工程，具有防洪、排涝、灌溉、航运等综合功能。节制闸是裕溪闸水利枢纽工程的重要组成部分，共 24 孔，设计过闸流量 1 170 $m^3/s$，校核过闸流量为 1 400 $m^3/s$，设计引水流量 350 $m^3/s$。

裕溪闸的管理机构为巢湖管理局裕溪闸管理处。裕溪闸的控制运用长期接受巢湖市水务局的调度，因行政区划调整，由巢湖市水务局统一调度。2009 年 5 月 1 日，划归安徽交通厅下属港航投资集团公司安徽省合巢水运建设开发有限公司运营、管理。

### 2. 乌江抽水站

乌江抽水站是驷马山引江灌溉的渠首工程，位于安徽马鞍山。抽水站设计装机 10 台，装机容量 1.6 万 kW，设计引水流量 230 $m^3/s$，目前装机 6 台，装机容量 9 600 kW，引水流量 138 $m^3/s$。乌江抽水站为 200 万亩（1 亩≈666.67 $m^2$）农田提供可靠的灌溉水源，同时为沿滁河的滁州、全椒、来安等城镇的工矿企业、乡镇企业，以及灌区内城镇、农村人畜饮用水等生产、生活用水提供了优质可靠水源。

安徽省驷马山引江工程管理处是负责乌江抽水站的管理单位，乌江抽水站的现场管理、日常运行、保养维护等管理工作一直由乌江站直接管理，乌江站根据安徽省驷马山引江工程管理处防汛抗旱办公室的调度指令，负责乌江抽水站的抗旱运行工作。

### 3. 白屈港水利枢纽工程

白屈港水利枢纽工程属太湖综合治理十大骨干工程之一，位于江阴开发区陈泗港与长江交汇处。白屈港水利枢纽是白屈港灌区的渠首工程（水源骨干工程），主要作用为灌溉期提引长江水和汛期排灌渠内涝水，由白屈港双向翻水站和白屈港套闸组成。白屈港抽水站是白屈港水利枢纽工程中的主体工程，是具有泄洪、排涝、灌溉、供水和水环境保护等综合效益的水利工程，白屈港抽水站的设计引水流量为 100 $m^3/s$。节制闸共两孔，自引排流量 100 $m^3/s$。

江阴市白屈港水利枢纽工程管理处负责白屈港水利枢纽工程日常运行管理，根据江阴市防汛抗旱指挥部的调度指令进行运行控制。

### 4. 红山窑水利枢纽工程

红山窑水利枢纽工程位于南京六合区滁河入江口上游 12.8 km 处，主要由节制闸、船闸和泵站组成，枢纽工程的效益主要为防洪、泄洪、灌溉、排涝及航运。枢纽建筑物包括泵站、节制闸、船闸和专用变电站。节制闸的设计引水流量为 550 $m^3/s$；船闸为 V（3）级通航建筑物，300 吨级驳船；泵站设计翻水流量为 50 $m^3/s$，同时兼顾龙袍圩中的 17 $km^2$ 的排涝任务，设计抽排流量为 15 $m^3/s$，泵站功能除满足农业用水要求外，还应满足生产、生活用水及航运要求。

红山窑泵站由南京市六合区红山窑水利枢纽管理处负责管理，管理范围包括两岸上下游堤防工程、泵站工程、船闸工程和节制闸工程。

### 5. 秦淮新河水利枢纽工程

秦淮新河抽水站位于南京雨花台经济开发区天后村秦淮新河入江口处，是秦淮河流域主要控制建筑物之一，主要承担秦淮河流域防洪、灌溉、排涝、冲污等任务。秦淮新河水利枢纽工程由节制闸、抽水闸、船闸组成，秦淮新河抽水站为双向灌排两用泵站，正反向设计引水流量 50 $m^3/s$，正向设计扬程 2.5 m，反向设计扬程 2 m，节制闸设计排洪流量 800 $m^3/s$。工程任务为灌溉期抽引江水，冬季补水期抽引江水，排涝期抽排秦淮河水。

秦淮新河抽水站由江苏省秦淮新河闸管理所负责工程运行管理。

### 6. 九曲河水利枢纽工程

九曲河水利枢纽工程是太湖流域综合治理十大骨干工程之一，位于江苏镇江丹阳新桥、后港两镇内的九曲河上，北距长江夹江 850 m。本工程具有防洪、排涝、灌溉、航运、水环境保护等多种功能。枢纽工程由抽水站、节制闸及套闸等组成。抽水站具有双向抽排功能，设计引水流量为 80 $m^3/s$。节制闸共有两孔，设计排涝流量 300 $m^3/s$，引水流量 250 $m^3/s$。

九曲河水利枢纽工程的管理机构为丹阳市九曲河枢纽管理处，当发生其他突发事件时报江苏省防汛抗旱指挥部办公室下达开机指令。

### 7. 魏村水利枢纽工程

魏村水利枢纽工程位于太湖西北部的沿江引排河道德胜河的下游，北距长江约 1.5 km，地处常州魏村镇境内，是防洪、排涝、灌溉、水环境保护等综合利用的水利工程。魏村水利枢纽工程为闸泵结合形式，设计引水流量 60 $m^3/s$。

魏村水利枢纽工程泵站建成以后由常州市长江堤防工程管理处管理，按照常州市防汛抗旱指挥部的调度指令开机运行。泵站主要以排涝抗旱、改善水环境为主。

### 8. 谏壁抽水站

谏壁抽水站位于镇江市区东郊，江南大运河与长江交汇处，是太湖以西地区分泄洪水入江和引江补给灌溉水源的重要水利工程之一。与谏壁节制闸、谏壁船闸等组成谏壁水利枢纽工程。谏壁抽水站具有提水灌溉、排涝、自引、自排、控制冲淤、抽引降水改变大运河水质等功能，设计引水流量 162 $m^3/s$。

江苏省镇江市谏壁抽水站管理处是镇江市水利局直属从事泵站工程管理的水管单位，承担防洪、排涝、灌溉水利工程管理运行维护任务，为排灌范围跨市的流域性调水泵站。

### 9. 南通节制闸

南通节制闸是通吕水系的关键性建筑物，位于南通郊区任港乡，距长江边 2.5 km，是通吕运河的通江大门，也是南通地区的第二大闸。节制闸设计渠首泡田期灌溉平均流量 71 $m^3/s$。引灌范围有启东、海门两县及南通郊区，受益面积约 273 万亩。排涝范围有南通、海门两县及南通郊区等部分地区，面积约 64 万亩。南通节制闸是一座以引江灌溉为主，兼顾排涝、航运等多用途水工建筑物。节制闸闸身为钢筋混凝土，共分 23 孔，每孔净宽 4.00 m，总净宽 92.00 m，连同闸墩总宽 115.60 m。工程设计最大引水流量为 460 $m^3/s$，设计最大排涝流量为 650 $m^3/s$。

南通市水利局节制闸管理所是南通节制闸的管理单位，隶属于南通市水利局，为纯公益型事业单位。南通节制闸的控制运用，均按照批准的控制运用原则及南通市防汛防旱指挥部指令进行。南通市水利局节制闸管理所是调度命令的具体执行机构。

### 10. 九圩港闸

九圩港闸位于长江下游北岸（左侧）九圩港入江口处，据（江）港口约 700 m，在江苏南通港闸区境内。九圩港闸是南通最大的引、排骨干工程，也是长江澄通河段第一大闸，主要承担南通市郊、通州、海安、如皋、如东等县（市）345 万亩农田的引水灌溉及 697 $km^2$ 流域面积的排涝任务。

九圩港闸为引排双向闸，年引水能力约 12 亿 $m^3$，现将九圩港闸的防洪挡潮标准定为 100 年一遇设计，200 年一遇校核；设计潮位 5.42 m，校核潮位 5.68 m；设计最大引水流量 1 540 $m^3/s$，设计最大排水量 1 900 $m^3/s$。

大通以下河段主要引江工程如表 2.13 所示。

**表 2.13　大通以下河段主要引江工程**

| 省份 | 地区 | 工程名称 | 设计引水流量/（$m^3/s$） |
|---|---|---|---|
| 安徽 | 芜湖 | 裕溪闸水利枢纽工程 | 350 |
| | 马鞍山 | 乌江抽水站 | 230 |
| 江苏 | 无锡 | 白屈港水利枢纽工程 | 200 |
| | 南京 | 红山窑水利枢纽工程 | 550 |
| | 南京 | 秦淮新河水利枢纽工程 | 50 |
| | 镇江 | 九曲河水利枢纽工程 | 80 |
| | 常州 | 魏村水利枢纽工程 | 60 |
| | 镇江 | 谏壁抽水站 | 162 |
| | 南通 | 南通节制闸 | 460 |
| | 南通 | 九圩港闸 | 1 540 |

## 2.3　主要水文站概况

### 1. 宜昌站

宜昌站位于宜昌市区，集水面积为 100.55 万 $km^2$，是长江干流三峡水库的下游控制水文站，上游 6.8 km 处为葛洲坝水利枢纽工程。1877 年宜昌海关水尺设立，每天定时进行水位观测，1946年2月正式设立宜昌站，开始施测流量。基本水尺在宜昌怡和码头旧址，位于海关水尺下游约150 m。葛洲坝水利枢纽工程建成前，宜昌站测验河段上游6.5 km左岸有黄柏河入汇，下游20 km有虎牙滩束水，38.6 km处右岸有清江入汇，高水时对本站有短暂的顶托影响。测流断面河床组成，左岸为砾卵石夹沙河床，右岸为基岩，中间为礁板岩。

宜昌站测验断面位于三峡水利枢纽下游44.8 km，葛洲坝水利枢纽下游6.8 km。该站水位-流量关系主要受洪水涨落、断面冲淤、葛洲坝调度及下游清江出流顶托等因素影响，中、高水时多为绳套形。枯水（流量小于10 000 $m^3/s$）时主要受上游来水影响，水位-流量关系一般为单一关系。2003年以后断面基本稳定，2015年较2003年断面面积增大3.44%，2016年相比2015年断面主槽部分略有淤积。

### 2. 枝城站

枝城站位于湖北宜都枝城，上距宜昌站约58 km。该站设立于1925年6月，中华人民共和国成立前观测时断时续，仅有1925～1926年、1936～1938年水位、流量资料，流量测次少，精度较差；1950年7月恢复观测水位、流量，1960年7月又改为水位站，1991年再次恢复测流至今。

枝城站上距宜昌站58 km，下距沙市站180 km。断面河槽中高水位河宽1 200～1 400 m，左岸有沙滩，约400 m宽，水位41 m左右开始漫滩，主泓偏右，左岸为沙质河床，起点距1 100 m至右岸为礁板河床。2003～2016年，水位为37 m以下面积增加了79.1%；水位为41 m以下面积增加了63.7%。总体趋势为大断面呈逐年冲刷，但2015年、2016年大断面略有回淤变化，与该站低水部分水位-流量关系逐年降低的趋势是一致的。

### 3. 沙市站

沙市站1933年1月设立为水位站，1938年10月～1939年5月、1940年6月～1946年3月曾两度中断观测。1991年1月改为水文站，观测流量至今。沙市站水位-流量关系中高水位主要受洪水涨落率和洞庭湖出流顶托等影响，历年流量整编多用连时序法。

沙市站位于上荆江河段，是上荆江河段的防洪控制站。其水位-流量关系变化对荆江河道的泄洪能力、洪水预报及防洪抢险都有重大意义。荆江河段为冲积性平原河流，河道蜿蜒曲折，受两岸堤防束缚。沙市站上游有松滋口、太平口两口，下游有藕池口分流入洞庭湖，在纳汇湘江、资江、沅江、澧水四水之后，又于城陵矶（莲花塘）站入汇长江。因此，影响沙市站水位-流量关系的因素非常复杂，除洪水涨落的影响之外，受变动回水、河槽冲淤的影响非常大。当沙市站水位为35 m时，2016年较2003年断面面积增加了21.6%；当沙市站水位为38 m时，2016年与2003年相比，断面面积增加16.4%，表明断面为深槽，继续呈现冲刷，水位25～27 m右岸水下边滩出现淤积。

### 4. 螺山站

螺山站位于长江中游城陵矶至汉口河段内，上距洞庭湖出口30.5 km，控制流域面积129万 $km^2$，是洞庭湖出流与荆江河段来水的控制水文站。螺山站上游7.5 km处有隔江对峙的杨林山和龙头山，下游约 30 km 右岸的赤壁山及隔江相望的螺山和鸭栏矶均为出露的基岩，这些节点分别对本站的水流有一定的控制作用。本站水位-流量关系主要受洪水涨落率、下游支流顶托和断面冲淤等因素影响，历年流量资料整编采用连时序法。

螺山站上距洞庭湖出口 30.5 km，是洞庭湖出流与荆江河段来水的控制水文站。下游 35 km 有陆水河在陆溪口汇入长江，下游约 210 km 有长江中游最大支流汉江在武汉入汇，这些支流的涨落对螺山站的水位-流量关系有一定影响。2003 年以后，左边主槽略有冲刷，右边主槽略有淤积，断面在三峡水库运行后变化不大，基本保持稳定。

### 5. 汉口站

汉口站位于汉江汇入口下游约 1.3 km 处，集水面积为 148.8 万 $km^2$。武汉海关水尺最早设于 1865 年，1922 年开始测流。1944 年 10 月～1945 年 12 月曾一度中断。基本水尺历年固定于长江左岸的长江武汉航道局工程处专用码头。测流断面在中华人民共和国成立前位于武汉下游 400 m 处，中华人民共和国成立后移至基本水尺下游 3.7 km 左岸，1990 年因兴建武汉长江二桥，测流断面下迁 1.7 km，距基本水尺断面约 5.4 km。基本水尺上游有汉江从左岸入汇，再上游有武汉长江大桥。基本水尺下游约 4 km 有武汉长江二桥，测流断面下游 3.8 km 左岸有府澴河入汇，再下游 0.5 km 有面积约 17.5 $km^2$ 的天兴洲横亘江心，将长江分为南北两支，主泓在南支，北支有衰退趋势。水位在 26.5 m 以上时，天兴洲可能被淹没。下游左岸有武湖水系汇入，再下游有倒水、举水、巴水、浠水等水及涨渡湖入汇；右岸有梁子湖、富水等来汇，断面下游约 299.7 km 有鄱阳湖入汇，对本站水位-流量关系有不同程度的影响。

汉口站位于湖北武汉，上承荆江、洞庭湖和汉江来水，下游有鄂东北各支流汇入，距下游鄱阳湖口 299.7 km。这些支流来水和湖泊出流的变化可以改变洪水涨落率、水面比降及回水顶托等诸多因素，因此汉口站水位-流量关系主要以水力因素的影响为主，对于低水部分主要受本河段断面冲淤变化的影响。断面变化主要表现为冲槽淤滩和冲滩淤槽两种形式相互交错出现，一般发生在主槽及左岸的滩地。水位 10 m 以下，2016 年较 2003 年断面冲淤变化有逐步增大趋势。

### 6. 大通站

大通站位于安徽池州，上距鄱阳湖湖口 219 km，下距支流九华河汇口 1 km 左右。上游 135 km 处有华阳河入汇，30 km 处有秋蒲河汇入，下游距长江入海口 642 km，控制流域面积 170.5 万 $km^2$。低水时潮汐对该站水位有一定的顶托影响。测验河段顺直，河床左岸为细砂土，汛期有冲淤现象，以起点距约 500 m 处较为显著。右岸为砂砾、卵石及礁板，冲淤甚微。下游 10 km 处有沙洲，中低水有一定的控制作用。

大通站上距鄱阳湖湖口 219 km，再往上游约 20 km 处有九江站，由于九江站受下游鄱阳湖出流顶托影响，很难拟定年际间水位-流量关系变化。因此，选择大通站作为下游水位-流量关系变化代表站进行分析。

# 第3章

# 长江中下游干流应急补水需求

本章涉及的长江中下游供水需求包括城乡供水、灌溉用水、航运、洞庭湖三口水系、长江口压咸等方面。长江中下游河段各控制水文站和重要断面的水文情势不断发生变化，且前期工作主要以水位为主，受河势变化影响较大，需要开展实测数据分析。通过开展长江干流中下游沿江主要取水工程调研，收集、整理、分析沿江主要取水工程历年逐月取水量和取水口水位等数据，重点复核枯水期长江干流沿江重点城市的生活、工业生产、农业灌溉及跨区供水等取用水情况。

通过本章摸清长江中下游干流河段在不同时期、不同工况下的综合用水需求，为应急指标制定提供翔实的数据支撑。

# 3.1　长江中下游城乡供水需求

按供用水用途分类，城乡供水无疑是各类用水中最重要的，也是长江上游水库群水量应急调度最重要的关注对象。随着中国城市化进程的加快，水务行业的重要性日益凸显，目前已基本形成政府监管力度不断加大、政策法规不断完善，水务市场投资和运营主体多元化、水工程技术水平提升，供水管网分布日益科学合理、供水能力大幅增强，水务行业市场化、产业化程度加深，水务投资和经营企业发展壮大的良好局面。水务行业以其具有的巨大的市场规模、稳定的投资收益带来的良好投资回报，逐渐成为我国发展最快和最具有投资价值的行业之一。

通过实行水务市场改革，城市供水通过吸引新资本改善旧管网设施，更新设备，实现了有效竞争，推动了水务行业的快速发展和效率提高，在水源地建设保护、供水保证率和供水水质等方面有了长足的进步和提高，杜绝了供水困难的情况。乡镇和广大农村的供水发展相对较慢，但随着各地推进城乡供水一体化建设，乡镇和农村的供水情况正快速得到改善，供水质量和供水保证率均稳步提高。

## 3.1.1　长江中下游城乡供水概况

城乡供水的特点是取用水量较均衡、稳定，随季节的变化不大。以下选取荆州，武汉，九江，南京及江苏其他沿江城镇，上海等地，分析城乡供水对水量应急调度的需求。

1. 荆州

荆州河湖众多，水网密布，是全国内陆水域最广、水网密度最高的地区之一，长江干流在荆州境内全长 483 km。傍长江水道的城镇有荆州城区（含荆州区、沙市区两区）、公安城区、江陵城区、监利城区、石首城区和洪湖城区。全市属长江水系的大小河流近百条，其主要支流有松滋河、虎渡河、藕池河、调弦河等。

荆州干旱的主要因素是降水的年际和年内分布不均，据统计，历史上干旱年份频繁，连续的无雨大旱出现频率约为 9 年一遇，2000 年发生了连续 93 天的干旱，为荆州特大干旱年。

长江多年平均过境水资源量 4 689 亿 $m^3$，给荆州提供了非常好的水源条件，但如遇大旱，江水水位过低，取水也存在一定困难。荆州的城镇生活和工业生产供水除松滋以外，均取自于长江水。当长江枯水位时，城镇生活和工业生产供水一般只需延伸取水口，就能解决问题。相对而言，降水过少对农业灌溉造成的影响较大，全市农业灌溉水源除降水外，主要靠从江河自流引水，江河水位的高低决定灌溉保证率的高低，这种状况在农业灌溉闸泵设施改造（新建）升级后有所改善。

荆州农业主要分荆北四湖（即洪湖、长湖、三湖、白鹭湖）地区和荆南洞庭湖地区，灌溉体系以兴建沿江引水涵闸为主，建成了由引水涵闸、灌溉渠道、提水灌溉工程组成的灌溉网络。2005 年，全市建成沿江引水涵闸 137 座，引水流量 835.68 $m^3/s$，其中沿长江干堤建引水涵闸 63 座，流量 576.76 $m^3/s$，沿荆南四河堤建引水涵闸 74 座，流量 258.92 $m^3/s$。2004 年，全市水利工程提供灌溉水量 17.74 亿 $m^3$，有效灌溉面积 557 万亩，占全市耕地面积的 88%。长江干旱对荆州农业灌溉的影响主要表现为春灌缺水。

### 2. 武汉

武汉是湖北的省会、中部六省中唯一的副省级市，国家中心城市，长江经济带核心城市，全国重要的工业基地、科教基地和综合交通枢纽。全市下辖 13 个市辖区及 3 个国家级经济技术开发区，总面积 8 569.15 $km^2$。

武汉所处地理位置和地形、地貌的复杂多样性，使得沿江平原地区易涝，山区易旱，水旱灾害比较频繁。由于时段降水集中，易造成旱涝灾害在年内并存。历史上武汉出现“先旱后涝”或“先涝后旱”或“旱涝旱”的灾害年份较多。一般 7 月中旬至 9 月，受副热带高压的影响，出现少雨炎热天气，发生伏旱，连续 30 天无雨的伏旱南部是 5 年三遇，中部是 4 年三遇，北部是 2 年一遇；历史上，在 6 月下旬以后连续高温干旱天数超过 70 天的大旱平均 5 年一遇，特别是 1959 年、1966 年、1972 年、1978 年的大旱和 2000 年、2001 年的特大干旱，对经济社会影响很大。

武汉是亚热带季风气候，冬冷夏热，四季分明，雨水充沛，日照充足，无霜期长。降水的水汽来源主要为印度洋孟加拉湾西南季风。此种降水多为涡切变类型。偏东水汽来自东海。上述类型天气系统的规律是每年 4 月进入武汉，运动方向是由南逐渐向北推进，一般 6 月中旬到 7 月上旬形成梅雨期，暴雨多且雨量集中。7 月下旬以后，雨带逐渐北移，进入陕西、河南、四川，形成高温伏旱季节。冬季北方干冷气团控制，盛行偏北气流，寒冷干燥，降水量少。

武汉降水量年内分配不均。4～9 月降水量占全年降水量的 72%，降水量主要集中于 5～7 月，3 个月降水量占年降水量的 45%。全年 6 月降水量最多，12 月降水量最少。在农作物生长旺季的 3～10 月中，8～10 月降水量仅为 5～7 月降水量的一半左右。

### 3. 九江

九江位于鄱阳湖入汇长江干流处，年降水量为 1 300～1 600 mm，时空分布十分不均，年降水量的 40%～50%都集中在 4～6 月，7～10 月易发生伏旱、秋旱或者伏秋连旱，九江干旱现象主要属气象干旱。1949～2005 年，全市每年平均受旱面积达 71.2 万亩，占耕地面积的 20%，每年受旱成灾面积 50.6 万亩，占耕地面积的 14.2%。发生全市性干旱年份有 14 次，以 1978 年为最重，相当于 50 年一遇。

目前九江有 4 个生活供水厂，其中 1 个备用，供水人口约 65 万，日均供水量约 20 万 $m^3$。生活供水厂的参考水文站为九江站，当九江站水位达到 7.7 m 后，就可以满足供水要求。目前，九江 4 个生活供水厂供水分布较不均，用水高峰期需要进行供水调度。生活供水厂受长江干流水位影响较小，只受取水的成本（提高水电费、设备损耗等）影响。九江的备用水源地建设尚未实施，但投入了一定数量的备用取水井。

九江沿江 5 个县，除浔阳区外，都有农业灌溉取水需求，但主要从鄱阳湖区取水。受到三峡水库汛末蓄水的影响，汛末鄱阳湖区水位下降较快，加之河道冲刷后下切，对湖区农业灌溉取水造成一定的影响，因此九江市水利局建议上游水库延长蓄水时间或提前蓄水时间。对于长江干流的农业取水口，当上游来水较少、干流水位较低时，取水难度会增加，但是，三峡水库建成前九江农业灌溉取水就以抽提为主，三峡水库运行后造成的河道下切，只需通过加大抽提功率和延长抽提时间即可解决。此外，3～4 月上游来水较少，但是九江降雨较多且有桃花汛，农业灌溉取水能够得到保障。

#### 4. 南京

长江流经南京境内长 95 km，引用长江水较为方便，近年来，南京的经济发展速度加快，本地水资源量远远不能满足发展的要求，必须依靠客水资源补给，通过利用长江水，基本能满足经济发展和生活的需要。

南京发生的旱灾基本上属于气象性旱灾，以夏旱较多，春旱次之，秋旱相对较少，春夏与夏秋两季连续发生旱灾也较为频繁。1958～1961 年发生较为严重的连续性旱灾。随着社会经济的发展和人口的不断增加，干旱影响的范围将越来越大，影响面也将越来越广，旱灾损失将越来越重。同时，对水资源的需求量也不断增加，水质性缺水现象日趋严重。

南京生活、工业生产供水水源绝大部分取之于长江干流，历年来，南京下关站最高水位 10.22 m，最低水位 1.54 m，南京沿江取水口高程均低于 0.0 m，因此城市供水保证率很高，支流滁河和秦淮河上游建有水库，即使在枯水期，支流水库也能保障县城区的供用水。因此，南京有丰富的长江水资源，城市取水口高程设置合理，对干流水位基本无要求。

#### 5. 江苏沿江城镇

江苏城镇化水平较高，截至 2022 年底，城镇化率达 74.42%，全国排名第五，仅次于北京、上海、天津和广东 4 个省（直辖市），已迈入城镇化的成熟阶段。长江干流沿线主要涉及苏南、苏中地区。

苏南地区包括南京、苏州、无锡、常州、镇江 5 个地级市和常熟等 10 个县级市，地处中国东南沿海长江三角洲中心区，东靠上海，西连安徽，南接浙江，北依长江（苏中、苏北）、东海，是江苏经济最发达的区域，也是中国经济最发达、现代化程度最高的区域之一。苏中地区包括扬州、泰州、南通 3 个地级市、高邮等 9 个县级市和 2 个县，地处江苏中部、长江下游北岸、黄海之滨，上海经济圈和南京都市圈、苏锡常都市圈双重辐射区，江淮平原南端。东抵黄海，南接长江，与上海、南京、苏州、无锡、常州、镇江隔岸相望。江苏苏中三市均在长江沿岸且皆是长三角 16 个中心城市之一，也是上海都市圈（长江三角洲城市群）的重要组成部分。

截至 2022 年末，苏南、苏中地区城镇化率分别为 82.78%、71.17%，基本公共服务均等化进程加快，水利设施完备，工业用取水设施也较多，沿江取排水工程密布。江苏省内约一半的取用水来自长江干流，加上引调水工程，约 80%来自长江，可见长江是江苏取用水的主要来源；从干流取水用途看，火（核）电用水比重很大。江苏总体不存在水量型缺水，但部分地区存在水质型缺水。从 2010 年至今，江苏境内长江水质有明显改善，水质由

IV 类为主改善为 III 类为主、部分时段出现 IV 类，但洪水水质有所下降，由 II 类下降为 III 类和部分时段 IV 类，同时，支流水质也有所下降，部分河段出现 V 类劣情况。

江苏从长江取水的大型引水工程包括江都水利枢纽工程、引江济太工程、秦淮河引水工程等，年引水总量约为 100 亿 $m^3$，抽水流量峰值约为 1 500 $m^3/s$。江苏境内生活、工业生产、农业灌溉等取水口保证能力较强，基本不存在取水困难问题。枯水期，农业用水较少，主要以生态用水为主，即为城乡河网进行补水。江苏境内干流大多为感潮河段，每天有 2 次高潮，枯水期的大多数时段，可以利用每天的潮差，在高潮时启用部分节制闸从长江引水，低潮时启用一些节制闸向长江排水，从而带动河网内水体流动，达到改善水质的效果。

三峡水库蓄水运行后，大通站枯水期流量明显增大，使得江苏境内航运、压咸等方面得到了显著改善，基本不存在相关方面的问题。根据观察，枯水期江阴以上干流水位受来水流量影响较大，江阴以下水位受潮位影响为主。长江干流和淮河水源可互为备用，保障用水安全。目前，江苏全省对河流生态考核的要求越来越高，对生态用水的需求也显著加大，特别在春节、国庆等大型节假日前后，城区生态用水需求明显，因此，未来生态用水量可能持续上涨。

### 6. 上海

上海地处长江、太湖流域下游，东海之滨，南濒杭州湾，北靠长江口，西接太湖流域苏浙两省的浏河、淀山湖、太浦河等平原河网，长江、黄浦江、吴淞江（苏州河）等骨干江河穿境而过；境内河湖水系发达。上海全市现有河道 26 603 条，上海多年平均地表径流量为 20.1 亿 $m^3$，过境太湖来水 106.6 亿 $m^3$，长江干流过境水 9 335 亿 $m^3$，过境水资源丰富。

预测 2035 年城市常住人口 2 500 万人，结合全市水资源开发利用的可能发展态势及最严格水资源管理三条红线要求，2035 年全市需水量达 137.5 亿 $m^3$（全口径），社会经济的发展对城市水源提出更高的要求。

上海城市生活供水水源由黄浦江水源和长江水源组成，陈行水库是长江水源取水点，供上海北部地区居民生活用水。2010 年，青草沙水库建成投入使用，长江干流成为上海供水的主要水源。青草沙水库位于长江口南支下段南北港分流口水域，由长兴岛西侧和北侧的中央沙、青草沙，以及北小泓、东北小泓等水域组成，青草沙水库现有有效库容约 4.38 亿 $m^3$，总库容约 5.27 亿 $m^3$，是迄今为止世界上最大的潮汐河口蓄淡避咸水库。

上海地处长江出海口，长江枯水期产生的灾害主要是咸潮倒灌，严重影响城市生活供水。近年来因干流来水偏少，造成长江低水位持续时间长，使上海的咸潮倒灌现象越来越严重。咸潮倒灌一般在每年冬至到第二年立春之间，当长江干流进入枯水期、河道流量又不足，同时遭遇海潮时，在其出海口海水便会乘虚而入，造成咸潮倒灌进入长江。青草沙水库建成前，每当咸潮入侵长江时，陈行水库取不到合格的水源，严重影响上海居民生活用水；目前，通过陈行水库和青草沙水库能够有效抵御一般咸潮入侵的影响，但对于偶然因素叠加造成的严重咸潮入侵事件，仍缺乏可靠完备的应对手段。

### 3.1.2　长江中下游沿江城市应急水源地现状

各省级行政区应建立健全水资源战略储备体系，人口 20 万以上、饮用水水源单一的城市，应拟定城市应急和应急饮用水源方案，规划建设城市应急水源。2014 年 9 月，国务院印发了《国务院关于依托黄金水道推动长江经济带发展的指导意见》（国发〔2014〕39 号），将长江经济带发展提升为国家战略，提出了“建设绿色生态廊道”任务，要求“加强饮用水水源地保护，优化沿江取水口和排污口布局，取缔饮用水水源保护区内的排污口，鼓励各地区建设饮用水应急水源”。同月，《国务院办公厅贯彻实施〈依托黄金水道推动长江经济带发展的指导意见〉2014～2015 年重点任务分工方案》（国办函〔2014〕75 号）中，明确要求水利部牵头“编制完成沿江取水口、排污口和应急水源布局规划”。

2015 年 3 月，推动长江经济带发展领导小组办公室印发了《2015 年推动长江经济带发展工作要点》，对规划编制工作进行了部署，并于 6 月全面启动了《长江经济带沿江取水口、排污口和应急水源布局规划》编制工作。该规划对长江中下游干流地级以上城市的应急水源地建设情况进行了收集统计，结合本书的研究和调研重点，表 3.1 列出了长江中下游干流重点城市应急水源情况。

**表 3.1　长江中下游干流重点城市应急水源统计表**

| 省（直辖市） | 地级城市 | 已建或已完成规划选址的应急水源 |
|---|---|---|
| 上海 | — | 黄浦江和长江互为备用 |
| 江苏 | 南京 | — |
| 江西 | 九江 | 柘林湖 |
| 湖北 | 武汉 | 梁子湖、汤逊湖、东湖、后官湖和西湖 |
| | 黄石 | 王英水库 |
| | 宜昌 | 东山运河、隔河岩水库 |
| | 荆州 | 长湖 |
| | 黄冈 | 白莲河水库、牛车河水库 |
| 湖南 | 岳阳 | 洞庭湖 |

表 3.1 所列城市中，除岳阳城市供水水源地以周边水库为主外，其他城市均以长江为主要水源。上海属于多水源城市，目前已具有长江口青草沙水库、陈行水库、东风西沙水库与黄浦江上游四大水源地，并将进一步完善“两江并举、多源互补”的供水格局，其供水保障能力较强，能够充分应对日常一般应急状况；且目前正在开展青草沙水库和陈行水库连通工程的研究，以期进一步提高城市供水保障能力。南京主要供水水源是长江，供水条件较好，但其应急备用水源建设滞后，应对突发性供水事故的能力相对较弱。武汉供水水源主要是长江和汉江，规划以梁子湖、汤逊湖、东湖、后官湖和西湖作为应急备用水源地，但是建设较为滞后；此外，应急水源方案尚有左右岸供水管线连通可供研究选择。

### 3.1.3　长江中下游城乡供水应急需求

（1）荆州用水虽以农业灌溉为主，城乡供水在统计数据中的比例不高，但部分以农业灌溉为主的取水工程也为城乡供水提供水源，这些工程建成时间较早，取水口多为自流取水，配备的泵站装机较小，提水能力有限，受长江干流冲刷、河道下切影响，在灌溉期存在取水量不足的问题。随着城乡供水一体化建设的推进和“三峡后续工作规划”的实施，相关闸泵改扩建工程正在分期进行，干流取水口供水保障能力正逐步得到加强。

（2）武汉的水厂均有较为完备的应急措施和设备，从已发生的情况看，无论是水质还是水量方面的应急情况都是局部的、个别的，持续时间均较短，对于上游水库应急调度的需求并不高，应重点加快应急水源的研究和建设。另外，部分取水口对上游水库的日常调度提出了一定需求：上游水库在蓄水期可考虑放缓拦蓄水量的速度，或者在提前蓄水时发出通告，使取水口的应对措施更加从容有效。

（3）九江干流取水口的保证率较高，对上游水库枯水期补水的需求较小。城市居民供水，大都采用深井取水方式，对干流水位、流量变化不敏感；工业取水口涉及企业效益，设计保证率较高，应急设施完备。九江取水困难往往出现在鄱阳湖内，根据九江市水利局的意见，这一问题无法通过上游水库调度进行解决，需要依靠鄱阳湖水利设施建设、取水口改造等相关工程措施进行处置。

（4）在江苏境内的长江干流河段，以工业用水为主，从水量看，火（核）电厂用水占比较大，一般是点对点供水，供水目标单一，用水量和水质要求较易满足，且涉及企业效益，其保证设施和措施均十分完善，基本不需要上游水库应急调度考虑；自来水厂取水口取水相对容易，保证率高，不存在明显的取用水困难，相对于水量或水位，水质更易受干流的影响。

（5）对于长江干流大通以下河段的众多取水工程，根据长江流域水利普查的数据，其总取水能力达 10 000 $m^3/s$ 以上，但实际的取水量可能远小于该值，主要有以下原因：①下游地区河网复杂，相互连通，一般是多个闸泵服务于同一用水对象，合计的取水能力大大超过实际需要；②多数情况下，水闸的设计最大过流能力要大于实际取水能力、远大于实际取水量，大多数水闸在枯水期一般利用每日潮差进行取（排）水，持续时间有限，平均取水量并不大；泵站也有类似情况，为了降低运行成本，一般选择在高潮位时大负荷或满负荷取水、低潮位时小负荷取水或停止取水，平均取水量不大；③水闸、泵站一般不会同时开启，各地的潮汐时间不同步，也降低了取水的同时率；④下游河网地区长时间取水多为生态用水或通航用水，主要用于保持内河水体的水质良好、维持航道水深，在一部分闸泵引水的同时，另一部分闸泵或船闸通常在排水，但水量消耗很少。因此，这些取水工程对干流水量的影响并不显著。有研究表明，大通以下沿江取水工程在枯水期造成的长江径流净变化大约是−1 300 $m^3/s$。

通过以上研究分析可知，长江中下游不存在资源性缺水，工程性缺水也极少发生，这不仅仅是对城乡供水而言，其他用水需求也是如此。即使偶有局部小范围发生工程性缺水或水质性缺水，相对于城乡供水的重要性和水量权重，本地措施的解决难度不大、投入的成本也不高。上游水库群水量应急调度的目标应放在大通以上河段的极端枯水位情况及长江中下游干流水质方面。

# 3.2 长江中下游灌溉用水需求

## 3.2.1 长江中下游灌溉用水总体情况

长江中游地区主要通过水闸自流引水，长江下游地区主要通过自流和泵站提水。长江中下游沿江典型灌区（从长江干流取水）基本情况见表 3.2。

表 3.2 长江中下游沿江典型灌区（从长江干流取水）基本情况表

<table>
<tr><th>灌区名称</th><th>所在地区</th><th>取水位置</th><th>设计灌溉面积/万亩</th><th>引水闸名称</th><th>引水闸设计流量/（m³/s）</th><th>闸底板高程（吴淞）/m</th></tr>
<tr><td rowspan="2">观音寺灌区</td><td rowspan="4">荆州</td><td rowspan="4">长江干流</td><td>69.1</td><td>观音寺闸</td><td>56.8</td><td>31.76</td></tr>
<tr><td>—</td><td>观音寺泵站</td><td>—</td><td>30.96</td></tr>
<tr><td rowspan="2">颜家台灌区</td><td>35.5</td><td>颜家台闸</td><td>50</td><td>30.50</td></tr>
<tr><td>—</td><td>颜家台泵站</td><td>—</td><td>28.60</td></tr>
<tr><td>—</td><td>岳阳</td><td>长江干流</td><td>—</td><td>莲花塘机埠闸</td><td>—</td><td>26.00</td></tr>
<tr><td>—</td><td>武汉</td><td>长江干流</td><td>21.0</td><td>蔡甸东风闸</td><td>30</td><td>20.50</td></tr>
<tr><td>—</td><td>九江</td><td>长江干流</td><td>—</td><td>芙蓉闸</td><td>—</td><td>10.00</td></tr>
<tr><td>—</td><td>芜湖</td><td>长江干流</td><td>—</td><td>凤凰颈闸</td><td>—</td><td>5.00</td></tr>
<tr><td>—</td><td>南京</td><td>长江干流</td><td>—</td><td>江宁铜井河</td><td>—</td><td>4.60</td></tr>
</table>

沿江灌区是长江流域重要的粮、油产区，粮食作物主要有水稻（早、中、双晚）、小麦、玉米、杂粮等，经济作物主要有棉花、油菜、蔬菜、瓜果等，广泛采用油（麦）稻两熟的作物种植模式。长江中下游沿江典型地区农田灌溉需水年内分配系数见表 3.3。

表 3.3 长江中下游沿江典型地区农田灌溉需水年内分配系数表

| 典型地区 | 1月 | 2月 | 3月 | 4月 | 5月 | 6月 | 7月 | 8月 | 9月 | 10月 | 11月 | 12月 | 合计 |
|---|---|---|---|---|---|---|---|---|---|---|---|---|---|
| 荆州 | 0.00 | 0.00 | 0.00 | 0.10 | 0.16 | 0.18 | 0.37 | 0.09 | 0.10 | 0.00 | 0.00 | 0.00 | 1.00 |
| 岳阳 | 0.00 | 0.00 | 0.00 | 0.08 | 0.09 | 0.16 | 0.22 | 0.29 | 0.08 | 0.06 | 0.02 | 0.00 | 1.00 |
| 武汉 | 0.00 | 0.00 | 0.01 | 0.12 | 0.15 | 0.14 | 0.24 | 0.15 | 0.17 | 0.01 | 0.01 | 0.00 | 1.00 |
| 九江 | 0.01 | 0.00 | 0.01 | 0.07 | 0.04 | 0.15 | 0.21 | 0.18 | 0.20 | 0.11 | 0.01 | 0.01 | 1.00 |
| 芜湖 | 0.00 | 0.00 | 0.00 | 0.04 | 0.21 | 0.14 | 0.28 | 0.16 | 0.08 | 0.05 | 0.03 | 0.01 | 1.00 |
| 南京 | 0.03 | 0.02 | 0.02 | 0.03 | 0.03 | 0.23 | 0.17 | 0.28 | 0.10 | 0.03 | 0.03 | 0.03 | 1.00 |
| 分月占全年比重 | 0.007 | 0.003 | 0.007 | 0.073 | 0.113 | 0.167 | 0.248 | 0.192 | 0.122 | 0.043 | 0.017 | 0.008 | 1.00 |

由表 3.3 可见，长江中下游沿江灌区农田灌溉需水基本都集中在 4～10 月，其他月份需水很少或不需灌溉，4～10 月长江水位的高低决定灌溉保证率的高低，同时决定了缺水程度。水闸引水受涵闸底板高程控制，在灌溉期（4～10 月）出现了水位低于涵闸底板高程的情况，缺水现象时有发生。灌区利用泵站提水，供水保证率较高，受枯水影响较小，但遇低水位抽水将增加用水成本。

湖北荆州沿江灌区主要灌溉水源为长江过境水，对客水的依赖性较强。长江干堤有观音寺灌区、颜家台灌区、何王庙灌区、西门渊灌区、一弓堤灌区等 5 个大型灌区。每年的 5 月上旬以前，长江水位低，而此期间降雨偏少，冬小麦灌溉用水，早稻泡田、返青期，蔬菜用水等得不到保障，经常发生春灌缺水的现象，受旱影响特大的年份是 2000 年。目前，大多数取水口通过“三峡后续工作规划”资金进行改造升级后，取水能力得到了提升，且具备了抽提能力，已经极大改善了枯水期灌溉取水情况。

历史上，九江是以长江汛期防洪排涝为主，为此在沿江建设了一大批排涝闸，排涝闸底板高程一般为 8～10 m，在多年的使用中，起到了排涝和自流灌溉的双重作用。九江约有 80 万亩农田依靠长江引水灌溉，农业种植结构上，早、晚稻 100 万亩，中稻 110 万亩，棉花 80 万～90 万亩，近年秋冬季作物倾向于种植油菜，2008 年油菜种植面积达 160 万亩。但是，目前从干流取水的农作物种植种类已经发生了变化，主要为油菜、棉花等，且每年 8 月梅雨季节结束以后，可以打开排涝闸从外江引水至内湖供生产、生活用水。

南京沿江灌区的涵闸底板高程一般在 4～5 m，当长江水位低于 6 m 时，影响农田灌溉引水，必须依靠电排站抽水，2006～2008 年，南京栖霞区每年都需用电排抽水。六合区有耕地面积 85 万亩，近年农业缺水严重，当长江水位低于 6.5 m 时，引水困难，必须依靠泵站抽水，一般抽水时段为每年 5 月 25 日～6 月 10 日，遇大旱年份，8～9 月都需要抽水，1994 年 5 月 31 日～8 月 29 日出现持续抽水，2002 年也出现同样的情况，需要消耗较多抽水费用。

长江中下游干流河段的农业灌溉用水在荆江河段较为集中，洞庭湖地区和鄱阳湖地区灌溉大多从湖区取水，而大通以下地区则主要通过支流、河网取水，本书重点对荆南地区和九江地区的灌溉进行了调研。

### 3.2.2 荆江河段

三峡水库蓄水运用后，使得坝下游河道的来水来沙条件发生较大的变化，引起坝下游的河势发生长时间变化。长江中下游部分农业灌溉闸泵设施进行了改造（新建）升级。目前，长江沿岸灌区取水闸泵已投入使用。

松滋灌区有 6 个位于长江干流的取水闸泵纳入了“三峡后续工作规划”，大多为自流式，受河道下切的影响明显，4～5 月春耕期的缺水情况最为突出；荆州灌区主要在 4～5 月春灌期需要供水 15～20 天，“三峡后续工作规划”中涉及的取水口已基本改造完毕，近几年运行情况良好，能够满足春耕时期的用水需求；江陵灌区在长江干流的取水口也出现了取水困难情况，加之航道管理部门为了提升航运效果在干流修建了挑流坝，改变了河道形势，使得部分取水口不断淤积，对灌区取水造成了阻碍；公安灌区距离长江干流较近，从干流取水也多为泵站提水，受长江干流水位的影响较小，但是，随着种植的情况发生变化，用水量也在逐年增加，未来可能出现供水不足的情况；虎渡河和松滋河也存在灌区取水口在枯水期供水不足的情况。松滋河在大口处分为松东河和松西河，松东河经常发生断流，且时常发生不同程度的水华，虎渡河口由于河势的改变发生了持续性淤积。

三峡水库蓄水后，下游荆江河段发生明显下切，使得本河段的灌溉自流式取水口普遍取水困难，目前，通过对相关取水闸泵的升级改造，已经显著改善河道下切导致的取水底高层不够的问题。

### 3.2.3 九江河段

九江大部分农业用水来自湖区，长江干流取水较少，因此，根据取水规模选取了彭泽棉船，作为干流农业取水的典型进行调研。如图 3.1 所示，棉船为一个江心岛，图 3.1 中岛中央的蓝色区域为岛上的内江（称作夹江，长度约 16 km）。在汛期来水较大的月份，夹江通过北套珠琅闸和朝阳闸进行存水，并在来水较小时段补偿农业用水，加之 3～4 月的桃花汛，棉船尚未出现农业取水困难。通过实地调研得知，棉船在汛期的防涝问题较为突出，沿江设置了多个电排站用于增加汛期的排水效果。

图 3.1　九江彭泽棉船取/排水口分布

### 3.2.4　灌溉用水情况

三峡水库蓄水后，下游荆江河段发生明显下切，使得本河段的灌溉自流式取水口普遍取水困难；但由于三峡水库的补水作用，枯水期流量增加，从水位极值看，相关河段还没有出现水位低于三峡水库建库前最低水位的情况。从目前情况看，通过对相关取水闸泵的升级改造，已经明显缓解了灌区枯水期（尤其是春灌）取水问题，但是，由于河势改变引起的泥沙淤积现象普遍存在，需要采取开挖、清淤等措施加以解决。同时，从目前调研情况看，这些取水口取的水量除用于灌溉之外，还兼顾了越来越多的特种养殖、城市景观用水等需求，由此产生的取水量和取水过程的变化有可能引起新的水量调度需求。

荆南灌区缺水主要集中在 4～5 月的春灌时期，取水时长为 10～15 天，需要 2～3 次，根据经验，当三峡水库下泄流量达到 8 000 $m^3/s$ 时可以较好取水，当达到 12 000 $m^3/s$ 时可以满足自流灌溉需求。虽然经过取水口改扩建，已经显著缓解了荆南灌区枯水期取水困难的局面，但考虑到河道冲刷下切的负面影响及农业灌溉有一定的公益性，水库调度应有所兼顾。一般年份，可统筹考虑枯水期末暨三峡水库集中消落期的调度，尽量满足荆江河段自流灌溉需求，降低取水成本；遇到极枯年份，视三峡水库和上游梯级水库能力，在保证中下游干流城乡供水安全的前提下，可考虑在 4～5 月持续数日集中加大水库泄量，适当改善荆江河段干流取水的情况。

对于长江下游地区，城镇化率较高，农田相对较少，农作物多为棉花、油菜等枯水期需水量不大的经济作物，大多通过支流、河网、湖泊等水源取水，加之天然情况下每年 3～4 月有桃花汛，对干流水量应急需求不大。

## 3.3　三峡坝下航运应急情况

近年来，随着长江干线南京以下 12.5 m 深水航道的建设和上游三峡库区的形成，长江干线上、下游航道条件得到了大幅度改善。目前三峡库区涪陵以下航深已达到 4.5 m，而宜昌至武汉河段航深仅 3.5～4.5 m，与上、下游相比，航深明显偏低，是长江干线航运的瓶颈，同时，考虑到水库影响范围和效果，将长江中游航道（即武汉至宜昌航道）作为重点研究对象。

### 3.3.1　长江中游航道概况

以航运特性分类，长江武汉至宜昌河段为中游航道，武汉以下为下游航道。长江中游航道全长约 626 km（武汉港十五码头至宜昌九码头），目前航道技术等级为 II 级，远期规划为 I 级航道。长江中游航道目前实施一类航道养护、一类航标配布，分月、分河段维护计划航道尺度。在经多次提高航道尺度后，目前长江中游航道枯水期各河段最低航道维护水深标准为：中水门至下临江坪河段 4.5 m、下临江坪至大埠街河段 3.5 m、大埠街至荆州四码头河段 3.5 m、荆州四码头至城陵矶河段 3.8 m、城陵矶至武桥河段 4.0 m，详细情况如表 3.4 所示。

表 3.4 2017 年长江中游航道计划维护水深情况表 （单位：m）

| 河段 | 1 月 | 2 月 | 3 月 | 4 月 | 5 月 | 6 月 | 7 月 | 8 月 | 9 月 | 10 月 | 11 月 | 12 月 |
|---|---|---|---|---|---|---|---|---|---|---|---|---|
| 中水门至下临江坪河段 | 4.5 | 4.5 | 4.5 | 4.5 | 4.5 | 4.5 | 4.5 | 4.5 | 4.5 | 4.5 | 4.5 | 4.5 |
| 下临江坪至大埠街河段 | 3.5 | 3.5 | 3.5 | 3.5 | 4.0 | 5.0 | 5.0 | 5.0 | 4.0 | 3.5 | 3.5 | 3.5 |
| 大埠街至荆州四码头河段 | 3.5 | 3.5 | 3.5 | 3.8 | 4.5 | 5.0 | 5.0 | 5.0 | 4.0 | 3.5 | 3.5 | 3.5 |
| 荆州四码头至城陵矶河段 | 3.8 | 3.8 | 3.8 | 3.8 | 4.6 | 5.0 | 5.0 | 5.0 | 4.0 | 3.8 | 3.8 | 3.8 |
| 城陵矶至武桥河段 | 4.0 | 4.0 | 4.0 | 4.5 | 4.5 | 5.0 | 5.0 | 5.0 | 5.0 | 4.5 | 4.0 | 4.0 |

长江中游航道蜿蜒曲折，局部河段主流摆动频繁，航槽演变剧烈，浅滩航道众多，遇特殊水文年或航道异常变化时极易发生碍航情况，三峡水库蓄水运行后中游航道变化更趋复杂，受三峡—葛洲坝梯级枢纽下泄流量控制明显。长江中游航道涉及的 64 个水道中有 31 个不满足水深要求，涉及里程 18.8 km，占总里程的 3%。

长江中游航道货流密度由上至下呈逐渐增大的分布态势，江海直达量主要集中在武汉港。近年来，三峡水库至武汉河段船舶运输组织以单船运输为主，船队所占比例不到 1%，且大型化趋势十分明显，载重吨超过 5 000 t 的船舶占比 50%以上，船舶最大载重吨位为 27 000 t，船长 136 m，船宽 23 m，型深 10.6 m。船舶种类主要以普通散货船为主，危险品运输船舶次之，同时还有少量集装箱船、商品汽车滚装船和旅游客船。城陵矶至宜昌河段枯水期船舶月流量在 300 余艘次，武汉至城陵矶河段枯水期船舶月流量在 400 余艘次；城陵矶至宜昌河段洪水期船舶月流量在 350 余艘次，武汉至城陵矶河段洪水期船舶月流量在 480 余艘次。

### 3.3.2 枯水期航运应急调度事件

近年来，三峡水库在枯水期进行了多次下游航运应急调度，下面列出了其中 4 次应急调度事件。

2011 年 2 月 12 日，一艘载油单壳船“苏扬油 15 号”，载汽油 990 t，在葛洲坝下游枝江水陆洲尾水域搁浅，船舶搁浅地点为鹅卵石河床，不具备实施常规拖带或过驳脱险操作的条件，所载汽油系一级易燃易爆危险品，操作不当极有可能发生泄漏和爆炸事故。得知险情后，三峡—葛洲坝梯级枢纽实施了应急调度，先后两次增加下泄流量 1 800 $m^3/s$ 和 2 000 $m^3/s$，补水总量为 1.64 亿 $m^3$，有效抬升了遇险船舶所在水域水位，确保了施救工作顺利完成，2 月 13 日 17 时，该船被安全拖拽出搁浅区，未发生汽油泄漏及污染水体事件。

2015 年 6 月 1 日，“东方之星”号客轮翻沉事件发生后，按照长江防汛抗旱总指挥部的调度指令，三峡水库实施了有利于沉船救援工作的应急调度。6 月 2 日上午，长江防汛抗旱总指挥部连续下发 3 道调度令，自 6 月 2 日上午 7 时 30 分、10 时和 12 时起，三峡水库出库流量分别按照 10 000 $m^3/s$、8 000 $m^3/s$ 和 7 000 $m^3/s$ 控制，至 6 月 2 日 12 时，三峡水库出库流量已降至 7 000 $m^3/s$。三峡水库减小出库流量后，有效降低了事发江段水位，减小水流速度，为“东方之星”号客轮翻沉救援工作提供了有利条件。

2016 年 12 月，长江中游部分河段约 600 艘船舶积压，10 余艘船舶搁浅。12 月 26 日，收到交通运输部长江航务管理局紧急协调增加三峡枢纽下泄流量的需求后，中国长江三峡集团有限公司流域枢纽运行管理中心积极与各方协调并达成一致。按照长江防汛抗旱总指挥部的调度令（长防总电〔2016〕47 号），自 12 月 29 日 8 时起，三峡水库出库流量由 6 000 $m^3/s$ 逐步加大至 7 000 $m^3/s$，一直持续至 12 月 31 日 12 时，持续时间 52 h，应急调度补水 2.6 亿 $m^3$，疏散船舶约 380 艘。

2017 年 1 月，受葛洲坝枢纽水域连续大雾和三峡北线船闸即将停航检修，航运企业提前抢运及春节临近大量船舶回港过年等因素影响，申报上行通过葛洲坝船闸和三峡船闸的船舶数量明显增加，截至 1 月 12 日 18 时，葛洲坝坝下待闸船舶达到 545 艘。1 月 13 日，接到长江三峡通航管理局加大下泄流量疏散葛洲坝坝下积压船舶的要求，中国长江三峡集团有限公司流域枢纽运行管理中心积极与各单位协调加大三峡水库下泄流量疏散积压船舶。按照长江防汛抗旱总指挥部的调度令（长防总电〔2017〕1 号），自 18 日 8 时起，三峡水库出库流量由 6 000 $m^3/s$ 逐步加大至 7 000 $m^3/s$，一直持续至 20 日 12 时，应急调度补水 2.7 亿 $m^3$，疏散上行船舶约 400 艘。

### 3.3.3　航运应急需求分析

航运部门将长江航道突发事件分为四个等级，如表 3.5 所示。现行的突发事件应急包括组织体系、预防预警、应急响应、后期处置等方面，多偏管理性质，且涉及的单位主要为航运相关部门。

**表 3.5　长江航道突发事件分级表**

| 事件等级 | 突发事件的严重程度及影响范围 |
|---|---|
| Ⅰ级<br>（特大） | （1）长江干线航道断航 12 h 以上或严重堵塞 24 h 以上；<br>（2）死亡（含失踪）30 人以上或危及 30 人以上的生命安全，特大船舶污染事故；<br>（3）自然灾害参照国家水利、气象、地震、地质部门发布的特大事件标准；<br>（4）公共卫生事件参照国家卫生部门发布的特大事件标准；<br>（5）社会安全事件参照国家安全、公安部门发布的特大事件标准；<br>（6）需启动交通运输部应急预案，调用长江航道局系统以外资源予以支援的突发事件；<br>（7）其他可能对长江航运造成特大危害或影响的突发事件 |
| Ⅱ级<br>（重大） | （1）长江干线航道断航 8 h 以上、12 h 以下，严重堵塞 12 h 以上、24 h 以下；<br>（2）死亡（含失踪）10 人以上、30 人以下或危及 10 人以上、30 人以下的生命安全，重大船舶污染事故；<br>（3）自然灾害参照国家水利、气象、地震、地质部门发布的重大事件标准；<br>（4）公共卫生事件参照国家卫生部门发布的重大事件标准；<br>（5）社会安全事件参照国家安全、公安部门发布的重大事件标准；<br>（6）需长江航道局系统资源协同应对的突发事件；<br>（7）其他可能对长江航运造成重大危害或影响的突发事件 |

续表

| 事件等级 | 突发事件的严重程度及影响范围 |
| --- | --- |
| III 级<br>（较大） | （1）长江干线航道断航 4 h 以上、8 h 以下或严重堵塞 6 h 以上、12 h 以下；<br>（2）死亡（含失踪）3 人以上、10 人以下或危及 3 人以上、10 人以下的生命安全，较大船舶污染事故；<br>（3）自然灾害参照国家水利、气象、地震、地质部门发布的较大事件标准；<br>（4）公共卫生事件参照国家卫生部门发布的较大事件标准；<br>（5）社会安全事件参照国家安全、公安部门发布的较大事件标准；<br>（6）需长江航道局系统资源协同应对的突发事件；<br>（7）其他可能对长江航道造成较大危害或影响的突发事件 |
| IV 级<br>（一般） | （1）长江干线航道断航 4 h 以下或严重堵塞 6 h 以下；<br>（2）死亡（含失踪）3 人以下或危及 3 人以下的生命安全，发生一般船舶污染事故；<br>（3）自然灾害参照国家水利、气象、地震、地质部门发布的一般事件标准；<br>（4）公共卫生事件参照国家卫生部门发布的一般事件标准；<br>（5）社会安全事件参照国家安全、公安部门发布的一般事件标准；<br>（6）需长江航道局局属单位资源协同应对的突发事件；<br>（7）其他可能对长江航道造成一般危害或影响的突发事件 |

枯水期事故易发河段为长江中游芦家河、太平口等浅险航段，主要发生时段为汛后三峡水库蓄水期及枯水期，事故种类主要以搁浅、触礁为主，包括因船舶操作不当或舵机失灵于航道外浅水区搁浅、船舶“超吃水”装载于航道内搁浅，另有少量的船舶碰撞、集装箱落水、船舶侧翻等事故。近两年长江中游发生船舶交通事故 40 余起。对于船舶搁浅、触礁等事故，一般采取的应急处置方法为拖轮助拖脱浅和过驳减载，以及协调三峡水利枢纽应急补水脱浅，尤其在坝下宜昌河段若发生危险品船舶搁浅，因河床底质大部分为鹅卵石底质，拖轮助拖脱浅或过驳减载的处置方法均不太适合，采取应急补水的办法脱浅为最佳方案。

当发生应急情况时，航道部门应首先启用应急响应，涉及部门主要包括长江航务管理局、长江海事局和长江航道局，相关预案如下。

（1）长江航务管理局预案：就三峡及葛洲坝船闸通航问题，长江航务管理局制定了《三峡坝区水域船舶滞留联动机制工作方案》和《长江干线过坝船舶联动控制方案》，指导坝区船舶积压疏导工作。

（2）长江海事局预案：就水上船舶交通事故，长江海事局制定了《长江海事局水上突发事件应急预案》，包括船舶搁浅应急处置程序、船舶触礁应急处置程序等 12 项应急处置程序，对现场应急处置工作起到较大指导作用。

（3）长江航道局预案：就长江中游航道可能出现的航道碍航、船舶搁浅等事故，长江航道局制定了有关长江干线航道公共服务突发事件的应急预案，很好地指导了长江干线航道工作。

以上预案大都从管理和航道本身的手段出发，制定了应急工作流程，应急手段也大多依靠本地方法和设施。枯水期河道船舶应急事件主要分为搁浅（触礁）、沉船、积压三种。其中：搁浅和沉船主要依靠本地应急措施进行处理，实时性和效果都较好；积压往往与治理河道冲刷的航道整治和疏浚有关，本地措施可能难以完全解决，在有必要且上游水库尚有能力的情况下协调上游水库进行应急补水。当需要上游水库应急调度时，由于河道船舶应急情况复杂多变，难以提前制定具体的流量、水位需求，需要根据应急事件和面临的情况，相机提出对上游水库的应急调度需求。

## 3.4　洞庭湖三口水系供水情况

洞庭湖四口水系是指连接长江和洞庭湖的松滋河、虎渡河、藕池河及调弦河干支流组成的复杂水网体系（图 3.2）。河道全长约 956.3 km。洞庭湖四口水系在枯水期是长江向洞庭湖补水的重要通道，是洞庭湖四口水系地区的灌溉、供水水源，对于保障区域供水安全、粮食安全和生态安全具有重要作用。调弦口于 1958 年冬建闸控制，后因华容河河口淤积严重导致进流不畅，本次主要对洞庭湖三口（即松滋口、太平口和藕池口，后文简称三口）的情况进行了研究分析。受限于掌握的资料和开展研究工作的时间，部分数据和成果以 2011 年水资源普查资料为基础展开。

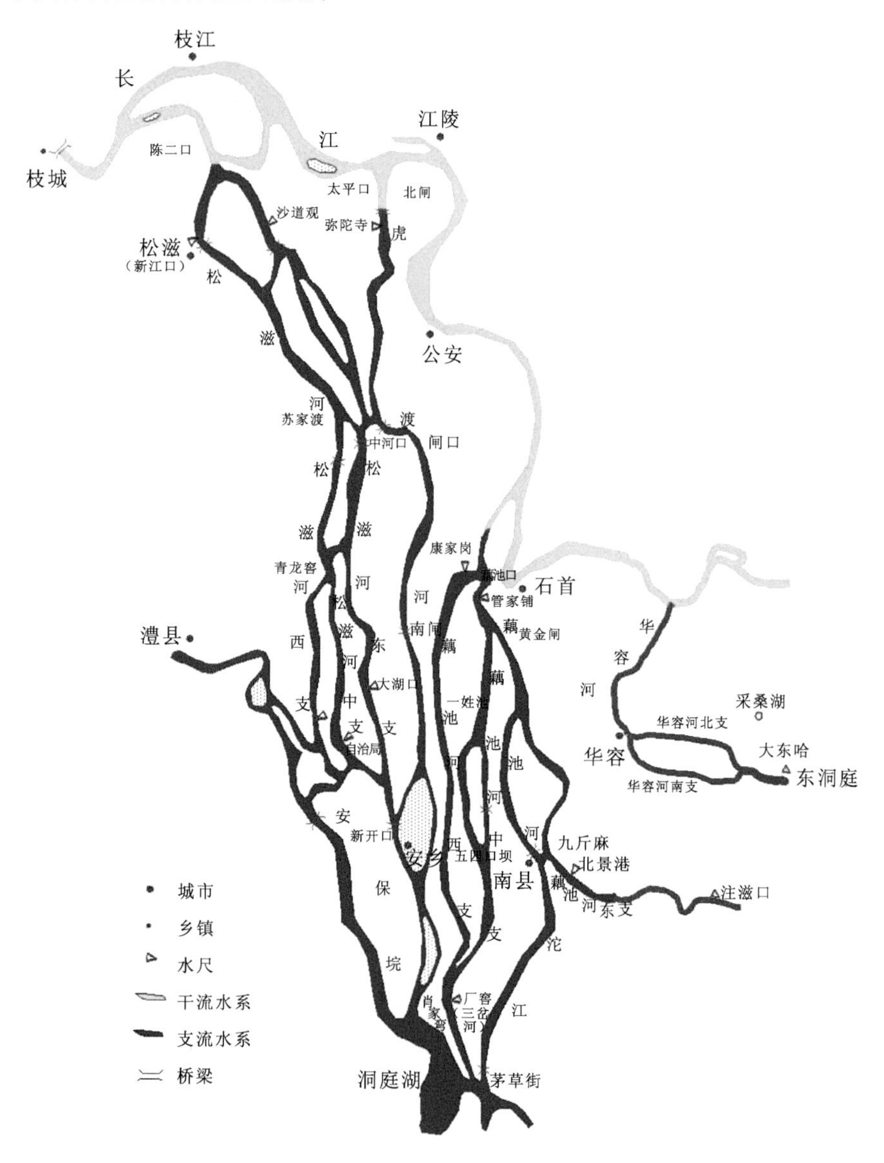


图 3.2　洞庭湖四口水系示意图

### 3.4.1　三峡水库运行以来三口情况

三峡水库运行以来，由于水库调蓄改变了径流过程，以及三峡水库出库沙量减少、颗粒级配变细等因素，江湖关系发生了新的变化。洞庭湖四口水系地区分流进一步减少，河道断流时间进一步加长，河湖连通程度进一步降低，水资源和水生态问题逐步凸显，且存在三口分流减少影响干流防洪的隐患。

三峡水库蓄水后，宜昌站、沙市站、汉口站等各站流量过程发生变化，枯水期流量增加，丰水期流量减少。各站输沙量较蓄水前沿程减小，幅度为 72%～91%，见表 3.6 和图 3.3。

表 3.6　长江中下游主要水文站径流量和输沙量与多年平均对比

| 项目 | | 宜昌站 | 枝城站 | 沙市站 | 监利站 | 螺山站 | 汉口站 |
|---|---|---|---|---|---|---|---|
| 径流量/亿 m³ | 2002 年前平均 | 4 370 | 4 450 | 3 940 | 3 580 | 6 460 | 7 110 |
| | 2003 年后 | 3 960 | 4 050 | 3 740 | 3 620 | 5 870 | 6 660 |
| | 变化率 | -9% | -9% | -5% | 1% | -9% | -6% |
| 输沙量/万 t | 2002 年前平均 | 49 200 | 50 000 | 43 400 | 35 800 | 40 900 | 39 800 |
| | 2003 年后 | 4 660 | 5 600 | 6 660 | 8 110 | 9 500 | 11 200 |
| | 变化率 | -91% | -89% | -85% | -77% | -77% | -72% |

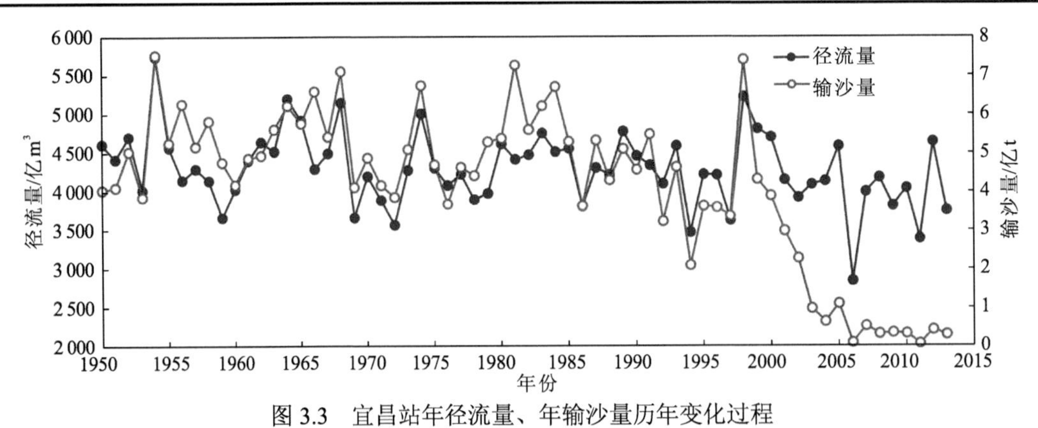

图 3.3　宜昌站年径流量、年输沙量历年变化过程

三峡水库运用以来三口分流量继续减少，2003 年后，三口年平均分流量 484.4 亿 m³，较 1999～2002 年均值减少 140.9 亿 m³，减少幅度约为 22.5%；相应的分流比也由 1999～2002 年的 14.0%降至 2003 年后的 11.9%。

由于荆江水流含沙量小，三口河道也发生了冲刷。三峡水库运行初期，三口河道转为总体冲刷。从冲刷的时空分布来看：2003～2011 年松滋河和虎渡河保持持续冲刷；2003～2009 年松虎洪道以冲刷为主，但冲刷强度呈不断减弱趋势，2009～2011 年总体为淤积；藕池河冲刷主要发生在 2003～2006 年，共冲刷了 0.31 亿 m³，2006～2011 年转为淤积，共淤积了 0.13 亿 m³。

松滋河水系冲刷主要集中在口门段、松西河及松东河，其他支汊冲淤变化较小。虎渡河冲刷主要集中在口门至南闸河段，南闸以下河段冲淤变化相对较小。藕池河冲淤变化表现为枯水河槽以上发生冲刷，枯水河槽冲淤变化较小，其口门段、梅田湖等河段冲刷量较大。

在三峡水库枯水期补偿调度作用下，枝城站的流量还原值（还原为没有三峡水库时的情况）均比实测值要偏小，能够较好地体现三峡水库对枯水期下游河道流量的补偿作用，尤其是 5 月，三峡水库在实验性蓄水期，针对库尾泥沙淤积问题，多次开展了以加大下泄流量和水位消落速度为主要形式，试图加大消落期库尾河道泥沙走沙强度的调度试验，使得水库调度后的枝城站流量较还原值偏大 1 200 $m^3/s$。但是，由于河床剧烈冲刷下切，干流同流量下的水位下降明显，三口分流量总体均呈减少趋势，如表 3.7 所示。

**表 3.7　三峡水库及上游水库运用初期三口分流变化**

| 时段 | 枝城站径流量/亿 $m^3$ | 分流量/亿 $m^3$ | | | | 分流比/% | | | |
|---|---|---|---|---|---|---|---|---|---|
| | | 松滋口 | 太平口 | 藕池口 | 三口合计 | 松滋口 | 太平口 | 藕池口 | 三口合计 |
| 1991～2000 年实测 | 4 384 | 349.0 | 127.2 | 171.0 | 647.2 | 7.96 | 2.90 | 3.90 | 14.76 |
| 2003～2012 年实测 | 4 072 | 292.4 | 92.2 | 108.7 | 493.3 | 7.18 | 2.26 | 2.67 | 12.11 |

## 3.4.2　三口断流时间分析

目前对于三口断流流量的分析较少，根据调研资料，多年以来三口洪道及三口口门段逐渐淤积萎缩，使得三口通流所需水位抬高，松滋口东支沙道观站、太平口弥陀寺站、藕池（管）站、藕池（康）站四站连续多年出现断流，且年断流天数持续增加。三峡水库蓄水运用后，随着分流比的减小，三口断流时间也有所增加。其中，松滋口东支沙道观站增加最多，1981～2002 年的平均年断流天数为 171 天，蓄水后（2003～2013 年）增加到 197 天，见表 3.8。

**表 3.8　不同时段三口控制水文站年断流天数统计表**

| 时段 | 三口控制水文站分时段多年平均年断流天数/天 | | | | 各站断流时枝城站相应流量/（$m^3/s$） | | | |
|---|---|---|---|---|---|---|---|---|
| | 沙道观站 | 弥陀寺站 | 藕池（管）站 | 藕池（康）站 | 沙道观站 | 弥陀寺站 | 藕池（管）站 | 藕池（康）站 |
| 1956～1966 年 | 0 | 35 | 17 | 213 | — | 4 290 | 3 930 | 13 100 |
| 1967～1972 年 | 0 | 3 | 80 | 241 | — | 3 470 | 4 960 | 16 000 |
| 1973～1980 年 | 71 | 70 | 145 | 258 | 5 330 | 5 180 | 8 050 | 18 900 |
| 1981～1998 年 | 167 | 152 | 161 | 251 | 8 590 | 7 680 | 8 290 | 17 600 |
| 1999～2002 年 | 189 | 170 | 192 | 235 | 10 300 | 7 650 | 10 300 | 16 500 |
| 2003～2013 年 | 197 | 144 | 185 | 266 | 10 280 | 7 120 | 9 060 | 15 670 |
| 2013 年 | 211 | 198 | 212 | 295 | 10 300 | 7 550 | 7 550 | 16 400 |
| 2014 年 | 157 | 117 | 151 | 269 | 8 280 | 7 270 | 6 870 | 16 300 |

影响三口断流天数增多因素主要有三个方面：一是三峡水库蓄水期间拦蓄流量较大，相应下游流量较少，致使三口断流天数有所增加；二是三峡水库蓄水后清水下泄，干流河段冲刷下切，使长江干流在同一流量下水位有所下降，相同流量条件下入洞庭湖水量减少；三是三峡水库蓄水以来洞庭湖来水偏小，出湖流量对长江干流顶托作用减轻，导致莲花塘站水位比常年水位偏低，相应长江干流枝城至莲花塘河段比降增大，进入藕池口流量减少，断流天数增加。

根据调研资料，三峡水库建库以后 2003～2014 年三口各站断流时相应的枝城站流量为 7 120～16 400 m³/s，其中以弥陀寺站 7 120 m³/s 最小。根据三峡水库 2012 年调度方案，8 月 31 日后，当预报上游不会发生较大洪水，且沙市站、城陵矶站水位分别低于 40.3 m、30.4 m 时，9 月 10 日水库运行水位按 150.0～155.0 m 控制，蓄水时间提前至 9 月 10 日，9 月底可以蓄至 158.0～162.0 m 控制。蓄水期间，9 月 10 日至 9 月底，三峡水库下泄流量不小于 10 000 m³/s；10 月下泄流量不小于 8 000 m³/s。因 9 月三峡水库天然来水流量一般较大，若按 10 000 m³/s 下泄，2012 年方案与初设方案相比（初设方案 9 月不蓄水）对藕池（康）站的断流天数将会有一定的负面影响。但由于 2012 年方案在 10 月按最小下泄流量 8 000 m³/s 控制，与初设方案相比对改善弥陀寺站断流情况有一定积极作用。三峡水库枯水期 1～4 月一般下泄 6 000 m³/s 左右，根据不同时段三口控制水文站断流时枝城站相应流量分析结果可知，该流量对枯水期坝下河道补水作用较为明显，但不会改善三口断流情况。

### 3.4.3 江湖关系变化预测

三峡水库及上游水库蓄水运用后，松滋河呈单向冲刷趋势，虎渡河呈先淤积后冲刷趋势，藕池河初期表现为淤积且后期累计淤积量逐渐减少，后期表现为冲刷，但冲淤量变化不大。

从各水系沿程分布情况来看：松滋河的冲刷主要集中在松滋口口门段、松滋河西支的大口—瓦窑河段、松滋河东支的大湖口至中河口河段及苏支河；在 2032 年之前虎渡河沿程呈淤积趋势，之后逐渐转为冲刷；藕池河的淤积主要位于口门段、藕池口东支的管家铺至殷家洲河段、藕池河中支的五四河坝至下柴市河段等（图 3.4）。

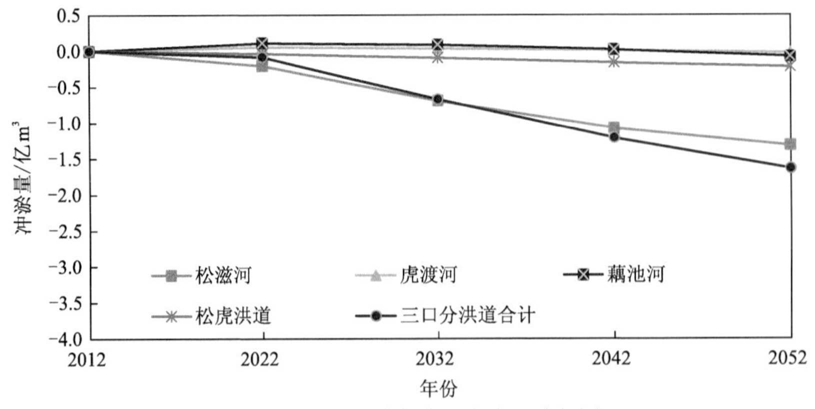


图 3.4　三口水系流道累计冲淤过程图

长江中下游干流和荆江三口洪道的冲淤与长江上游来水来沙条件有一定的关系。受到干流河道水沙冲淤和三口分流分沙的影响，松滋河和虎渡河冲刷量有所增加，松虎洪道变化不大，藕池河冲刷量略有增加，但绝对值不大。

水库运行的2013～2022年，三口年平均分流量520.9亿$m^3$，分流比11.75%，与1991～2000年（简称蓄水前，下同）实测年水量平均值647.2亿$m^3$相比，分流比相对减少19.5%；三峡水库及上游水库运用2043～2052年末，三口年平均分流量460.7亿$m^3$，分流比10.39%，比蓄水前年水量平均值相对减少28.8%，分流比约减少4.37%（表3.9）。

**表3.9 三峡水库及上游水库运用后三口分流变化**

| 时段 | 枝城站径流量/亿$m^3$ | 分流量/亿$m^3$ | | | | 分流比/% | | | |
|---|---|---|---|---|---|---|---|---|---|
| | | 松滋口 | 太平口 | 藕池口 | 三口合计 | 松滋口 | 太平口 | 藕池口 | 三口合计 |
| 2013～2022年 | 4 433 | 314.2 | 87.8 | 118.9 | 520.9 | 7.09 | 1.98 | 2.68 | 11.75 |
| 2023～2032年 | 4 433 | 303.9 | 81.1 | 106.0 | 491.0 | 6.86 | 1.83 | 2.39 | 11.08 |
| 2033～2042年 | 4 433 | 295.5 | 74.8 | 104.4 | 474.7 | 6.67 | 1.69 | 2.36 | 10.72 |
| 2043～2052年 | 4 433 | 287.7 | 70.3 | 102.7 | 460.7 | 6.49 | 1.58 | 2.32 | 10.39 |

# 3.5 长江口压咸情况

咸潮是一种天然水文现象，它是由太阳和月亮（主要是月亮）对地表海水的吸引力引起的。当淡水河流量不足，令海水倒灌，咸淡水混合造成上游河道水体变咸，即形成咸潮。

长江口地区的咸潮入侵一般发生在每年11月～次年4月。长江下游大通（距河口约640 km）至江阴（距河口约220 km）河段为感潮河段；江阴以下为河口段，是潮流往复区。在一些特枯年份，长江口潮汐甚至可以影响至安庆河段。咸潮入侵会导致水体盐分浓度升高，影响生产和生活供水的水质（依据国家有关标准，水中氯化物质量浓度超过250 mg/L的不能用于自来水原水）。如果咸潮持续时间超过了水库蓄水所能供给的时间，那么就会面临严重的供水缺口。

受咸潮入侵影响的主要是由长江引水充蓄的陈行水库、宝钢水库、青草沙水库、东风西沙水库等，以及直接从长江抽水的各自来水厂、企业自备水源等。

## 3.5.1 长江口咸潮入侵时空变化特征

长江口咸潮入侵具有显著的时空变化特征。空间上，长江口因其独特的大型多级分汊，咸潮入侵三维结构明显；时间上，长江口咸潮入侵存在不同的尺度，短尺度有半日涨落潮变化，中尺度有半月大小潮变化，大尺度有季节性和年际变化，中小尺度时间变化主要由潮汐动力变化引起，大尺度时间变化主要由径流变化引起。

河口咸潮入侵来自外海，一般河口咸潮入侵上游弱、下游强，沿河道方向盐度纵向变化单一。但在长江口，南支咸潮入侵除来自外海，还来自上游北支咸潮倒灌（图 3.5）。北支咸潮倒灌强度主要与潮汐和径流量有关，潮差大、径流量小，咸潮倒灌强。北支倒灌的咸潮进入南支后，在潮周期时间尺度内随涨落潮流上下震荡，在潮周期时间尺度外径流的作用向下游输运，从北支上口崇头到陈行水库和青草沙水库约需 2～5 天。观测资料表明，北支因潮强、进流量小，咸潮入侵远比南支大。因此，从长江口口门横向变化看，咸潮入侵从强到弱依次为北支、南槽、北槽和北港；从长江口南北港中段横向断面看，咸潮入侵从强到弱依次为北支、南港和北港；从长江口南支上段横向断面看，咸潮入侵从强到弱依次为北支、南支。

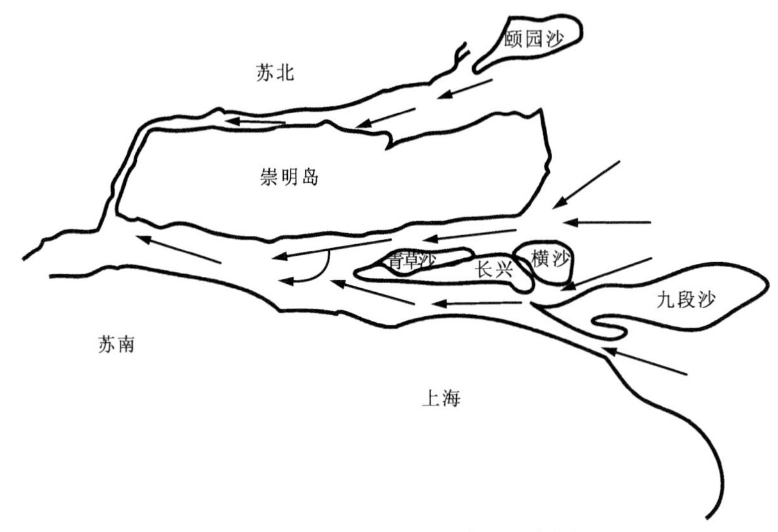


图 3.5　长江口咸潮入侵来源示意图

## 3.5.2　咸潮影响因素

### 1. 径流量

长江口水域氯化物质量浓度的年际与年内的分布及其变化与长江干流径流量关系密切。以往研究表明，大通站枯水期流量小于 10 000 $m^3/s$ 时，长江口各代表水文站（点）的氯化物质量浓度都普遍升高；流量大于 13 000 $m^3/s$ 时，氯化物质量浓度都普遍下降；流量大于 15 000 $m^3/s$ 时，吴淞口、高桥基本免遭咸潮侵扰，各站氯化物质量浓度大幅度降低。长江口水域氯化物质量浓度还与枯水期月平均流量或咸潮前某日径流量有关。

### 2. 潮流

长江口潮汐受天文潮影响显著，既呈现半日非规则潮汐特征，也呈现朔望潮汐等长周期特征。长江口进潮量巨大，若上游径流量接近年平均流量，在平均潮差作用下，河口进潮量可达到 266 000 $m^3/s$，为年平均径流量的 9 倍。潮汐存在朔望变化规律，即每半月中出现大潮和小潮各一次。随着半日潮涨潮落的变化，氯化物质量浓度也会出现涨憩落憩氯化物质量浓度峰谷值。

3. 海平面变化

据中国气象局发布的《应对气候变化报告（2012）：气候融资与低碳发展》（王伟光和郑国光，2012），长江口北沿海海平面上升速度为 0.9 mm/a，长江三角洲海平面平均上升速度为 4.7 mm/a，1978～2007 年上海海平面上升 115 mm，海平面上升将增大河口咸潮入侵的距离，在海平面上升 30 cm、50 cm 和 100 cm 的条件下，咸潮楔将分别向上游推进 3.3 km、5.5 km 和 12 km。海平面上升，还降低了海堤的防洪标准。

4. 风向

大潮期，当长江口的风向偏东且风力大于 5 级时，风助潮涌，长江口外海的咸潮就会顺势向西上溯，一股分别经南槽、北槽汇至南港、北港，进入南支，另一股经北支上溯至崇头倒灌入南支。相反，大潮期，当长江口的风向偏西时，北支的涌潮会大大减弱，咸潮倒灌的强度有所削弱。一般来说，长江口偏东风，北支咸潮倒灌南支产生明显加重的影响。

### 3.5.3　长江口供水工程情况

上海水资源战略规划提出，不断健全“两江并举、三域（流域、区域、市域）共保、多库联动（多源互补）、急备兼顾”的水源地发展战略布局。其中两江并举拟完善长江口陈行水库、青草沙水库、东风西沙水库及黄浦江上游金泽水库等水库式水源地集中供水格局；多库联动（多源互补）是加强长江青草沙-陈行水库、沿长江水库链、长江—黄浦江水源地等连通工程建设，实施长江、黄浦江多水源（库）互补、互备与联动，实现原水“水网”的统筹协调和优化调度。其中，陈行水库和青草沙水库是应对咸潮入侵的重要工程。

1. 工程设计工况

**1）青草沙水库**

青草沙水库位于长江口南支下段南北港分流口水域，由长兴岛西侧和北侧的中央沙、青草沙及北小泓、东北小泓等水域组成。

青草沙水库为蓄淡避咸型水库，在非咸潮期自流引水入库供水，在咸潮期通过水库预蓄的调蓄水量和抢补水来满足受水区域的原水供应需求，枯水流量保证率取 97%，在最长连续不宜取水 68 天情况下仍可为受水区水厂正常提供原水。青草沙水库目前供水受益人口超过 1 300 万人，2020 年的供水规模为 719 万 $m^3/d$，在咸潮入侵严重期还承担闸北水厂 22.4 万 $m^3/d$ 供水任务，出库水质符合《地表水环境质量标准》（GB 3838—2002），Ⅱ类标准，氯化物质量浓度不超过 250 mg/L，原水水压满足长兴水厂进厂水压和输水管线运行要求（国家环境保护总局和国家质量监督检验检疫总局，2002）。

青草沙水库工程主要包括新建青草沙库区围堤，按水库标准改造中央沙库区围堤，加高加固长兴岛库区段海塘及中央沙库区南堤、西堤与青草沙库区新建北堤、东堤的保滩护底等；取水泵闸工程包括上游取水泵闸和下游水闸；输水泵闸工程包括岛域输水干线输水闸井和长兴输水支线输水泵站。

青草沙水库总面积 66.26 $km^2$，其中中央沙库区面积 14.28 $km^2$，青草沙库区面积 51.98 $km^2$（含青草沙垦区 2.18 $km^2$）。经分析论证，咸潮期水库最高蓄水位为 7.00 m，设计最低水位为-1.50 m。非咸潮期运行最低水位为 2.00 m。水库设计有效库容为 4.38 亿 $m^3$，死库容为 0.89 亿 $m^3$，设计总库容为 5.27 亿 $m^3$，为大（二）型水库。取水泵站设计总流量 200 $m^3$/s，上游水闸净宽 70 m、闸底高程-1.50 m；下游水闸净宽 20 m、闸底高程-1.50 m；输水泵站设计规模 11 万 $m^3$/d（后调整为 23 万 $m^3$/d）；输水闸井净宽 24.8 m、闸底高程-4.00 m。

青草沙水库环库大堤总长 48.41 km，其中新建北堤、东堤分别长 18.957 km 和 3.030 km，加高加固中央沙南堤、西堤分别长 7.645 km 和 2.821 km，加高加固长兴岛海塘长 15.957 km。南堤、西堤由中央沙圈围工程南围堤、西围堤按水库标准加固改造而成，其堤线基本沿中央沙现有陡坎线退后约 50 m 布置，起点与长兴岛头部石沙西侧小围堤连接，南段堤线外侧为长兴岛涨潮沟，西段堤线外侧为北港新桥通道。北堤、东堤位于青草沙库区，在中央沙、青草沙临北港侧的北小泓滩面与中央沙库区西堤连接后，基本上沿青草沙垦区沙洲北侧水下沙体沙脊线布置，穿越两条小冲沟，至东北小泓北侧水下沙体顺势下延约 1 km 后，横向穿越东北小泓涨潮沟深槽，终点与长兴岛陆域梦思园度假村外侧电厂灰场上游处海塘连接。新建北堤堤基滩面高程约为-2.8～1.30 m，采用充填袋装砂斜坡堤结构型式。新建东堤堤线穿越东北小泓涨潮沟深槽，堤基滩面高程约为-10.5～-3.0 m，采用抛填袋装砂斜坡堤结构型式。

取水泵闸工程包括取水泵站、上游水闸和下游水闸。取水泵站采用 6 台混凝土井筒式混流泵、6 kV 高压同步电机、肘型进水流道、虹吸式出水流道和堤身式主泵房。上游水闸采用五孔潜孔式直升门，单孔净宽 14.0 m。下游水闸采用三孔直升门，中孔净宽 10.0 m，有过船要求，采用开畅式，两侧边孔宽各 5.0 m，采用有胸墙的潜孔门。

输水泵闸工程包括输水泵站、输水涵闸两部分。输水泵站采用 3 台（2 用 1 备）卧式离心泵，输水涵闸分 4 孔，孔口尺寸 6.2 m（孔宽）×5.5 m（孔高），每孔设事故检修闸门（直升门）。

**2）陈行水库**

陈行水库位于宝山罗泾陈行长江堤外滩上，如图 3.6 所示，西接宝钢水库，东至小川沙河口，与石洞口电厂灰库西堤隔河相望，水库围堤由已建的宝钢水库东堤，原长江江堤（内堤）及新建的外堤和东堤组成。陈行水库主要承担向上海北部地区部分水厂供应原水的任务，其功能为避咸蓄淡、避污蓄清。

陈行水库南堤利用长江老堤（海塘），西堤利用宝钢水库围堤，水库建造时均对南堤和西堤做了加固，东堤和北堤（外堤）系新建，新建的外堤和东堤为吹填均质土坝，利用库内亚砂土以管道压力输泥式水力冲填法施工；堤顶标高 8.00 m，堤顶内侧有 1.5 m 高钢筋混凝土防浪墙。水库面积 135 万 $m^2$，库底标高 0.00 m，咸潮期设计最高水位 7.25 m，最低水位 0.50 m。由于受边滩面积条件限制，7.25 m 水位时陈行水库有效库容仅为 830 万 $m^3$。

整个长江陈行水库引水工程系统主要有长江取水泵站、陈行边滩水库、原水输水管线系统和增压泵站等组成，分三期建设。

图 3.6 陈行水库

一期工程于 1992 年 6 月竣工，工程主要包括第一输水泵站和取水泵站，输水泵站的供水规模为 40 万 $m^3/d$，取水泵站取水规模为 160 万 $m^3/d$。

二期工程于 1996 年 6 月建成投产，工程包括一输水泵站，承担向月浦、泰和、吴淞、闸北和凌桥 5 家自来水厂提供原水供应的任务，非咸潮期（高峰供水期）原水供应能力提升至 130 万 $m^3/d$（40 万 $m^3/d$+90 万 $m^3/d$）。根据实测资料分析，按取水含氯度不超过 250 mg/L，相应连续不宜取水 13 天考虑，供水保证率 92%（1987 年枯水期流量保证率），咸潮期间只能满足 64 万 $m^3/d$ 的供水量。

三期工程规划供水规模为 218 万 $m^3/d$，计划分两阶段实施。第一阶段建设内容包括新建取水能力 430 万 $m^3/d$ 的第二取水泵站与敷设长 16.8 km 的输水管线，第二阶段建设内容包括新建库容 1 432 万 $m^3$ 的陆域水库与输水能力为 110 万 $m^3/d$ 的输水泵站。其中，第二取水泵站和陆域管线于 2005 年开工建设，2006 年上半年建成，整个水库的取水规模达 590 万 $m^3/d$（第一取水泵站 160 万 $m^3/d$，第二取水泵站 430 万 $m^3/d$）。

### 2. 运行现状

#### 1）青草沙水库

青草沙水库位于上海长兴岛西北方冲积沙洲青草沙上，是世界最大的河口江心水源水库。水库蓄满时，可在不取水的情况下保障上海连续 68 天的原水供应。水库水质符合国家地表水Ⅱ类标准，供水范围为杨浦区、虹口区、闸北区、黄浦区、静安区、长宁区、徐汇区、浦东新区 8 个行政区全部区域，以及闵行区、普陀区、宝山区、青浦区和崇明区 5 个行政区的部分地区，受益人口 1 300 万。

青草沙水库有上游泵闸和下游水闸，在高潮时段从上游泵闸取水，取水能力为 200 $m^3/s$，在低潮时段从下游水闸放水，保持水库原水的水质。青草沙水库自 2010 年 12 月水库通水投入试运行以来，基本上处于中低水位运行。每年的 4～9 月，水库利用库外高潮位与库内水位间的水位差，通过上游取水闸引水，水库库内水位维持在 2.50～3.50 m；每年的 10 月～次年 3 月，水库利用上游取水闸和上游取水泵站联合取水，水库水位在 1.10～5.50 m。由于受水库堤坝结构形式及水库现状条件的限制，水库水位需要逐级提升，并完善相关措施，所以目前水库水位最高仅达到 5.50 m，还需要青草沙水库根据咸潮预报灵活调整水库蓄水量。目前，运行过程中主要存在以下问题。

（1）青草沙库区和中央沙库区连通口门偏少。青草沙水库分为青草沙库区和中央沙库区两大部分，目前两大库区仅通过一个净宽为 6.00 m 的涵闸连通，连通口门偏少，无法满足咸潮期青草沙水库向陈行水库供水，以及非咸潮期两大库区水体充分交换的要求。

（2）青草沙垦区尚未进行彻底整治，存在垦区内的水体污染青草沙水库水质的风险。青草沙水库及取输水泵闸工程初步设计阶段，拟对青草沙垦区的老海塘进行加高加固，使青草沙垦区成为一个封闭的区域；但后来由于种种原因，青草沙垦区的老海塘加高加固工程未能实施。目前，青草沙垦区处于一个半开放的状态，老海塘塘顶高程仅为 7.00 m 且部分堤段已破损严重，垦区内分布有多个废弃的鱼塘，当青草沙水库高水位运行时，青草沙垦区围堤可能溃缺，青草沙垦区被淹没，青草沙垦区内的水体存在污染青草沙水库水质的风险。

（3）长兴岛老海塘段堤坝存在渗漏破坏的风险。青草沙水库长兴岛老海塘加高加固段的防渗体系采用了悬挂式垂直防渗墙组合堤后排水体的综合防渗体系，由上海堤防（泵闸）设施管理处组织实施的长兴岛北环河北侧护岸是该堤段防渗体系的重要组成部分。在青草沙水库 2016～2017 年度的咸潮期蓄水过程中，在长兴岛北环河的河底出现多处冒气泡和涌砂现象，因此，在青草沙水库高水位运行时，长兴岛老海塘段存在渗流破坏的风险。

**2）陈行水库**

陈行水库建成投产于 1992 年，位于上海宝山罗泾长江岸段，现有库容为 950 万 $m^3$，水库面积 135 万 $m^2$，是上海“两江并举，多源互补”水源地格局中的重要一“源”。其西堤与宝钢水库共用，水质以Ⅱ类水为主，其抽水管道如图 3.7 所示。目前，水库向月浦、闸北、吴淞、泰和及凌桥 5 家自来水厂提供原水，供水规模为冬季 120 万 $m^3/d$，夏季 160 万 $m^3/d$。

图 3.7　陈行水库取水管道

陈行水库的运行方式与青草沙水库类似，主要采用水利调节和生态治理的运行模式。在实际运行中，在咸潮期水库库容仅能保证约连续 7 天的正常供水（供水规模约 150 万 $m^3/d$），如水库取水口水域咸潮持续时间超过 7 天，则需通过向宝钢水库借水、取超标水掺浑、管网调度等措施解决受水水厂的原水供应问题。2004 年，咸潮期陈行水库开始向宝钢水库借水，目前最大借水规模为 60 万 $m^3/d$。但如果遇到严重的咸潮，陈行水库取水口水域连续不宜取水时间超过 14 天，其中，2014 年达 22 天，则向宝钢水库借水、取超标水掺浑均受到限制，陈行水库出库水含氯度得不到保障。目前，陈行水库运行主要存在以下 4 个方面的问题。

（1）陈行水库现有输水泵站的供水能力可达 206 万 $m^3/d$，但达不到 250 万 $m^3/d$。

（2）受输水泵站进水管高程限制，陈行水库最低运行水位约为 3.30 m，是陈行水库目前需要解决的主要问题。

（3）根据陈行水库的区位位置，位于江苏浏河口下游，在二期工程中建设的 430 万 $m^3/d$ 长江取水泵站取水口虽经外移，但仍易受浏河不定期排水对取水水质的污染影响。

（4）吴淞江工程（上海段）正在建设中，新川沙泵闸枢纽行洪排水期间，由于闸内河网水质差于长江，对陈行水库取水口水质可能造成影响。

### 3.5.4　历史咸潮入侵情况

#### 1. 青草沙水库

自 20 世纪 90 年代以来，长江口发生较为严重的咸潮入侵年份为 1998～1999 年枯水期和 2013～2014 年枯水期。分析表明：1998～1999 年枯水期青草沙水库含氯度分布主要受北支咸潮倒灌和外海咸潮入侵的影响，超标盐峰持续天数最长达 38 天（2 月 20 日～3 月 30 日）；2013 年 12 月～2014 年 2 月青草沙水库取水口共发生咸潮 4 次，其中 2014 年 1～2 月发生 2 次，2 月最为严重，受影响天数长达 22 天（2 月 4 日～2 月 25 日），青草沙水库含氯度分布主要受持续的强北风影响，造成了极端严重的外海咸潮入侵。青草沙水库取水口截至 2017 年咸潮发生情况见表 3.10。

**表 3.10　青草沙水库取水口咸潮发生情况（2014～2017 年）**

| 时间 | 发生次数 | 备注 |
|---|---|---|
| 2014 年 1～3 月 | 2 | 第 2 次主要为持续的强北风造成的极端严重的外海咸潮入侵，发生在 2 月 4 日～25 日，连续历时 20 天 19 小时 |
| 2015 年 1～3 月 | 3 | 第 3 次最为严重，主要为北支咸潮倒灌，发生在 2 月 23 日～3 月 2 日，连续历时 6 天 15 小时 |
| 2016 年 1～3 月 | 1 | 主要为外海咸潮入侵，发生在 3 月 6 日 13:00～14:00，仅 2 小时 |
| 2017 年 1～3 月 | 1 | 主要为外海咸潮入侵，发生在 2 月 23 日～28 日，连续历时 3 天 15 小时 |

在青草沙水库取水口，2015 年 1～3 月共发生 3 次咸潮入侵，历时和最高盐度分别为 4 小时和 0.34，6 小时和 0.82，6 天 15 小时和 1.22，对应的潮型分别为小潮、小潮后中潮和大潮后中潮至小潮，前两次咸潮来源于北港下游咸潮正面入侵，第三次咸潮来源于上游北支咸潮倒灌。与多年月平均值径流量比较，2015 年 1～3 月径流量增量分别为 200 $m^3/s$、−260 $m^3/s$ 和 5 700 $m^3/s$，1～2 月十分接近，3 月偏大。

2016 年 1～3 月共发生 1 次咸潮入侵，历时和最高盐度为 2 小时和 0.69，对应的潮型为小潮，源自北港下游外海正面咸潮入侵。与多年月平均值径流量比较，2016 年 1～3 月径流量增量分别为 9 200 $m^3/s$、6 940 $m^3/s$ 和 2 000 $m^3/s$，径流量明显偏大，尤其是 1 月和 2 月。

2017 年 1～3 月共发生 1 次咸潮入侵，历时和最高盐度为 8 天 19 小时和 2.74，其间盐度超标时间为 3 天 15 小时，对应的潮型为小潮和小潮后中潮，源自北港下游外海正面咸潮入侵。与多年月平均值径流量比较，2017 年 1～3 月径流量增量分别为 4 700 $m^3/s$、1 240 $m^3/s$ 和 7 700 $m^3/s$，径流量偏大，尤其是 1 月和 3 月。

除 2014 年 2 月的严重咸潮外，在 2015～2017 年 1～3 月中，青草沙水库取水口共发生 5 次咸潮入侵，仅 1 次来自北支咸潮倒灌，4 次源自北港下游咸潮正面入侵，在一般北风作用下咸潮入侵强度弱，在强北风作用下咸潮入侵强度较强。在小潮期间遇到强北风作用会导致较严重的外海咸潮入侵。

### 2. 陈行水库

陈行水库近几年来最为严重的咸潮入侵情况与青草沙水库一样，也发生在 2014 年 2 月，时间为 2 月 4 日～9 日、2 月 13～24 日。表 3.11 为 2013～2016 年陈行水库取水口咸潮发生的基本情况。

**表 3.11　陈行水库取水口咸潮发生情况（2013～2016 年）**

| 年份 | 发生次数 | 备注 |
|---|---|---|
| 2013 | 5 | 年初发生 1 次，汛后最早发生在 11 月 7 日，从 11 月 7 日到 14 日。最常发生在 12 月 6～14 日，连续历时 8 天 5 小时，氯化物质量浓度最高达 865 ppm[①] |
| 2014 | 5 | 发生在年初，最严重发生在 2 月 4～9 日、2 月 12～26 日，连续历时 13 天 23 小时，氯化物质量浓度最高达 1 563 ppm |
| 2015 | 1 | 从 2015 年 2 月 23 日 5 时开始，至 2 月 28 日 21 时结束，连续历时 5 天 16 小时，氯化物质量浓度最高达 782 ppm |
| 2016 | 0 | 氯化物质量浓度最高仅为 170 ppm |

陈行水库在 2013 年 1～3 月，发生咸潮入侵 1 次，3 月 16～19 日，历时 4 天；11～12 月，发生咸潮入侵 4 次。最早发生在 11 月 7 日，从 11 月 7 日到 14 日，历时 7 天 13 小时；第二次，2013 年 11 月 20～26 日，历时 5 天 5 小时；第三次，2013 年 12 月 6～14 日，历时 8 天 5 小时；第四次，2013 年 12 月 21～23 日，历时 2 天 0 小时。

① 1 ppm=$1\times10^{-6}$。

陈行水库在2014年1～4月，发生咸潮入侵5次，其中最严重发生在2月4～9日、2月12～26日，年后没有发生咸潮入侵。第一次，2014年1月6～13日，历时7天21小时；第二次，2014年2月4～9日，历时6天14小时；第三次，2014年2月12～26日，历时13天23小时；第四次，2014年3月4～9日，历时5天0小时；第五次，2014年4月4～6日，历时1天20小时。

陈行水库在2015年，发生咸潮入侵1次，2月24～28日，历时5天。

陈行水库在2016年，没有发生咸潮入侵。

### 3.5.5　河口咸潮应对情况

上海主要依靠长江的陈行水库、青草沙水库和黄浦江的金泽水库供水，长江和黄浦江的供水比例约为3∶1，总的日供水能力约1 300万t，目前实际日供水量约为840万t。

上海枯水期供水的主要问题为河口压咸。目前，长江口部署了26个盐度监测点，实现了监测的全覆盖，高精度咸潮盐度预报预见期可达3天。上海主要依靠供水水库提前蓄水来应对咸潮入侵，长江上的供水水库主要为陈行水库和青草沙水库，设计保证能力为6天和68天。

长江口天文大潮为每月2次，一般在农历的初三和每月的十八号左右。每年的9月和10月潮水最大，同时，1月和2月大通站来水较小，再加之海上风向的影响，1～2月的咸潮入侵也较频繁。

在咸潮入侵程度较小时，受到每天潮差的影响，供水水库取水口也不是全程盐度超标，在盐度合格的时段开闸（打开取水泵）取水，在盐度超标的时段落闸（关闭取水泵），即可不断向供水水库补充原水。当潮水较大，出现前一个潮未退、后一个潮已来的情况（叠加潮）时（图3.8），使得供水水库取水口盐度连续超标，无法补充原水，由于叠加潮持续时间较长（两次潮水期的时间和），会对上海供水安全产生威胁。目前，青草沙水库的设计能力足以应对咸潮的影响，但在实际运行中，水库为了保证库内原水的水质，以及受到内外水位差限制，不会经常蓄满，一般依据咸潮预报提前蓄水，当出现较长时间、较高盐度的叠加潮时，就需要通过升高原水盐度（但不超标）、向宝钢水库（与陈行水库共用一段拦水堤）购水等方式进行应急，供水形势较为紧张。

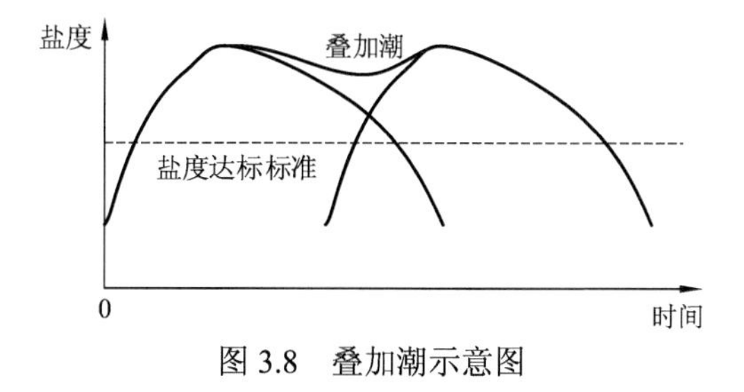


图3.8　叠加潮示意图

2014年2月，上海长江口水源地遭遇历史上持续时间最长的咸潮入侵，长江口青草沙、陈行水库等水源地的正常运行和群众生产生活用水受到较大影响。应上海市人民政府要求，三峡水库启动了建成以来的首个“压咸潮”调度。2 月 21 日～3 月 3 日“压咸潮”调度期间，三峡水库向下游累计补水 17.3 亿 $m^3$，平均出库流量 7 060 $m^3/s$。与正常消落按 6 000 $m^3/s$ 控泄相比，增加补水约 9.6 亿 $m^3$，缓解了咸潮入侵的不利影响。从本次压咸效果看，虽然咸潮入侵得到了一定的缓解，但是从水量来看，三峡水库下泄水量受大通以下沿线的取水的影响，使得三峡水库增加流量压咸的边界效益较差，建议在咸潮入侵期间，以本区域控制节水为主，优先保证居民生活用水情况下，限制部分工业生产用水，停止高耗水行业用水，启用部分地下水战备和备用深井。在此基础上，上游水库群可以根据实际情况，选取小潮退落期，进行下泄补水，补水流量需根据大通站流量及地区需水量综合确定。

### 3.5.6　现有应急补水预案

国家防总于 2015 年下发了《长江口咸潮应对工作预案》(以下简称《咸潮预案》)，对咸潮应对工作进行了部署。《咸潮预案》将长江口咸潮灾害预警等级由低至高划分 IV 级、III 级、II 级、I 级等四级，分别对应一般、较大、重大、特别重大咸潮入侵灾害等级，如表 3.12 所示，出现表 3.12 四项中的两项即可确定为相应预警等级。

**表 3.12　不同长江口咸潮灾害预警等级对应指标**

| 预警等级 | 大通站日均流量 | 崇头氯化物质量浓度 | 陈行水库咸潮入侵时间 | 青草沙水库咸潮入侵时间 |
|---|---|---|---|---|
| IV 级 | ＜15 000 $m^3/s$，持续≥6 天 | 3 天内，大于 500 mg/L 累计时间≥50 h，或大于 1 000 mg/L 累计时间≥10 h | 达到 6～8 天 | 达到 12～16 天 |
| III 级 | ＜13 000 $m^3/s$，持续≥6 天 | 5 天内，大于 500 mg/L 累计时间≥80 h，或大于 1 000 mg/L 累计时间≥40 h | 达到 8～10 天 | 达到 16～30 天 |
| II 级 | ＜12 000 $m^3/s$，持续≥6 天 | 7 天内，大于 500 mg/L 累计时间≥140 h，或大于 1 000 mg/L 累计时间≥80 h | 达到 10～12 天 | 达到 30～68 天 |
| I 级 | ＜10 000 $m^3/s$，持续≥6 天 | 9 天内，大于 500 mg/L 累计时间≥180 h，或大于 1 000 mg/L 累计时间≥100 h | ≥12 天 | ≥68 天 |

《咸潮预案》中：IV 级和 III 级主要采取本地应急措施，并加强预报和监测；II 级响应除了密切监视咸潮灾害发展趋势，有条件时还应增加大通站流量至 12 000 $m^3/s$ 以上；I 级响应提出在必要时联合调度长江流域水库群，增加下泄流量，保障大通站流量不小于 10 000 $m^3/s$，并视情况，加大太浦河泵闸下泄流量至 200 $m^3/s$ 以上，进一步增加黄浦江上游水源地供水量。本书的调研分析结果与该预案基本一致，但由于上游水库下泄流量到河口的传播时间较长，水库具体补水时机、水量等问题还需进一步研究。

# 第4章

# 长江中下游枯水期应急控制指标体系

本章将三峡水库及宜昌以下河段作为重点研究对象，对枯水期提前、沿江取水、河口压咸等已有问题进行分析。长江中下游干流基本不存在资源性缺水，各断面的流量基数较大，只需要采取趸船、延长取水管、提高提水功率等方式就可以显著缓解取水困难问题，因此，当发生供水应急突发事件时，应首先使用本地应急措施，通过增加一定运行成本解决或缓解缺水问题。在这一基础上，本书以长江中下游干流应急补水现状和需求为基础，分析其产生的原因，并尝试推演其发展的趋势，寻求能够准确反映该影响的表征方式或特征参数，以此建立能有效反映多种因素的长江中下游综合应急补水调度目标体系，提出长江中下游干流供水应急控制指标的建议，为流域调度提供各控制断面的水位-流量要求。

## 4.1 现有控制指标及存在的问题

目前人们普遍接受的“干旱”定义为在某地理范围内，因为降水在一定时间段持续偏离正常状态导致水源短缺，对经济社会活动和生态环境造成影响的自然现象。干旱可分为4种类型：气象干旱（由降水和蒸发不平衡所造成的水分短缺现象）、农业干旱（以土壤含水量和植物生长形态为特征，反映土壤含水量低于植物需水量的程度）、水文干旱（河川径流低于其正常值或含水层水位降落的现象）和社会经济干旱（在自然系统和人类社会经济系统中，由于水分短缺影响生产、消费等社会经济活动的现象）。

我国干旱预警的等级划分主要是依据《气象干旱等级》（GB/T 20481—2006）（中华人民共和国国家质量监督检验检疫总局和中国国家标准化管理委员会，2016）和水利行业标准《旱情等级标准》（SL 424—2008）（中华人民共和国水利部，2008b）。我国干旱预警等级按照灾害严重性和紧急程度，分为特大干旱（I 级）、重旱（II 级）、中旱（III 级）和轻旱（IV 级）4 级，分别用红色、橙色、黄色和蓝色表示。

2009 年前后，根据国家防总有关文件要求，为做好长江中下游枯水期突发应急事件防范与处置工作，使灾害处于可控状态，保证长江中下游枯水期水位预警方案及救灾工作高效有序进行，最大程度地减少灾害损失，长江勘测规划设计研究院开展了长江中下游水量应急调度预警水位的研究工作，编制了《长江中下游水量应急调度预警水位研究》报告，提出了三级预警水位（长江勘测规划设计研究院，2009a）。2011 年国家防总发布了开展旱限水位（流量）确定工作的通知，旱限水位（流量）指江河湖库水位持续偏低，流量持续偏少，影响城乡生活、工农业生产、生态环境等用水安全，应采取抗旱措施的水位（流量）。实际需水作为干旱研究的截断水平，对两种情况下的水文干旱进行分析研究：①天然的径流系列；②供水系统径流调节下的径流系列。这是确定江河湖库干旱预警等级的重要指标，也是启动抗旱应急响应级别的重要依据。该通知统一了旱限水位（流量）的确定方法，相关工作尚在推进完善。

2011 年，根据水利部实施最严格水资源管理制度的统一部署，水利部长江水利委员会提出了《长江流域水资源管理控制指标方案》（以下简称《控制指标方案》）。2012 年 9 月，根据与各省（自治区、直辖市）反复协调及各省（自治区、直辖市）对水资源管理控制指标的确认文件、水利部长江水利委员会对相关省（自治区、直辖市）水资源管理控制指标意见复函等，对《控制指标方案》进行了复核调整。

该成果围绕水资源开发利用、水功能区限制纳污和用水效率控制三条“红线”，根据水利部实施最严格水资源管理制度统一部署研究提出，是流域管理机构制定的覆盖长江全流域（不含太湖水系）的水资源管理指标文件。《控制指标方案》将流域用水总量控制指标分解落实到各省级行政区，为逐步建立以“总量控制与定额管理相结合”的流域最严格水资源管理工作体系提供定量化的技术支撑和决策依据。其编制是在初步选择的 247 个流域基本控制断面的基础上进行的，流域基本控制断面分为 4 类，分别为水系重要节点、省界控制断面、重要城市控制断面、重要水利工程控制断面。水资源管理控制指标主要包括用水总量控制指标、用水效率控制指标、最小下泄流量控制指标、控制下泄水量指标、最低水位控制指标、水质控制指标等相关内容。其中，用水总量控制指标编制以《全国水资源综合规划（2010～2030 年）》配置的用水量为基础，指标分解按全国到长江流域、流域到省级行政区、省级行政区到水资源二级区及河流水系、水资源二级区及河流水系到主要控制断面四个层次进行（中华人民共和国国务院，2010）。干支流 247 个基本控制断面的水资源控制指标成果，包括 26 个重要城市水量控制断面的最低控制水位指标，其中长江中下游干流重要城市断面有 15 个，是本书的重要参考资料。

### 4.1.1 长江中下游重点断面最小控制流量

《控制指标方案》中，断面最小流量控制指标由生态流量和下游区间用水需求两部分组成，生态流量采用 90%保证率最枯月平均流量计算，而下游区间用水有生活、工业、灌溉和航运用水。由于最小流量出现时间为枯水期 12 月～次年 2 月，而农业灌溉用水主要在 5～9 月，枯水期 12 月～次年 2 月农业灌溉用水量很少，所以区间用水只须考虑下游城市的工业用水、生活用水和河道内的航运用水。

《控制指标方案》依据水利部批复的《三峡水库优化调度方案》，根据水资源（水量）调度方式，宜昌站节点的断面控制流量为 6 000 $m^3/s$ 左右，大通站节点综合考虑生态环境需水、供水和航运等要求确定断面控制流量为 10 000 $m^3/s$（中华人民共和国水利部，2009b）。其他断面最小流量控制指标分三步计算，即最小生态流量、下游城市需水量和最小流量控制指标。

1. 最小生态流量

在《长江流域综合规划》中列出干支流主要控制节点的生态环境下泄流量，此次最小生态流量直接采用规划中非汛期生态环境下泄流量成果（水利部长江水利委员会，2012）。对于水利工程附近的断面，最小生态流量采用工程设计成果或专题报告成果。

对有水文系列资料的断面或附近有水文资料的断面，采用 90%保证率的最枯月平均流量方法计算最小生态流量。

对于没有条件利用水文资料系列计算的断面，采用《中国河湖大典》(《中国河湖大典》编纂委员会，2010）和调研资料成果中断面或坝址的多年平均流量，根据《水利水电建设项目水资源论证导则》（SL 525—2011）（中华人民共和国水利部，2011）中“河道内生态需水量原则上按多年平均流量的 10%～20%确定”的规定，由于这些断面常常位于河流源头的小河流，年内流量丰枯变化大，最小生态流量采用导则规定的下限值，即按多年平均流量的 10%确定。

采用水文站资料计算最小生态流量时，由于水文资料系列长短不一，对上下游控制断面的最小生态流量进行了协调平衡，也与《长江流域综合规划》中控制节点生态下泄量协调一致。

2. 下游城市需水量

大通站下游城市的需水，采用大通站节点综合考虑生态环境需水、供水和航运等要求确定断面控制流量为 10 000 m³/s，反算大通站以下的城市需水量，以大通站满足下游城市需水量为起始条件，从下游向上游累加各个沿江取水的城市需水量。在跨流域调水的上游断面，考虑满足下游的调水需求。城市需水量采用水资源综合规划中各城市在 2020 年水平年的需水成果。当两断面之间有大支流汇入时，将下游城市的需水量以干支流多年平均流量为权重进行干支流分摊。

当断面下游城市需水量计算遇到调节能力强的大型水利工程时，如三峡水库、丹江口水库、溪洛渡水库等，由于这些水库具有较大的调蓄能力，认为通过这些工程的调蓄，可以满足下游和库区的用水，工程上游断面的最小流量指标不再考虑除生态流量之外的工程下游的城市用水。

### 3. 最小流量控制指标

最小流量等于断面最小生态流量与下游城市需水量之和。当断面附近有水利水电工程取水许可审批的最小下泄流量时，最小流量指标采用审批成果。对于一些 3～4 级支流或源头的断面，最小流量控制指标为最小生态流量。大通站下游的长江干流断面，由于在枯水期的最小流量受潮汐影响较大，不宜采用最小流量作为控制指标，未列出最小流量指标。当断面有最小通航流量时，最小流量与最小通航流量取外包，作为最小流量控制指标。在采用审批的最小下泄流量成果作为该断面最小流量控制指标，确定该断面上下游其他断面的最小流量指标时，与审批的成果进行上下游成果协调。对照《控制指标方案》，本次涉及的重点断面控制指标如表 4.1 所示。

**表 4.1　长江中下游重点断面最小流量控制指标**

| 断面名称 | 多年平均流量/(m³/s) | 用水总量/亿 m³ | 耗水量/亿 m³ | 下泄控制水量/亿 m³ | 最小控制流量/(m³/s) |
|---|---|---|---|---|---|
| 宜昌断面 | 14 025 | 528.05 | 293.07 | 4 221.82 | 6 000 |
| 沙市断面 | 12 366 | — | — | — | 5 600 |
| 汉口断面 | 22 497 | 1 118.40 | 592.75 | 6 694.34 | 8 640 |
| 九江断面 | 22 184 | 1 237.32 | 693.68 | 6 472.30 | 8 730 |
| 大通断面 | 28 722 | 1 509.93 | 849.62 | 7 963.43 | 10 000 |
| 徐六泾断面 | — | 1 726.03 | 954.47 | — | — |

## 4.1.2　长江中下游重点断面最低控制水位

《控制指标方案》认为，长江流域生活、农业、生产取用水困难，主要发生在人口、产业集中的大中城市，在重要地区控制断面制定最低水位控制指标对水资源管理具有重要的实际意义。重要城市的选择主要包括长江中下游范围内的省会城市及位于干流的重要地级城市，其中上海位于长江口，其生产生活取用水主要受咸潮入侵影响，不设立最低水位控制指标。

各重要城市控制断面最低水位控制指标应能满足各行业取水工程设施高程和航运对河

流水位的要求。最低水位控制指标的确定要以保障城市供水安全、工业生产用水为首要原则，兼顾航运、生态用水及农业灌溉用水等。考虑到城市生活和工业供水保证率一般分别在 99%和 95%以上，将各重要城市控制断面的 $P = 95\%$频率旬平均水位、最低通航水位和相应城市的生活取水设施高程、工业生产取水设施高程的上限取外包值，并适当增加 0～0.5 m 作为重要城市控制断面最低水位控制指标值。由此制定重要城市控制断面最低水位控制指标，长江中下游干流主要城市控制断面最低水位控制指标值如表 4.2 所示。

**表 4.2　长江中下游干流主要城市控制断面最低水位控制指标值**

| 城市名称 | 控制断面 | 取水口水位/m | | 供水保证水位/m | | 最低通航水位/m | 最低控制水位/m |
|---|---|---|---|---|---|---|---|
| | | 生活取水 | 工业生产取水 | 城市生活（99%） | 工业生产（95%） | | |
| 岳阳 | 城陵矶断面 | — | 12.00～20.00 | 17.75 | 18.94 | 18.070 | 20.0 |
| 宜昌 | 宜昌断面 | — | 趸船 | 38.69 | 39.10 | 39.000 | 39.5 |
| 沙市 | 沙市断面 | 29.60～31.50 | 29.00～31.00 | 30.80 | 31.51 | 31.560 | 32.0 |
| 汉口 | 汉口断面 | 11.60～14.24 | 10.80～12.80 | 12.35 | 13.19 | 12.000 | 13.5 |
| 九江 | 九江断面 | 6.50 | 6.50～7.00 | 7.43 | 8.18 | 7.088 | 8.5 |
| 铜陵 | 大通断面 | -0.70～3.00 | -10.00～2.50 | 3.87 | 4.36 | 3.348 | 4.5 |
| 南京 | 南京断面 | -5.00～-8.00 | -2.00～-5.00 | 1.99 | 2.27 | 1.966 | 2.5 |

对照《长江中下游水量应急调度预警水位研究》成果（表 4.3）可以发现，《控制指标方案》中的最低控制水位与 I 级预警（最高）水位基本一致（长江勘测规划设计研究院，2009a）。

**表 4.3　长江中下游各主要控制水文站预警水位表**

| 项目 | | 沙市站（荆州） | 莲花塘站（岳阳） | 武汉关站（武汉） | 九江站（九江） | 大通站（芜湖） | 下关站（南京） |
|---|---|---|---|---|---|---|---|
| 各级预警水位/m | I 级 | 32.0 | 19.0 | 13.5 | 8.5 | 4.5 | 2.5 |
| | II 级 | 32.5 | 20.5 | 14.0 | 9.0 | 5.0 | 3.0 |
| | III 级 | 35.5 | 27.5 | 20.5 | 15.0 | 9.0 | 6.5 |

### 4.1.3　存在的问题

《控制指标方案》是为了实施最严格的水资源管理制度而制定的，由于长江流域的复杂性和基础数据的系统性不够等问题，控制指标本身需要进一步开展合理性分析并进一步协调，不宜直接作为上游水库群水量应急调度的控制指标。

1. 最低水位与最小流量非对应关系

从最低水位和最小流量控制指标可知，最小流量针对的是生态流量和下游城市需水量，而最低水位主要针对本地取水和航运需求，这两个指标的含义并不一样。进一步，根据各断面水位流量曲线，对流量和水位指标进行了对比（表 4.4）。

**表 4.4　不同断面控制指标对比**

| 断面名称 | 多年平均流量/（$m^3/s$） | 最小控制流量/（$m^3/s$） | 水位流量曲线插值/m | 最低控制水位/m |
|---|---|---|---|---|
| 宜昌断面 | 14 025 | 6 000 | 39.00 | 39.50 |
| 沙市断面 | 12 366 | 5 600 | 37.29 | 32.00 |
| 汉口断面 | 22 497 | 8 640 | 12.89 | 13.50 |
| 大通断面 | 28 722 | 10 000 | 4.02 | 4.50 |

由表 4.4 可知，“最小控制流量”和“最低控制水位”之间不存在对应关系，差别还较大，同时作为控制指标时有一定的矛盾，当必须同时满足时，必然仅有一个指标在起控制作用。《控制指标方案》中的流量控制指标针对的是水量需求，主要用于对日常用水的保障，对枯水期应急调度的针对性不强且长江流域尤其是长江中下游干流也不存在水量性缺水；而最低水位控制指标，是本地区各需水对象正常取水水位的外包值，能用于日常调度与行政管理，但缺少对本地应急措施和工程措施的考虑，只能作为预警指标或分级响应机制的参考，不宜直接用于上游水库群在枯水期的应急调度的指标。

### 2. 部分断面的控制指标合理性有待商榷

《控制指标方案》中，宜昌断面的最小控制流量和最低控制水位分别为 6 000 $m^3/s$ 和 39.50 m，均偏高。目前，在《三峡（正常运行期）—葛洲坝水利枢纽梯级调度规程》中规定，在水库蓄满年份，次年的 1～2 月按不小于 6 000 $m^3/s$ 流量下泄，其余时段，三峡—葛洲坝梯级联合调度最小下泄流量应满足葛洲坝下游庙嘴站水位为 39.0 m（资用吴淞高程），实时调度中，葛洲坝最小下泄流量一般按 5 700 $m^3/s$ 控制（中华人民共和国水利部，2015）。

另外，水位作为大通以下河段的管理控制指标意义不大。大通以下河段为感潮河段，设置最低控制水位作为水资源管理目标不一定合适，对于水量应急调度，由于沿岸取水口的最低取水高程多低于吴淞基面，基本不存在水位性缺水的可能。相对而言，该河段更关注干流的水质变化，水位可作为辅助参考指标。

### 3. 水位控制指标未考虑断面受冲刷下切影响

长江中下游主要控制断面的水文情势变化情况表明，近年大多数断面都发生了不同程度的下切，需要结合沿岸取水工程改扩建情况，进一步对控制水位进行复核，并在此基础上，优先考虑本地可能采取的应急措施，重新确定上游水库水量应急调度的控制指标。

另外，目前大多数水位控制指标，采用的是取水口的设计取水高程，以此确定某个控制断面的控制水位，但取水口的设计取水高程采用的是取水口所在位置，并非控制断面所在位置，将取水口设计高程值用于确定控制断面的指标，不一定适用于应急补水调度。

## 4.2　应急补水事件分级参考

长江上游水库应急补水是下游干流供水应急事件的“最后方案”，即在所有本地方案之后启用。为了说明长江上游水库应急补水的合适启用情况，需要对应急补水事件进行分级。目前，对于水库应急调度需求尚没有明确的分级方式，考虑到长江中下游应急主要针对干流沿岸城市，因此，主要参考《城市供水应急预案编制导则》（SL 459—2009）（中华人民共和国水利部，2009a）的供水应急事件分级方式。

城市供水突发事件按供水重大事件可控性、影响城市供水居民人口数量和供水范围的严重程度可分为 I 级（特别严重）、II 级（严重）、III 级（较重）和 IV 级（一般），具体分级方式如表 4.5 所示。

**表 4.5　供水突发事件分级表**

| 供水突发事件等级 | 持续时间 | 影响人口 | 影响供水范围 |
| --- | --- | --- | --- |
| I 级 | > 48 h | > 40 万或 > 总人口的 40% | > 总供水面积的 50% |
| II 级 | | 30 万～40 万或总人口的 30%～40% | 总供水面积的 40%～50% |
| III 级 | | 20 万～30 万或总人口的 20%～30% | 总供水面积的 30%～40% |
| IV 级 | | 10 万～20 万或总人口的 10%～20% | 总供水面积的 20%～30% |

目前长江流域和各地有关应急预案一般均为四级，为了避免歧义且与《城市供水应急预案编制导则》（SL 459—2009）分级一致，建议将水量应急调度的预警等级划分为四级。

当长江中下游干流发生供水突发事件（IV 级或 III 级）时，应首先启用本地应急措施，包括输水管网连通补水、启用备用水源、抢修损毁设施、限制农业供水、压缩非重点用水和工业用水、调整供水次序、调配运水车辆、调运桶装水等，同时，长江上游水库调度管理部门应及时关注供水突发事件的发展态势，并注意收集当地的水文气象信息；若供水突发事件进一步恶化，并达到 II 级或 I 级，同时本地应急措施难以有效恢复供水时，长江上游水库应根据应急补水的能力（包括水库的存水量和承担任务情况）和有效性（干流水量、流量、水位的提升对供水的缓解程度等方面），判断是否对长江中下游开启应急补水。

## 4.3　重点事件应急补水

### 4.3.1　特枯水年应急补水

长江中下游干流地级城市取水口的保障能力较强，取水应急措施和管网连通建设都较完善。生活供水方面，存在部分乡镇从干流取水，其设施相对简陋，应急能力较差，但是随着“城乡供水一体化”建设在全国的大力推进，乡镇供水保障水平有效提升，同时，乡镇供水市场近年发展良好，得到越来越多的民间资本投入，也间接提升了供水保障能力。在工业用水方面，部分工业取水企业拥有自己建设的取水口，不从市政管网取水，由于涉及生产效益，其应对供水突发状况的能力较强。

在长江下游枯水保障能力较强的条件下，当长江中下游干流发生特枯水情况时，往往受影响地区较多，各类型取水单位都受到供水困难的威胁，社会取水成本极大提高，从保障重要程度、长江上游水库供水能力和乡镇自身保障水平建设出发，应当以保障沿江城市居民生活用水为主，也能间接缓解工业和乡镇供水。

### 4.3.2 重点地区和突发事件应急补水

通过对长江中下游供水情况的分析可知，即使是在一般年份，干流水位-流量正常时，洞庭湖四口水系和上海仍存在供水安全问题，即三口断流引发的水量不足或水质恶化问题，以及河口咸潮入侵时间过长的问题。对于此类应急事件，原则上仍应首先启用本地应急措施（如三口疏挖等）；同时，长江上游水库群需要对相关事件保持密切关注，相机启动水库补水。

1. 三口补水

正常调度时，一般情况三峡水库可按 6 000 $m^3/s$ 左右下泄，建议当三口断流时间较长且三口水系水质已明显恶化，危及饮水安全时，可考虑增大三峡水库下泄流量。一般情况下，三口断流的临界流量在 8 000 $m^3/s$ 左右，但为了保证补水的有效性，三峡水库下泄流量可增至 10 000 $m^3/s$，持续若干天，并根据改善效果实时调整。若流量变幅较大时，还应及时通知下游涉水有关部门。

同时，由于三口分流效果和三口周边河道淤积情况密切相关，具有不确定性，所以实时调度中可结合三口淤积和分流实测情况，灵活掌握、适时调整三峡水库下泄流量。

2. 河口压咸

上海通过修建青草沙水库、完善整体管网连通、备用水源地建设等措施，已经具备一定的咸潮应对能力，但对于叠加潮的应对还存在一定风险。因此，建议当上海因咸潮不宜取水天数达 15 天以上，且有持续趋势时，可考虑加大三峡水库下泄流量，实时调度中可以大通站流量为目标，使大通站流量增至 10 000 $m^3/s$ 以上，维持数天。同时，由于三峡水库到河口的时间为 11 天左右，建议加强对叠加潮的预报研究，使预见期提高到 10 天以上，以合理安排补水时机，使补水调度达到较好效果。

3. 突发水污染

考虑到应急的时效性，重点关注宜昌至武汉河段，由于水污染事件具有较大随机性，建议分类型和区域加强预案研究，在此之前，根据有关部门要求，相机进行调度。

4. 航运应急

航运应急重点关注葛洲坝到荆江河段，与下游水污染情况类似，目前采取的方式为“一事一议”，建议从船型、事件类型、影响程度等方面加强研究，在此之前，根据航运部门要求，相机调度。

# 4.4　供水应急控制指标

一般来说，常用的水量控制指标有水位、流量等，并辅以水质要求。根据长江中下游的特点，可以大通站为分界点将长江中下游分为两个河段。大通站以上干流河道存在一定坡度，河道水位与取水关系紧密，采用水位作为主要控制指标；大通站以下河段属于感潮河段，水位受潮水影响较大，不适合采用水位作为控制指标，可采用大通站流量，结合水质作为应急补水参考指标。

《城市供水应急预案编制导则》（SL 459—2009）指出，当发生自然灾害类供水突发事件时，应采取跨行政区域、跨流域和流域上下游水量应急调度，保证城市应急供水。当长江中下游出现特枯水年时，可能面临流域内较大面积的缺水情况，提高了长江中下游干流各沿江地区本地应急措施的难度，此时，长江上游水库应该及时关注可能出现严重应急补水事件的地区，必要时在主管部门的统一安排下对长江中下游进行应急补水。为此，对长江中下游重点断面资料进行统计分析，分别针对大通站以上、大通站以下两个河段及三口和河口两个重点地区进行说明。

## 4.4.1　大通站以上河段

大通站以上干流河道主要关注水位，适当考虑水质要求。拟采用以下方法确定长江中下游重点断面水位指标：考虑到《控制指标方案》中水位控制指标偏高，拟对该方案内的水位控制指标进行调整，并作为 IV 级应急补水的衡量指标；历史最低水位能反映站点所面临的最枯情况，而以三峡水库为核心的上游水库群建成后显著提高了下游枯水期流量，故各站点水位不应低于历史最低水位，由此拟定将历史最低水位作为站点的 I 级应急补水的衡量指标，同时为了避免短时间内水位波动对结果的影响，建议采用最低旬平均水位；最低月平均水位也能反映应急补水事件的紧迫性，且程度较最低旬平均水位低，同时，99%和 95%频率水位一般常作为生活和工业生产用水的保证率，需要根据水位标准间的合理性和协调性，从上述三项指标中确定 II 级和 III 级对应的应急补水指标。长江中下游重点断面的各项水位指标如表 4.6 所示。

**表 4.6　长江中下游重点断面各项水位指标（1980～2017 年）**　（单位：m）

| 项目 | 宜昌站 | 沙市站 | 莲花塘站 | 汉口站 | 九江站 | 湖口站 |
| --- | --- | --- | --- | --- | --- | --- |
| 最低旬平均 | 38.38 | 30.34 | 19.61 | 12.27 | 7.32 | 6.64 |
| 最低月平均 | 38.47 | 30.52 | 19.70 | 12.43 | 7.45 | 6.82 |
| 99%频率水位 | 38.67 | 30.61 | 20.14 | 13.01 | 7.89 | 6.97 |
| 95%频率水位 | 39.04 | 31.09 | 20.64 | 13.91 | 8.43 | 7.65 |
| 控制方案 | 39.50 | 32.00 | — | 13.50 | 8.50 | — |

由于《控制指标方案》中宜昌站的控制水位偏高，故将宜昌站的 IV 级水位指标调整为 39.0 m；沙市站的最低月平均水位和 99%频率水位相对较为接近，将 30.6 m 作为 II 级水位指标；《控制指标方案》未对莲花塘站制定控制指标，采用 95%频率水位作为 IV 级水位指标；汉口站 95%频率水位比《控制指标方案》控制指标高，故将 99%频率水位作为 III 级水位指标；九江站的《控制指标方案》指标与 95%频率水位较接近，故将其作为 IV 级水位指标，且将 99%频率水位作为 III 级水位指标。得到的长江中下游大通站以上河段重点断面应急补水水位控制指标如表 4.7 所示。

**表 4.7　长江中下游大通站以上河段重点断面应急补水水位控制指标**　（单位：m）

| 项目 | 宜昌站 | 沙市站 | 莲花塘站 | 汉口站 | 九江站 | 湖口站 |
|---|---|---|---|---|---|---|
| I 级 | 38.4 | 30.3 | 19.6 | 12.3 | 7.3 | 6.6 |
| II 级 | 38.5 | 30.6 | 19.7 | 12.4 | 7.5 | 6.8 |
| III 级 | 38.7 | 31.1 | 20.1 | 13.0 | 7.9 | 7.0 |
| IV 级 | 39.0 | 32.0 | 20.6 | 13.5 | 8.5 | 7.6 |

统筹考虑本地措施和上游水库的应急效果和能力，对于一般枯水情况（I 级和 II 级），由于干流城镇用水取水口应急保障能力较强且大通站以上河段已经存在不同程度的冲刷，沿岸取水口已有针对性地采取了工程措施，建议主要通过本地应急措施加以应对。当出现 III 级和 IV 级应急补水事件时，为保证下游洪水安全，并为后续其他本地措施争取部署时间，上游水库群可根据实际情况，对下游进行逐级应急补水，以沙市站为例，当水位低于 30.6 m 时，上游水库可尝试将水位补偿到 30.6 m，若上游水库能力不足，沙市站水位进一步降低，则补偿水位至 30.3 m，反之，若上游水库能力充足，则可将沙市站水位向上一级补偿。

另外，当水位较低，河道流速较慢时，容易出现水质较差的情况。《地表水环境质量标准》（GB 3838—2002）指出，III 类水主要适用于集中式生活饮用水地表水源地二级保护区、鱼虾类越冬场、洄游渠道、水产养殖区等渔业水域及游泳区；《饮用水水源保护区划分技术规范》（HJ 338—2018）指出，饮用水地表水源地二级保护区的水质基本项目限值不得低于《地表水环境质量标准》（GB 3838—2002）中的 III 类标准（环境保护部，2018）。因此，当水位较低，且出现干流大面积水质差于 III 类情况时，也需要上游水库视情况根据调度管理部门的要求进行应急补水。

## 4.4.2　大通站以下河段

大通站以下干流河段主要关注大通站流量和水质。根据目前研究成果和调研情况，当大通站流量小于 14 000 $m^3/s$ 时，若下游多个重要控制断面水质低于地表水 III 类水标准且已持续较长时间，三峡水库可考虑额外增加下泄流量，补水流量目标上限为大通站流量 14 000 $m^3/s$，三峡水库应急增加的流量宜控制在 2 000 $m^3/s$ 以内，持续时间不超过 7 天（枯水期径流传播时间为 6～7 天）；当大通站流量小于 10 000 $m^3/s$ 时，下游多个重要控制断面水质持续恶化趋势明显，将低于地表水 III 类水标准，三峡水库可考虑额外增加下泄流量，使大通站流量达到 10 000 $m^3/s$ 以上。

### 4.4.3　三口补水

目前本书尚未考虑三口泥沙淤积对分流的影响，当受三口断流影响地区城镇用水发生供水安全问题时（水量或水质），根据上游水库的实际情况，可考虑通过 3～5 天加大下泄流量，保证三口实现分流。三峡水库可按不低于 8 000 $m^3/s$ 流量下泄，可基本保证太平口（弥陀寺）和藕池口（管家铺）不断流；若条件允许，三峡水库可加大下泄流量至 10 000 $m^3/s$ 以上。

### 4.4.4　河口压咸

依据前述分析结论，河口压咸预警指标与《咸潮预案》保持一致，见表 3.12。

目前，三种较为常用的水库压咸调度方式如图 4.1 所示：①“稳定下泄”压咸。不做峰值调度，以恒定流量下泄，称为“稳定下泄”型。“稳定下泄”指整个潮周期增加的下泄流量保持一致，即水库日均出库增加的流量在潮周期中保持不变。②“打头压尾”压咸。选择咸潮由强转弱和由弱转强时为流量最为敏感的两个时段，加大水库下泄流量压制咸潮，其余时段减小流量，使得流量过程形成马鞍形，从而延长河口水库取水时间。③“避涨压落”压咸，即避开咸潮强度最强的时段，在咸潮即将消落时集中加大流量，其余时段相应减小流量，使得流量过程形成阶梯形，有利于水库在咸潮强度较弱的时段形成稳定取水期。

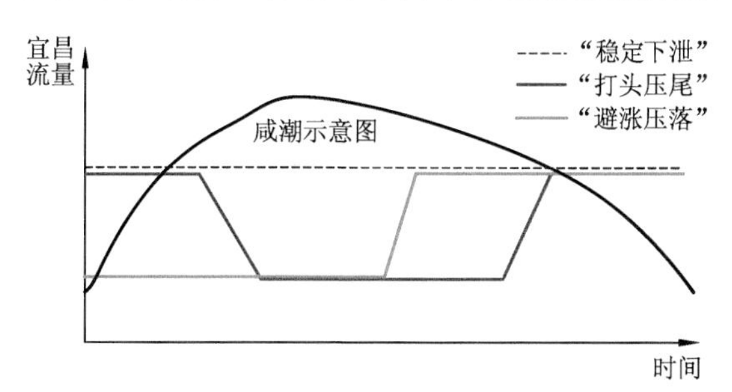


图 4.1　三种较为常用的水库压咸调度方式

以 2014 年长江口咸潮入侵时期为例，在 2 月 6 日开始（宜昌站流量为 6 000 $m^3/s$），通过三种不同调度方式（“稳定下泄”、“打头压尾”和“避涨压落”）对下游进行补水，补水持续时间为 2 月 6 日～3 月 4 日，下泄补水流量为 7 000 $m^3/s$。具体调度方式为：①“稳定下泄”。三峡水库在 2 月 6 日～3 月 4 日恒定增加 1 000 $m^3/s$ 下泄流量，即下泄流量保持在 7 000 $m^3/s$；②“打头压尾”。选取 2 月 6～12 日及 2 月 21 日～3 月 4 日两个咸潮强弱转换期增加流量至 7 000 $m^3/s$，其余时段下泄流量维持在 6 000 $m^3/s$。③“避涨压落”。在 2 月 21 日咸潮即将消落时段，进行集中加大流量，将下泄流量提升至 7 000 $m^3/s$，在 2 月 6～20 日，下泄流量维持在 6 000 $m^3/s$。

通过比较发现，稳定下泄流量可以较好地增加河口水库获取淡水的窗口期，但是从上游水库发电的角度考虑，“稳定下泄”相比其他两种方案，下泄流量约为其他两种方案的 2 倍，从水资源开发利用角度，不利于水资源的有效利用。三峡水库到河口的径流传播时间为 11 天左右，难以及时在咸潮开始阶段产生效果，“打头压尾”调度方式缺少时效性。从长江口咸潮入侵形成机理及影响因素考虑，陈行水库咸潮完全来自上游北支咸潮倒灌，一般最佳的压咸时期建议选取小潮退落期，“避涨压落”调度方式可以避开咸潮强度最强的时段，在咸潮即将消落时集中加大流量，最大程度发挥上游水库应急补水效果，因此，推荐采用“避涨压落”的调度方式。

# 第5章

# 长江上游水库和补水效果

本章介绍长江上游水库群运行现状，首先分析对比三峡水库建库前后，下游站点流量的变化情况，从中分析影响的程度和范围，为补水效果评估提供方向；在三峡水库影响基础上，进一步结合上游水库群运行方式，分不同阶段、组合分析对长江口来水的影响，并从中提出水库群补水方式与下游流量的映射关系；通过应急补水调度过程和效果分析，对补水调度流量过程和时机进行比对研究，推荐不同情况下的合理方案；最终，针对长江口咸潮应对问题，从水库群、引调水工程、咸潮态势等方面，综合分析制定合理的调度方式，并针对不同类型水工程提出进一步完善、提升的措施，为长江干流应急补水调度提供了有力支撑。

# 5.1 长江上游梯级水库群及水资源调度

## 5.1.1 长江上游梯级水库群概况

长江上游已建成投运对长江中下游水量影响较大的控制性水库，包括金沙江中游的梨园水库、阿海水库、金安桥水库、龙开口水库、鲁地拉水库和观音岩水库，雅砻江的锦屏一级水库、二滩水库，金沙江下游的溪洛渡水库、向家坝水库，岷江的紫坪铺水库、瀑布沟水库，嘉陵江的宝珠寺水库、亭子口水库、草街水库，乌江的洪家渡水库、东风水库、乌江渡水库、构皮滩水库、思林水库、沙沱水库、彭水水库，长江干流的三峡水库等 23 座水库。长江上游干支流已建控制性水库基本情况见表 5.1。

**表 5.1　长江上游干支流已建控制性水库基本情况表**

| 河流 | 水库名称 | 正常蓄水位/m | 死水位/m | 正常蓄水位以下库容/亿 m³ | 调节库容/亿 m³ | 装机容量/MW | 防洪库容/亿 m³ |
|---|---|---|---|---|---|---|---|
| 金沙江中游 | 梨园水库 | 1 618 | 1 605 | 7.27 | 1.73 | 2 400 | 1.73 |
| | 阿海水库 | 1 504 | 1 492 | 8.06 | 2.15 | 2 000 | 2.15 |
| | 金安桥水库 | 1 418 | 1 398 | 8.47 | 3.46 | 2 400 | 1.58 |
| | 龙开口水库 | 1 298 | 1 290 | 5.07 | 1.13 | 1 800 | 1.26 |
| | 鲁地拉水库 | 1 223 | 1 216 | 15.48 | 3.76 | 2 160 | 5.64 |
| | 观音岩水库 | 1 134 | 1 122 | 20.72 | 5.55 | 3 000 | 5.42/2.53（对应不同时期） |
| 雅砻江 | 锦屏一级水库 | 1 880 | 1 800 | 77.60 | 49.10 | 3 600 | 16.00 |
| | 二滩水库 | 1 200 | 1 155 | 57.90 | 33.70 | 3 300 | 9.00 |
| 金沙江下游 | 溪洛渡水库 | 600 | 540 | 115.70 | 64.60 | 13 860 | 46.50 |
| | 向家坝水库 | 380 | 370 | 49.77 | 9.03 | 6 400 | 9.03 |
| 岷江 | 紫坪铺水库 | 877 | 817 | 9.98 | 7.74 | 760 | 1.67 |
| | 瀑布沟水库 | 850 | 790 | 50.64 | 38.82 | 3 600 | 11.00 |
| 嘉陵江 | 宝珠寺水库 | 588 | 558 | 21.00 | 13.40 | 700 | 2.80 |
| | 亭子口水库 | 458 | 438 | 34.90 | 17.50 | 1 100 | 14.40 |
| | 草街水库 | 203 | — | — | 4.87 | 500 | 1.99 |
| 乌江 | 洪家渡水库 | 1 140 | 1 076 | 44.97 | 33.61 | 600 | — |
| | 东风水库 | 970 | 936 | 8.64 | 4.91 | 695 | — |
| | 乌江渡水库 | 760 | 720 | 21.40 | 13.60 | 1 250 | — |

续表

| 河流 | 水库名称 | 正常蓄水位/m | 死水位/m | 正常蓄水位以下库容/亿 $m^3$ | 调节库容/亿 $m^3$ | 装机容量/MW | 防洪库容/亿 $m^3$ |
|---|---|---|---|---|---|---|---|
| 乌江 | 构皮滩水库 | 630 | 590 | 55.64 | 29.52 | 3 000 | 4.00 |
| | 思林水库 | 440 | 431 | 12.05 | 3.17 | 1 000 | 1.84 |
| | 沙沱水库 | 365 | 354 | 7.70 | 2.87 | 1 120 | 2.09 |
| | 彭水水库 | 293 | 278 | 12.12 | 5.18 | 1 750 | 2.32 |
| 长江干流 | 三峡水库 | 175 | 155 | 393 | 165.00 | 22 500 | 221.50 |
| 合计 | — | — | — | — | 514.40 | 79 495 | 361.92/359.03（对应不同时期） |

根据长江流域规划安排，长江上游拟建的控制性水库有金沙江中游的虎跳峡水库（以龙盘为代表方案）。

## 5.1.2　三峡水库水资源调度

由于三峡水库综合利用任务较多且是长江上游控制性水库的最后一级，其水资源调度方式较其他水库更复杂。经过不断地优化调度研究，并结合近几年的调度实践，三峡水库已基本形成了一套较为完善的水资源（水量）调度方式，根据《三峡（正常运行期）—葛洲坝水利枢纽梯级调度规程》，三峡水库水资源调度主要内容归纳如下。在不影响防洪的前提下，三峡水库蓄水时间为 9 月 10 日，起蓄水位为 146.0 m，实时调度中水库水位可在防洪限制水位 145.0 m 以下 0.1 m 至以上 1.0 m。提前蓄水期间，一般情况下控制水库下泄流量不小于 8 000～10 000 $m^3/s$。当水库来水流量大于 8 000 $m^3/s$ 但小于 10 000 $m^3/s$ 时，按来水流量下泄，水库暂停蓄水；当水库来水流量小于 8 000 $m^3/s$ 时，若水库已蓄水，可根据来水情况适当补水至 8 000 $m^3/s$ 下泄。10 月蓄水期间，一般情况下水库的下泄流量按不小于 8 000 $m^3/s$ 控制，当水库来水流量小于 8 000 $m^3/s$ 时，可按来水流量下泄。11 月蓄水期间，水库最小下泄流量按保证葛洲坝下游水位不低于 39.0 m 和三峡水电站保证出力对应的流量控制。水库 9 月底控制蓄水位可调整至 162.0 m，10 月底可蓄至 175.0 m。

## 5.1.3　其他水库水资源调度

按长江流域综合规划意见，长江干支流控制性水库应根据我国经济社会的发展逐步实施，长江干支流梯级水库群形成后，将在长江流域防洪、发电、航运、流域水资源配置、水生态与水环境等方面产生巨大的作用。

长江上游控制性水库均有综合利用要求，大多数水库的开发任务以发电为主并承担有防洪任务，少部分以防洪或供水为主。基于我国水利水电建设管理体制，水库的调度运行管理，除汛期由防洪主管部门对所设置的防洪库容进行统一调度外，其他时间主要由各发电企业按满足本枢纽综合利用任务要求和电力系统的要求进行调度，多以满足电力系统要求和实现本枢纽的发电效益最大为主要目标，在配合三峡水库对长江中下游防洪、水资源优化配置和上下游水库蓄放水等方面存在一定的问题。有关单位就此开展了上游控制性水库联合调度的研究工作，并取得了初步成果。

由于防洪问题的重要性，必然导致上游控制性水库的水资源（水量）调度与防洪任务密切相关，蓄水问题是关键。根据长江流域综合利用规划、长江流域防洪规划及各水库设计成果，长江上游干支流控制性水库调度运行的总体安排为水库汛期按防洪要求运行，汛后在确保防洪安全的前提下蓄水，消落期除满足最小下泄流量要求外，基本按发电需要调度运行。联合调度研究表明：上游水库群蓄水应统筹安排，有序逐步蓄水，原则上上游水库先于三峡水库蓄水，并尽可能在10月前完成蓄水任务；水库群蓄水应兼顾防洪、水资源综合利用、水生态与水环境等要求；承担有防洪任务的水库，根据防洪要求，控制蓄水进程；在确保防洪安全和泥沙淤积影响不大的前提下，汛末开始蓄水时间可在设计方式的基础上适当提前。

目前已投入运行的长江上游干支流控制性水库的汛期和蓄水期调度运行方式见表5.2。

**表5.2　长江上游干支流控制性水库汛期和蓄水期调度运行方式**

| 河流 | 水库名称 | 汛期运行方式 | 蓄水期调度运行方式 |
|---|---|---|---|
| 金沙江中游 | 梨园水库 | 6～7月预留防洪库容1.73亿$m^3$ | 8月上旬可蓄水至正常蓄水位1 618 m |
| | 阿海水库 | 7月预留防洪库容2.15亿$m^3$ | 8月上旬可蓄水至正常蓄水位1 504 m |
| | 金安桥水库 | 7月预留防洪库容1.58亿$m^3$ | 8月上旬可蓄水至正常蓄水位1 418 m |
| | 龙开口水库 | 7月预留防洪库容1.26亿$m^3$ | 8月上旬可蓄水至正常蓄水位1 298 m |
| | 鲁地拉水库 | 7月预留防洪库容5.64亿$m^3$ | 8月上旬可蓄水至正常蓄水位1 223 m |
| | 观音岩水库 | 7月预留防洪库容5.42亿$m^3$ | 8月上旬开始逐步蓄水<br>9月底可蓄水至正常蓄水位1 134 m |
| 雅砻江 | 锦屏一级水库 | 7月预留防洪库容16.00亿$m^3$ | 8月上旬可蓄水至正常蓄水位1 880 m |
| | 二滩水库 | 6～7月预留防洪库容9.00亿$m^3$ | 9月上旬可蓄水至正常蓄水位1 200 m |
| 金沙江下游 | 溪洛渡水库 | 7～9月上旬预留防洪库容46.50亿$m^3$ | 9月底可蓄水至正常蓄水位600 m |
| | 向家坝水库 | 7～9月上旬预留防洪库容9.03亿$m^3$ | 9月10日可蓄水至正常蓄水位380 m |
| 岷江 | 紫坪铺水库 | 6～9月预留防洪库容1.67亿$m^3$ | 10月上旬可蓄水至正常蓄水位877 m |
| | 瀑布沟水库 | 6～7月预留防洪库容11.00亿$m^3$<br>8～9月预留防洪库容7.30亿$m^3$ | 10月上旬可蓄水至正常蓄水位850 m |
| 嘉陵江 | 宝珠寺水库 | 7～9月预留防洪库容2.80亿$m^3$ | 10月上旬可蓄水至正常蓄水位588 m |
| | 亭子口水库 | 6～8月预留防洪库容14.40亿$m^3$ | 9月上旬可蓄水至正常蓄水位458 m |
| | 草街水库 | 6～8月预留防洪库容1.99亿$m^3$ | 9月上旬可蓄水至正常蓄水位203 m |

续表

| 河流 | 水库名称 | 汛期运行方式 | 蓄水期调度运行方式 |
| --- | --- | --- | --- |
| 乌江 | 洪家渡水库 | — | 9月上旬可蓄水至正常蓄水位1 140 m |
| | 东风水库 | — | 根据发电需要调度运行 |
| | 乌江渡水库 | — | 根据发电需要调度运行 |
| | 构皮滩水库 | 6～7月预留防洪库容4.00亿$m^3$<br>8月预留防洪库容2.00亿$m^3$ | 9月上旬可蓄水至正常蓄水位630 m |
| | 思林水库 | 6～8月预留防洪库容1.84亿$m^3$ | 9月上旬可蓄水至正常蓄水位440 m |
| | 沙沱水库 | 6～8月预留防洪库容2.09亿$m^3$ | 9月上旬可蓄水至正常蓄水位365 m |
| | 彭水水库 | 6～8月预留防洪库容2.32亿$m^3$ | 9月上旬可蓄水至正常蓄水位293 m |
| 长江干流 | 三峡水库 | 6月中旬～9月上旬预留防洪库容221.5亿$m^3$ | 9月10日开始汛后蓄水<br>9月底控制蓄水位不超过162 m<br>10月底可蓄水至正常蓄水位175 m |

## 5.2　三峡工程建设前后大通站枯水期径流变化

大通站是长江下游干流一个重要的水文站，也是长江口的潮区界。大通站以上流域面积170.5万$km^2$。长江口水量丰沛，选取位于长江干流的大通站为分析站点，根据实测资料，分析大通站以上流域的枯水期（12月～次年3月）径流变化特征，分析其空间分布及年内、年际的变化规律。为了研究三峡工程建设前后大通站年际及年内径流的变化，以2003年为节点，将序列分为两个时期，分别统计两个时期大通站径流特性及变化规律。

### 5.2.1　径流组成分析

在大通站径流来源地中，宜昌站以上地区集水面积占大通站的59%，多年平均年径流量占大通站的48.2%；汉口站以上地区集水面积占大通站的87.3%，多年平均年径流量约占大通站的79.2%；位于湘西北暴雨区的洞庭湖四水和位于江西暴雨区的鄱阳湖水系，集水面积分别占大通站的12.2%和9.5%，多年平均年径流量却占大通站的18.8%和16.8%，均大于其集水面积比，是大通站径流的重要来源。长江干流大通站以上年径流地区组成见表5.3。

表 5.3　长江干流大通站以上年径流地区组成表

| 项目 | | 集水面积 | | 年径流 | |
|---|---|---|---|---|---|
| | | 面积/$km^2$ | 占大通站/% | 径流量/亿 $m^3$ | 占大通站/% |
| 长江 | 汉口站 | 1 488 036 | 87.3 | 7 121 | 79.2 |
| 鄱阳湖 | 湖口站 | 162 225 | 9.5 | 1 508 | 16.8 |
| 汉口至大通区间 | | 55 122 | 3.2 | 363 | 4.0 |
| 长江 | 大通站 | 1 705 383 | 100.0 | 8 992 | 100.0 |

## 5.2.2　枯水期径流变化程度统计

根据调研收集的资料，如表 5.4 所示，1960～2015 年大通站多年平均流量 28 000 $m^3/s$。较 1956～2002 年，2003～2015 年大通站平均流量减少了 1 400 $m^3/s$，减少幅度为 4.93%。对于 12 月～次年 3 月，大通站 2003～2015 年平均流量为 15 200 $m^3/s$，较 1956～2002 年增加了 2 000 $m^3/s$，增加幅度为 15.15%，其中 3 月增加的幅度最为显著，月平均流量增加 3 200 $m^3/s$，增加幅度为 20.13%；12 月增加的幅度最小，月平均流量增加 700 $m^3/s$，增加幅度为 4.86%。

表 5.4　大通站不同时段平均流量及其变化表

| 类别 | | 流量及其变化量/（$m^3/s$） | | | | | |
|---|---|---|---|---|---|---|---|
| | | 年 | 12 月 | 1 月 | 2 月 | 3 月 | 12 月～次年 3 月 |
| 1960～2015 年 | | 28 000 | 14 500 | 11 400 | 12 000 | 16 600 | 13 600 |
| ①1956～2002 年 | | 28 400 | 14 400 | 11 000 | 11 500 | 15 900 | 13 200 |
| ②2003～2015 年 | | 27 000 | 15 100 | 12 900 | 13 600 | 19 100 | 15 200 |
| ②与①比 | 流量/（$m^3/s$） | −1 400 | 700 | 1 900 | 2 100 | 3 200 | 2 000 |
| | 百分比/% | −4.93 | 4.86 | 17.27 | 18.26 | 20.13 | 15.15 |

三峡工程运行前的 1950 年 1 月～2003 年 5 月，大通站日平均流量小于 10 000 $m^3/s$ 的天数为 1 905 天，占时段总天数的 10%；2003 年 6 月～2008 年 9 月，三峡工程开始发挥蓄丰调枯功能，大通站日平均流量小于 10 000 $m^3/s$ 的天数为 44 天，仅占时段总天数的 2%；2008 年 10 月三峡工程进入试验性蓄水期，对下游的枯水期径流补偿功能更强，至 2016 年 12 月 31 日，大通站实测最小日平均流量为 10 400 $m^3/s$（2014 年 2 月 3 日、2014 年 2 月 13 日），未出现日平均流量小于 10 000 $m^3/s$ 情形。大通站不同时段日平均流量小于 10 000 $m^3/s$ 的天数统计见表 5.5。

表 5.5　大通站不同时段日平均流量小于 10 000 $m^3/s$ 天数统计表

| 时段 | 小于 10 000 $m^3/s$ 天数/天 | 总天数/天 | 占比/% |
| --- | --- | --- | --- |
| 1950 年 1 月～2003 年 5 月 | 1 905 | 19 509 | 10 |
| 2003 年 6 月～2008 年 9 月 | 44 | 1 949 | 2 |
| 2008 年 10 月～2016 年 12 月 | 0 | 2 014 | 0 |

# 5.3　长江上游梯级水库群运行对大通站水资源的影响

## 5.3.1　长江上游梯级水库群径流调节计算

### 1. 计算原则

径流调节考虑梯级水库群联合运行，自上而下逐级计算。各水库均按既有的调度方式或常规调度方式运行，暂不另行考虑优化运行方式。在进行逐级长系列径流调节计算中，各水库入库径流过程按上游水库出流＋区间入流计算。

### 2. 保证出力及保证率

本次计算所涉及的水库调节性能不同，相应水电站设计保证率也不相同。根据中国南方电网有限责任公司、国家电网有限公司华中分部、华东电网有限公司水电比例和原设计成果，本次计算不同水电站设计保证率分别采用年保证率或历时保证率，年保证率一般为 90%，历时保证率一般为 98%。

### 3. 水量损失

水库水量损失包括水库额外蒸发损失和渗漏损失，按水库面积和库容不同有差异。考虑到各水库区地质封闭条件好，水库水量损失所占比重较少，水量损失在各水库入库径流中酌情考虑。

### 4. 出力系数

各水电站水能指标计算时考虑了水轮机预想出力，在扣除水电站水量损失和水头损失情况下，水电站综合出力系数一般采用 8.5。

### 5. 规划水平年新增耗水量

根据《全国水资源综合规划（2010～2030 年）》水资源开发利用情况，分析 2020 年各水资源二级区耗损水量，与水资源公报的 2015 年耗水量对比分析，计算宜昌站以上各水资源二级区新增耗水量，并在相应梯级水库的入库水量中扣除。

2015 年，宜昌站以上总耗水量 237.32 亿 $m^3$，其中：农田灌溉耗水量 122.90 亿 $m^3$，占总耗水量的 51.79%；非农业耗水量 114.42 亿 $m^3$，占总耗水量的 48.21%，见表 5.6。

**表 5.6　2015 年宜昌站以上耗水量**　（单位：亿 $m^3$）

| 分区 | 农田灌溉耗水量 | 非农业耗水量 | 总耗水量 |
|---|---|---|---|
| 金沙江石鼓以上 | 1.19 | 0.66 | 1.85 |
| 金沙江石鼓以下 | 27.71 | 15.09 | 42.80 |
| 岷沱江 | 34.63 | 35.10 | 69.73 |
| 嘉陵江 | 25.89 | 27.26 | 53.15 |
| 乌江 | 14.58 | 11.98 | 26.56 |
| 宜宾至宜昌 | 18.90 | 24.33 | 43.23 |
| 合计 | 122.90 | 114.42 | 237.32 |

2020 年，宜昌站以上总耗水量 286.63 亿 $m^3$，其中：农田灌溉耗水量 134.62 亿 $m^3$，占总耗水量的 46.97%；非农业耗水量 152.01 亿 $m^3$，占总耗水量的 53.03%，见表 5.7。

**表 5.7　2020 年宜昌站以上耗水量**　（单位：亿 $m^3$）

| 分区 | 农田灌溉耗水量 | 非农业耗水量 | 总耗水量 |
|---|---|---|---|
| 金沙江石鼓以上 | 1.19 | 1.15 | 2.34 |
| 金沙江石鼓以下 | 34.98 | 32.25 | 67.23 |
| 岷沱江 | 29.87 | 44.11 | 73.98 |
| 嘉陵江 | 31.65 | 33.24 | 64.89 |
| 乌江 | 17.55 | 14.94 | 32.49 |
| 宜宾至宜昌 | 19.38 | 26.32 | 45.70 |
| 合计 | 134.62 | 152.01 | 286.63 |

#### 6. 跨流域调水工程

长江流域水资源较为丰富，在满足长江本流域的用水需求后，尚有部分富余水量可供外调。长江流域宜昌以上主要跨流域调水工程包括南水北调西线工程、滇中引水工程、白龙江引水工程等跨流域（水资源一级区）调水工程。

### 5.3.2　典型年大通站水资源分析

#### 1. 三峡水库至大通区间水资源开发利用分析

**1）2015 年水资源开发利用状况**

三峡水库至大通区间的长江流域水系，包括长江中游干流、洞庭湖、汉江、鄱阳湖诸水系和其他分布两岸的湖群及直接汇入长江的支流，水资源相对丰富。区域涉及湖北、湖南、江西和安徽，沿线依次有宜昌、荆州、武汉、黄冈、鄂州、黄石、九江等城市。长江沿岸有焦柳、京广、京九等铁路纵穿南北，浙赣、襄渝、湘黔、湘桂等铁路联通东西，公路运输四通八达。

2015年，三峡水库至大通区间总供水量934.82亿$m^3$，其中：地表水源供水量882.63亿$m^3$，占总供水量的94.42%；地下水源供水量50.11亿$m^3$，占总供水量的5.36%；其他水源供水量2.08亿$m^3$，占总供水量的0.22%，见表5.8。

**表5.8　2015年三峡水库至大通区间总供水量组成**　（单位：亿$m^3$）

| 分区 | 地表水 | 地下水 | 其他 | 合计 |
| --- | --- | --- | --- | --- |
| 洞庭湖水系 | 352.47 | 17.39 | 0.45 | 370.31 |
| 汉江 | 128.44 | 19.52 | 0.02 | 147.98 |
| 鄱阳湖水系 | 219.88 | 7.67 | 1.61 | 229.16 |
| 干流三峡水库至大通 | 181.84 | 5.53 | 0.00 | 187.37 |
| 合计 | 882.63 | 50.11 | 2.08 | 934.82 |

2015年，三峡水库至大通区间总用水量934.82亿$m^3$，其中：农业用水量543.18亿$m^3$（农田灌溉用水量504.73亿$m^3$，林牧渔畜用水量38.45亿$m^3$），占总用水量的58.1%；工业用水量299.98亿$m^3$，占总用水量的32.1%；居民生活用水量83.27亿$m^3$，占总用水量的8.9%；生态环境用水量8.39亿$m^3$，占总用水量的0.9%，用水量组成见表5.9。

**表5.9　2015年三峡水库至大通区间总用水量组成**　（单位：亿$m^3$）

| 分区 | 农田灌溉用水量 | 林牧渔畜用水量 | 工业用水量 | 居民生活用水量 | 生态环境用水量 | 总用水量 |
| --- | --- | --- | --- | --- | --- | --- |
| 洞庭湖水系 | 215.52 | 10.97 | 110.48 | 36.72 | 3.79 | 377.48 |
| 汉江 | 66.04 | 9.59 | 60.30 | 12.17 | 0.53 | 148.63 |
| 鄱阳湖水系 | 146.83 | 7.48 | 51.62 | 18.90 | 3.79 | 228.62 |
| 干流三峡水库至大通 | 76.34 | 10.41 | 77.58 | 15.48 | 0.28 | 180.09 |
| 合计 | 504.73 | 38.45 | 299.98 | 83.27 | 8.39 | 934.82 |

2015年，三峡水库至大通区间总耗水量405.76亿$m^3$，其中：农田灌溉耗水量263.41亿$m^3$，占耗水总量的64.92%；非农业耗水量142.35亿$m^3$，占耗水总量的35.08%，见表5.10。

**表5.10　2015年三峡水库至大通区间总耗水量组成**　（单位：亿$m^3$）

| 分区 | 农田灌溉耗水量 | 非农业耗水量 | 总耗水量 |
| --- | --- | --- | --- |
| 洞庭湖水系 | 112.77 | 49.65 | 162.42 |
| 汉江 | 37.95 | 28.20 | 66.15 |
| 鄱阳湖水系 | 69.52 | 31.24 | 100.76 |
| 干流三峡至大通 | 43.17 | 33.26 | 76.43 |
| 合计 | 263.41 | 142.35 | 405.76 |

**2）规划水平年水资源开发利用预测分析**

2015 年 4 月 5 日，《长江中游城市群发展规划》经国务院批复实施。该城市群正位于三峡水库至大通区间的长江流域，承东启西、连南接北，是长江经济带三大跨区域城市群支撑之一。规划批复后，长江中游城市群正式定位为中国经济发展新增长极、中西部新型城镇化先行区、内陆开放合作示范区和“两型”社会建设引领区，也是实施促进中部地区崛起战略、全方位深化改革开放和推进新型城镇化的重点区域，在我国区域发展格局中占有重要地位。根据区域社会经济发展的新形势、新常态及新时期科学发展观的要求，预测至规划水平年（2030 年），区域人口总量将依然呈现持续增长的趋势，且伴随着城镇化的快速推进，城镇人口增加趋势明显，同时农村人口出现不断下降的趋势；区域经济持续、稳定增长，各产业的增长速度中，在一产所占比例逐步降低的同时，三产所占比例逐步提高。城镇居民生活、农村居民生活用水定额持续增加，但趋势有所减缓；工业万元增加值用水定额、万元国内生产总值（gross domestic product，GDP）用水定额持续下降；随着灌区的配套、更新改造投入的增加，农田综合灌溉水利用系数逐年提高，以及农作物品种改良，农田综合灌溉定额呈下降趋势。

**3）跨流域调水工程**

长江流域三峡水库至大通区间的跨流域调水工程主要为南水北调中线工程、引汉济渭工程及陕西省引红济石调水工程和引乾济石调水工程等。

（1）南水北调中线工程。

南水北调中线工程主要供水目标为京津华北平原，主要任务是满足城市生活、工业、生态环境等用水。根据规划，南水北调中线工程按照近期引汉、远景引江的步骤分期实施，即近期从汉江丹江口水库调水，后期视发展需要扩建总干渠，加大丹江口水库的调水量，远景直接从长江干流引水北调。

根据《南水北调中线工程规划（2001 年修订）》（水利部长江水利委员会，2001）和《南水北调中线一期工程可行性研究总报告》（长江勘测规划设计研究院，2005），南水北调中线一期工程推荐实施方案为丹江口水库大坝加高至最终规模，汉江中下游兴建兴隆枢纽工程、引江济汉工程、沿江部分闸站改扩建工程及局部航道整治工程，2010 年水平年调水 95 亿 $m^3$（实际供水调整为 2015 年），渠首规模设计 350 $m^3/s$，加大 420 $m^3/s$，南水北调中线一期工程的调水量（95 亿 $m^3$）约占丹江口坝址断面径流量的 1/4，汉江流域径流量的 1/6。

（2）引汉济渭工程。

国务院批复的《长江流域综合规划（2012～2030 年）》（水利部长江水利委员会，2012）中，提出“引汉济渭工程近期从汉江引水 10 亿 $m^3$，远期调水可在从长江干流补水或其他可能的补水方案实施后，扩大至 15 亿 $m^3$”；《国家发展改革委关于陕西省引汉济渭工程项目建议书的批复》（发改农经〔2011〕1559 号）中提出“工程规划近期多年平均调水量 10 亿 $m^3$，远期在南水北调后续水源工程建成后，多年平均调水量 15 亿 $m^3$”（国家发展和改革委员会，2011a）。本次计算中，规划水平年 2020 年引汉济渭工程调水总规模按 10 亿 $m^3$ 考虑。2020 年引汉济渭工程调水量见表 5.11。

表 5.11　2020 年引汉济渭工程调水量　（单位：亿 $m^3$）

| 项目 | 月份 | | | | | | | | | | | | 合计 |
|---|---|---|---|---|---|---|---|---|---|---|---|---|---|
| | 1 | 2 | 3 | 4 | 5 | 6 | 7 | 8 | 9 | 10 | 11 | 12 | |
| 调水量 | 0.86 | 0.6 | 0.69 | 0.69 | 0.77 | 0.67 | 0.84 | 0.92 | 0.94 | 1.01 | 0.99 | 1.01 | 9.99 |

（3）引红济石调水工程和引乾济石调水工程。

引红济石调水工程，是引秦岭南麓汉江水系褒河支流红岩河，调水至秦岭北麓渭河支流石头河。引红济石调水工程是国务院批准的《渭河流域近期重点治理规划》确定的“十一五”重点水源项目。

引乾济石调水工程是陕西南水北调工程总体规划所推荐实施的调水工程之一。它是利用西康公路秦岭隧洞施工的有利条件修建输水隧洞，将柞水乾佑河的水调入五台乡石砭峪水库，经过石砭峪水库统一调度调节后向西安城区供水，增加城市生活和工业供水量，并补充城区和下游河道生态环境用水。陕西引红济石调水工程和引乾济石调水工程 2020 年调水规模为 1.44 亿 $m^3$，全部调出汉江流域。2020 年陕西引红济石调水工程和引乾济石调水工程调水量见表 5.12。

表 5.12　2020 年引红济石调水工程和引乾济石调水工程调水量　（单位：亿 $m^3$）

| 项目 | 月份 | | | | | | | | | | | | 合计 |
|---|---|---|---|---|---|---|---|---|---|---|---|---|---|
| | 1 | 2 | 3 | 4 | 5 | 6 | 7 | 8 | 9 | 10 | 11 | 12 | |
| 调水量 | 0.12 | 0.12 | 0.12 | 0.12 | 0.12 | 0.12 | 0.12 | 0.12 | 0.12 | 0.12 | 0.12 | 0.12 | 1.44 |

### 2. 梯级水库调蓄对大通站流量影响

以大通站临界流量为基础，分别统计 1970～2015 年历史情况及现状水平年条件下月平均流量小于 10 000 $m^3/s$ 频次，通过对比，初步分析梯级水库调蓄对咸潮入侵的影响。

根据大通站实测逐月平均流量数据统计，1970～2015 年 10 月～次年 4 月各月月平均流量小于 10 000 $m^3/s$ 次数，统计结果见表 5.13。由表 5.13 可知，1970～2015 年 10 月～次年 4 月各月月平均流量小于 10 000 $m^3/s$ 次数为 31 次，其中 10 月、11 月和 4 月未发生，12 月发生 3 次，1 月发生 13 次，2 月 13 次，3 月 2 次。统计三峡水库建库前后各月月平均流量小于 10 000 $m^3/s$ 次数可以看出，2003 年后大通站月平均流量小于 10 000 $m^3/s$ 次数明显减少，仅 2004 年 2 月出现一次。

表 5.13　不同条件下大通站月平均流量小于 10 000 $m^3/s$ 次数统计

| 水平年 | 时段 | 10 月 | 11 月 | 12 月 | 1 月 | 2 月 | 3 月 | 4 月 | 总计 |
|---|---|---|---|---|---|---|---|---|---|
| 历史流量统计 | 1970～2002 年 | 0 | 0 | 3 | 13 | 12 | 2 | 0 | 30 |
| | 2003～2015 年 | 0 | 0 | 0 | 0 | 1 | 0 | 0 | 1 |
| | 总计 | 0 | 0 | 3 | 13 | 13 | 2 | 0 | 31 |

续表

| 水平年 | 时段 | 10月 | 11月 | 12月 | 1月 | 2月 | 3月 | 4月 | 总计 |
|---|---|---|---|---|---|---|---|---|---|
| 现状流量统计 | 1970～2002年 | 0 | 0 | 3 | 5 | 5 | 0 | 0 | 13 |
| | 2003～2015年 | 0 | 0 | 0 | 0 | 1 | 0 | 0 | 1 |
| | 总计 | 0 | 0 | 3 | 5 | 6 | 0 | 0 | 14 |

根据三峡水库及上游干支流水库群联合调度计算和三峡水库至大通区间水资源开发利用分析，并经长江干流三峡水库以下径流演进推算，得出现状水平年下1970～2015年大通站枯水期月平均流量，并统计月平均流量小于10 000 $m^3/s$的次数，统计结果见表5.13。由表5.13可以看出，上游梯级水库运行后，枯水期下泄补水对大通站枯水期流量有一定的影响，1970～2015年枯水期（12月～次年3月）各月月平均流量小于10 000 $m^3/s$次数为14次，其中：12月发生3次；1月发生5次；2月发生6次。大通站月平均流量小于10 000 $m^3/s$，次数较实际情况有了明显的减少，其中1月和2月减少得较为显著，分别减少了8次和7次。长江上游梯级水库运行调度，一定程度上增加了大通站的枯水期平均流量，进而一定程度上减缓了长江口地区咸潮入侵。

### 5.3.3　三峡水库蓄水对大通站径流的影响

为了分析三峡水库10月蓄水对下游大通站径流的影响，本次采用宜昌至大通河段的一维水动力学模型，在固化其他边界条件下，选取2008～2015年10月为模拟时段，分析三峡水库以实际下泄流量及以8 000 $m^3/s$下泄的两种情况下，大通站的径流变化情况。

分析结果见表5.14和图5.1。由表5.14可以看出，在其他边界条件不变的情况下，三峡水库在10月以8 000 $m^3/s$条件下泄情况，将进一步加大三峡水库蓄水量，2008～2015年增加的蓄水量为7.7亿～181.5亿$m^3$，其中2012年增加蓄水量最多，为181.5亿$m^3$。而大通站相应减少的来水量为2.8亿～146.2亿$m^3$，其中2012年减少来水量最多，为146.2亿$m^3$。由图5.1可以看出，三峡水库减少下泄流量至8 000 $m^3/s$后，大通站减少来水量约为三峡水库增加蓄水量的75%左右。

**表5.14　三峡水库增加蓄水量与大通站减少来水量关系表**

| 年份 | 宜昌站 | | | 大通站 | | |
|---|---|---|---|---|---|---|
| | 实测月平均流量/($m^3/s$) | 模拟月平均流量/($m^3/s$) | 增加蓄水量/亿$m^3$ | 实测月平均流量/($m^3/s$) | 模拟月平均流量/($m^3/s$) | 减少来水量/亿$m^3$ |
| 2008 | 11 700 | 8 000 | 99.1 | 23 900 | 20 400 | 92.8 |
| 2009 | 8 290 | 8 000 | 7.8 | 17 300 | 17 200 | 2.8 |
| 2010 | 9 880 | 8 000 | 50.3 | 25 700 | 24 900 | 21.5 |
| 2011 | 8 300 | 8 000 | 8.1 | 19 800 | 19 600 | 5.9 |

续表

| 年份 | 宜昌站 | | | 大通站 | | |
|---|---|---|---|---|---|---|
| | 实测月平均流量/（$m^3/s$） | 模拟月平均流量/（$m^3/s$） | 增加蓄水量/亿 $m^3$ | 实测月平均流量/（$m^3/s$） | 模拟月平均流量/（$m^3/s$） | 减少来水量/亿 $m^3$ |
| 2012 | 14 780 | 8 000 | 181.5 | 26 000 | 20 500 | 146.2 |
| 2013 | 8 290 | 8 000 | 7.7 | 21 600 | 21 300 | 6.5 |
| 2014 | 14 600 | 8 000 | 175.9 | 27 000 | 22 600 | 116.8 |
| 2015 | 14 000 | 8 000 | 159.7 | 25 200 | 20 900 | 114.6 |

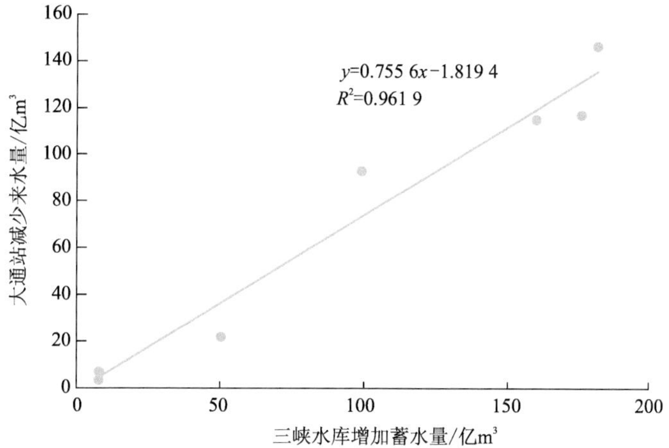

图 5.1　三峡水库增加蓄水量与大通站减少来水量关系图

根据以上的分析成果，选取宜昌站和大通站 1970～2007 年 10 月逐日平均流量，在其他边界条件不变的情况下，三峡水库 10 月以 8 000 $m^3/s$ 下泄，大通站来水量减少 75%情况下，分析大通站月平均流量变化情况，结果见表 5.15。由表 5.15 可以看出，1970～2007 年 10 月，在三峡水库以 8 000 $m^3/s$ 下泄的情况下，大通站月平均流量最小值出现在 2006 年，月平均流量为 13 400 $m^3/s$，大通站月平均流量没有小于 10 000 $m^3/s$ 的情况。

**表 5.15　三峡水库 10 月以 8 000 $m^3/s$ 条件下泄大通站流量变化表**

| 年份 | 宜昌站 | | 大通站 | |
|---|---|---|---|---|
| | 实测平均流量/（$m^3/s$） | 模拟平均流量/（$m^3/s$） | 实测平均流量/（$m^3/s$） | 模拟平均流量/（$m^3/s$） |
| 1970 | 18 900 | 8 000 | 38 500 | 30 300 |
| 1971 | 18 500 | 8 000 | 28 800 | 20 900 |
| 1972 | 13 500 | 8 000 | 27 200 | 23 100 |
| 1973 | 19 000 | 8 000 | 42 100 | 33 900 |
| 1974 | 21 100 | 8 000 | 38 700 | 28 900 |
| 1975 | 22 600 | 8 000 | 39 300 | 28 400 |

续表

| 年份 | 宜昌站 | | 大通站 | |
|---|---|---|---|---|
| | 实测平均流量/($m^3/s$) | 模拟平均流量/($m^3/s$) | 实测平均流量/($m^3/s$) | 模拟平均流量/($m^3/s$) |
| 1976 | 17 600 | 8 000 | 25 700 | 18 500 |
| 1977 | 15 400 | 8 000 | 26 400 | 20 900 |
| 1978 | 13 000 | 8 000 | 18 700 | 15 000 |
| 1979 | 18 500 | 8 000 | 37 200 | 29 300 |
| 1980 | 25 400 | 8 000 | 39 000 | 26 000 |
| 1981 | 14 700 | 8 000 | 32 700 | 27 700 |
| 1982 | 19 600 | 8 000 | 40 400 | 31 600 |
| 1983 | 20 100 | 8 000 | 45 500 | 36 400 |
| 1984 | 17 200 | 8 000 | 36 000 | 29 200 |
| 1985 | 16 700 | 8 000 | 31 000 | 24 400 |
| 1986 | 16 300 | 8 000 | 25 200 | 18 900 |
| 1987 | 20 100 | 8 000 | 35 500 | 26 400 |
| 1988 | 20 000 | 8 000 | 37 600 | 28 600 |
| 1989 | 22 000 | 8 000 | 33 700 | 23 200 |
| 1990 | 19 100 | 8 000 | 29 700 | 21 400 |
| 1991 | 16 600 | 8 000 | 27 900 | 21 400 |
| 1992 | 15 900 | 8 000 | 22 200 | 16 300 |
| 1993 | 18 100 | 8 000 | 35 200 | 27 600 |
| 1994 | 17 500 | 8 000 | 32 100 | 25 000 |
| 1995 | 18 600 | 8 000 | 29 700 | 21 700 |
| 1996 | 12 800 | 8 000 | 28 300 | 24 700 |
| 1997 | 14 200 | 8 000 | 26 900 | 22 300 |
| 1998 | 13 700 | 8 000 | 38 000 | 33 700 |
| 1999 | 15 500 | 8 000 | 37 100 | 31 400 |
| 2000 | 21 500 | 8 000 | 38 700 | 28 600 |
| 2001 | 19 300 | 8 000 | 30 400 | 21 900 |
| 2002 | 10 500 | 8 000 | 24 000 | 22 100 |
| 2003 | 14 100 | 8 000 | 32 000 | 27 400 |
| 2004 | 15 900 | 8 000 | 29 200 | 23 200 |
| 2005 | 17 800 | 8 000 | 31 200 | 23 800 |
| 2006 | 10 100 | 8 000 | 15 000 | 13 400 |
| 2007 | 11 900 | 8 000 | 26 100 | 23 200 |

根据以上分析，在 1970～2007 年，大通站模拟月平均流量未出现小于 10 000 $m^3/s$ 的情况，说明三峡水库以 8 000 $m^3/s$ 下泄可以 100%保证大通站的流量不小于 10 000 $m^3/s$。

## 5.4　梯级水库群补水与大通站流量响应关系

上游梯级水库群建设运行一定程度上增加了大通站枯水期流量，三峡水库作为长江重要的水利枢纽工程，其运行调度对大通站的影响最为直接和显著。

图 5.2 统计了陈行水库历年咸潮入侵情况。由图 5.2 可以看出：1994～1998 年，咸潮入侵强度较弱，平均每年发生 2.2 次，平均每年咸潮入侵天数为 11.8 天，其中 1996 年经历天数最高为 31 天；1999～2015 年，平均每年咸潮入侵次数为 7.4 次，是 1994～1998 年的 3.4 倍，其中超过 70 天的年份有 1999 年、2001 年和 2002 年。2008 年三峡工程正式运行后，咸潮入侵次数较 1999～2005 年有所降低。2014 年大通站流量维持在 10 000～13 000 $m^3/s$ 波动的情况下，长江口发生咸潮入侵，并引发上海供水紧张。

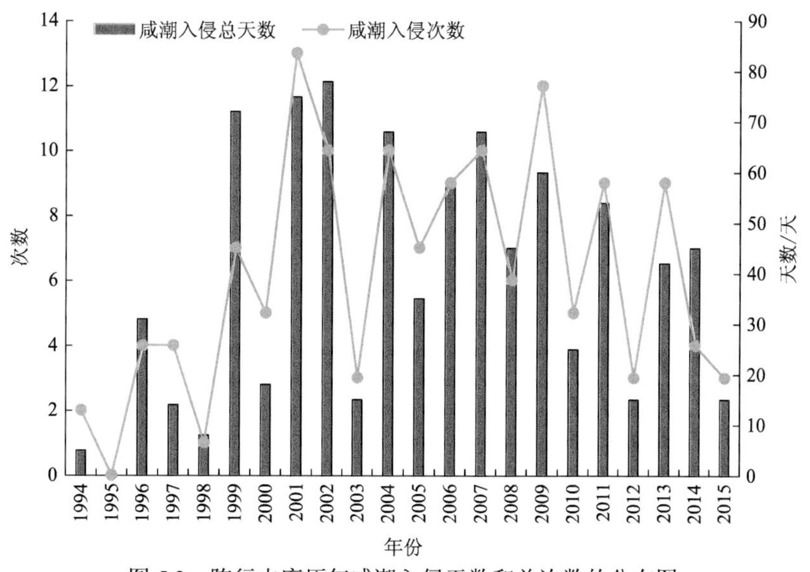

图 5.2　陈行水库历年咸潮入侵天数和总次数的分布图

为分析上游梯级水库下泄流量对大通站流量的影响，选取三峡水库建库后 2014 年 2 月作为枯水典型时段，通过构建宜昌至大通河段的一维水动力学模型，在固化其他边界条件的基础上，设置不同三峡水库下泄流量，模拟大通站流量对三峡水库下泄流量的响应过程。

2014 年 2～3 月宜昌站和大通站的实测流量过程见图 5.3。在 2014 年 2 月 21 日～3 月 3 日期间长江口发生了较为严重的咸潮入侵，2 月 1 日～2 月 20 日，宜昌站的平均流量为 6 050 $m^3/s$，大通站的平均流量为 10 800 $m^3/s$，已接近咸潮入侵的临界阈值。

为了模拟三峡水库下泄流量对大通站流量的影响，本次以宜昌站 2 月 1 日～2 月 20 日的平均流量 6 000 $m^3/s$ 为模型上边界的起始流量，以 2 月 21 日作为三峡水库增加下泄流量的开始时间，同时固化其他边界条件，模拟三峡水库在 2 月 21 日～3 月 4 日下泄流量分别增加 500 $m^3/s$、1 000 $m^3/s$、1 500 $m^3/s$、2 000 $m^3/s$ 及 2 500 $m^3/s$ 情况下，大通站流量变化过程。

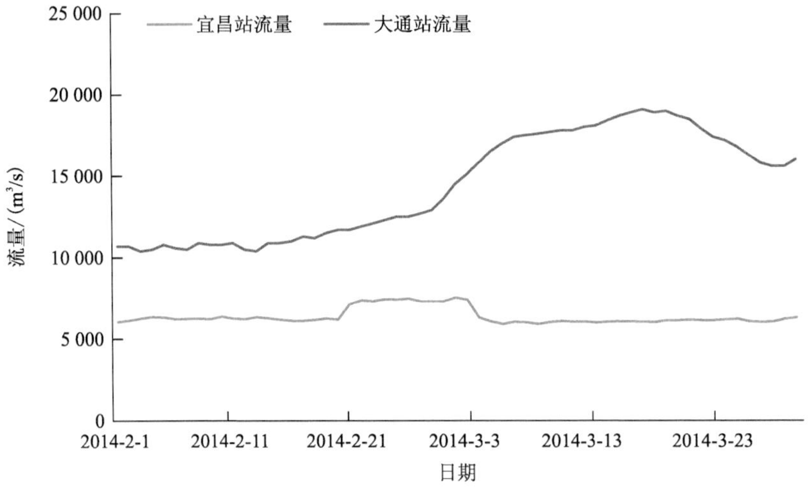


图 5.3　2014 年 2～3 月宜昌站和大通站流量过程图

模拟结果如图 5.4 所示。在 2 月 21 日三峡水库增大下泄流量，受重力波的影响，大通站流量在 2 月 23 日开始出现微小的变化，在三峡水库增大下泄流量约 15 天时，大通站流量增加幅度达到最大。三峡水库下泄流量增加量与大通站流量峰值增加量响应关系如图 5.5 所示，在固化其他边界条件及不考虑沿线取排水工程影响下，大通站流量峰值增加量约为三峡水库下泄流量增加量的 80%左右，在大通站流量为 10 000 $m^3/s$ 情况下，大通站流量达到峰值的时间约为三峡水库增加下泄流量后的 15 天。

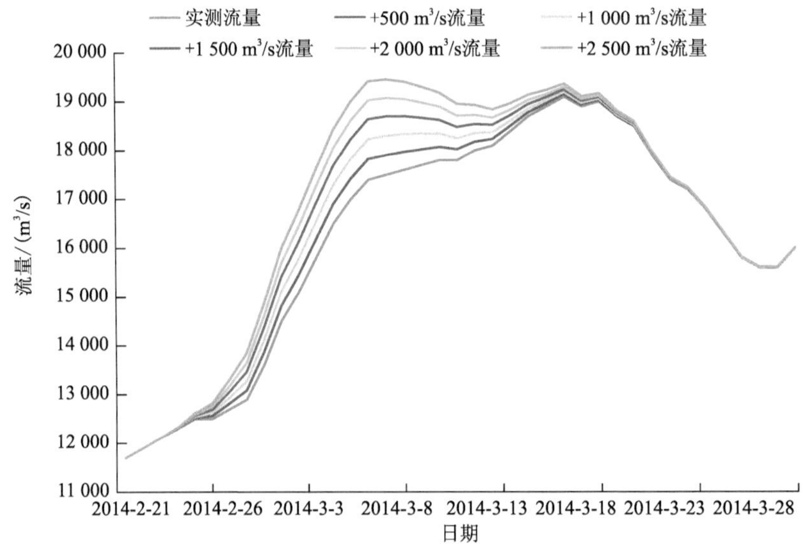


图 5.4　不同下泄流量条件下大通站流量变化过程

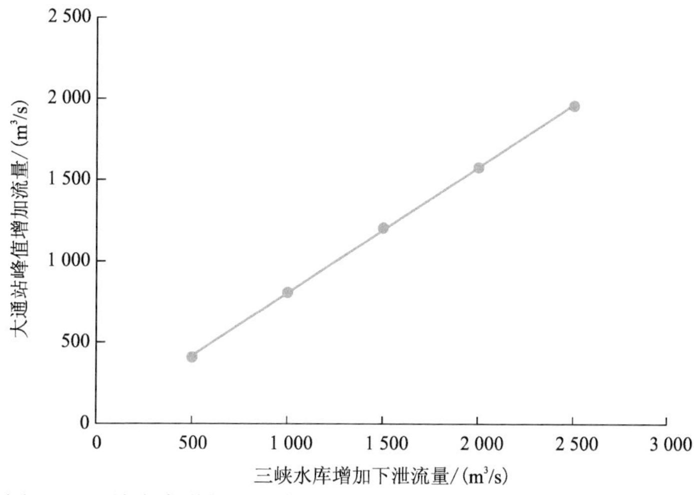


图 5.5　三峡水库增加下泄流量与大通站峰值增加流量的对应关系图

# 5.5　补水压咸及应急调度

## 5.5.1　补水压咸流量选取

本小节的补水压咸分析采用“避涨压落”调度方式。对于 12 月～次年 3 月大通站流量有低于 10 000 $m^3/s$ 且长江口地点发生咸潮入侵的情况，可考虑将三峡水库下泄流量适当提高，以 2014 年 2～3 月咸潮入侵期间为例，初步拟定以下 3 种三峡水库应急压咸补水下泄流量方案。

（1）将三峡水库下泄流量提高至 6 000 $m^3/s$ 且持续 11 天，则三峡水库每年在此期间将向下游多补水约 9.5 亿 $m^3$，占三峡水库调节库容的 5.8%；

（2）将三峡水库下泄流量提高至 6 500 $m^3/s$ 且持续 11 天，则三峡水库每年在此期间将向下游多补水约 14.6 亿 $m^3$，占三峡水库调节库容的 8.8%；

（3）将三峡水库下泄流量提高至 7 000 $m^3/s$ 且持续 11 天，则三峡水库每年在此期间将向下游多补水约 19.3 亿 $m^3$，占三峡水库调节库容的 11.6%。

从目前情况看，通过三峡水库的补水，大通站流量低于 10 000 $m^3/s$ 的情况将有一定的改善；但是由于咸潮入侵成因复杂，即使将三峡水库下泄流量提高至 6 500 $m^3/s$，仍无法保证长江口不发生咸潮入侵，增加流量压咸的边界效益增减明显。因此，在基本满足长江口压咸要求的情况下，三峡水库正常调度时的下泄流量不宜提高过多，需要保留一定的存水量以应对特殊紧急情况下的用水需求，同时避免对其他综合利用产生较大影响。如确有必要，在咸潮入侵期间，建议三峡水库下泄流量按照 6 000 $m^3/s$ 控制。如遇特枯年份，三峡水库需要启动应急调度方案，则以下泄 7 000 $m^3/s$、为期 10 天计算（假定应急方案在 12 月～次年 3 月启用，且三峡水库最小下泄流量已提高至 6 000 $m^3/s$），每次启动需多补水约 8.64 亿 $m^3$。

### 5.5.2 补水压咸效果评估

以 2014 年 2～3 月的咸潮入侵为例，在 2 月 21 日，三峡水库启动应急预案，将下泄流量提升至 7 000 $m^3/s$，至 3 月 3 日结束，此次压咸补淡调度维持 11 天，三峡水库累计向下游补水 18.5 亿 $m^3$，其中专为长江口增加补水 9.5 亿 $m^3$，此期间大通站以下河段引水量约为 3.5 亿 $m^3$，占专为长江口增加补水量的 36.8%。

从本次压咸效果看，虽然咸潮入侵得到了一定的缓解，但是从水量来看，三峡工程下泄水量仅有约 6 亿 $m^3$ 补充到长江口地区，约占专为长江口增加补水量的 63.2%。大通以下河段沿线的取水占专为长江口增加补水量的 36.8%，一定程度上影响了本次补水的效果，使得三峡水库增加流量压咸的边界效益较差。建议在咸潮入侵期间，以本区域控制节水为主，在优先保证居民生活用水情况下，限制部分工业生产用水，停止高耗水行业用水，启用部分地下水战备和备用深井。在此基础上，上游水库群可以根据实际情况，选取小潮退落期，进行下泄补水，补水流量需根据大通站流量及地区需水量综合确定。

### 5.5.3 推荐应急调度时机及方式

根据补水压咸方案的研究，推荐长江口应急调度采用"避涨压落"压咸的调度方式，即避开咸潮强度最强的时段，在咸潮即将消落时集中加大流量，其余时段相应减小流量，使得流量过程形成阶梯形。

大通站流量达到峰值的时间约为三峡水库增加下泄流量后的 11～15 天，根据以上时间关系绘制图 5.6，图 5.6 中纵坐标上半轴为三峡水库泄水时间，下半轴为泄水流量在长江口达到峰值的时间。

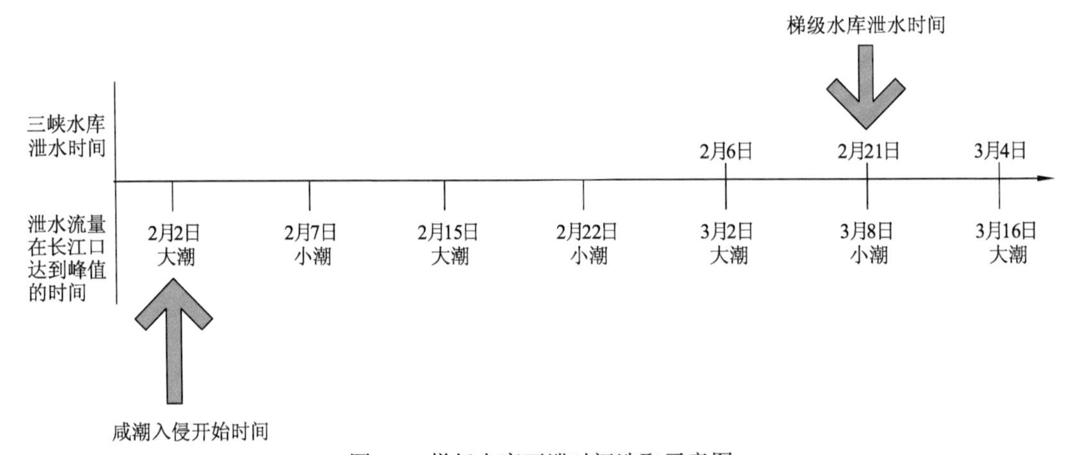


图 5.6　梯级水库下泄时间选取示意图

以 2014 年 2～3 月咸潮入侵期间为例，2 月 2 日为咸潮入侵开始时间，咸潮入侵开始后，长江口发生大、小潮时间如图 5.6 所示，根据大、小潮的时间向前推移 15 天，得到梯级水库泄水时间。在 2 月 2 日后，梯级水库泄水时间点分为了 2 月 6 日、2 月 21 日及 3 月

4 日，根据“避涨压落”压咸的调度方式的要求，上游梯级水库泄水流量在长江口达到峰值的时间需要避开长江口大潮时期而选择长江口为小潮时期开始泄水，综合考虑泄水时间选取 2 月 21 日。

## 5.6 应对咸潮入侵补水的水利工程调度

按照 2015 年 1 月国家防总正式批复的《长江口咸潮应对工作预案》要求，同时根据本次分析确定的大通站临界流量，在考虑下游取排水情况的基础上，确定大通站目标流量为 10 000 $m^3/s$，即在现有调度方式的基础上，可适当提高三峡水库枯水期下泄流量，并有必要开展应急调度。

拟定 12 月～次年 2 月宜昌站流量 6 000～6 500 $m^3/s$ 为正常调度目标、7 000～8 000 $m^3/s$ 为应急调度目标，可进一步缓解长江口地区咸潮入侵对当地供水安全的威胁。上游水库应开展联合调度，共同承担中下游供水安全责任和义务。以三峡水库作为水量调度主要水源点，上游其他控制性水库进行补偿调节，原则上补水水量由上游控制型水库共同分担，各水库分担水量应与各自蓄水能力相适应。

### 5.6.1 水量应急调度原则

（1）水量应急以“专水专用”为宗旨，以干流控制性工程三峡水库作为水量应急调度的主要水源点，必要时由上游水库进行补偿调节。补水水量由控制性水库共同分担，为加强补水效果，应将涉及的水库按一定原则分组，实施分组调度。

（2）应急调水过程应根据三峡水库实时蓄水状态、调水量、传播时间等情况，视需要先行加大下泄流量，以便及时有效地缓解供水紧张局面；通过上下游水库联合补水，使大通站流量达到不低于 10 000 $m^3/s$ 的补水目标。

（3）应急补水调度应兼顾到电力、航运、国土资源等部门的要求。

（4）若水库水位降至死水位或预留库容有其他应急用途时应停止应急补水调度。若需要对水污染河段实施应急阻断，根据应急方案，暂停相关水库泄水。

### 5.6.2 长江上游水库水量分配方案

（1）正常调度。三峡水库若在 12 月～次年 3 月调整下泄流量至 6 000 $m^3/s$，由于增加的补水量不大，影响有限，故可以调整其他水库的最小下泄流量。若采用其他补水量更大的调整方案，则应对其他控制性水库的最小下泄流量作相应调整，可视增加的水量按水库实际蓄水容量按比例分摊，增加 12 月～次年 3 月的下泄流量。

（2）应急调度。三峡水库原则上按大通站流量 10 000 $m^3/s$ 补偿下泄流量。泄水时，下泄水流传播时间、大通站预报流量、长江口水体盐度指标等受三峡水库增加的下泄流量及持续时间影响。在确定下泄流量增加时，需考虑一定的裕度。其他控制性水库应按应急调度启动前各蓄水量按比例分摊三峡水库需增加下泄的水量（扣除三峡水库应承担部分），增加应急调度期间的下泄流量，各水库不得拦蓄。

### 5.6.3 重点引江工程调度方案

根据现状统计，长江下游大通站以下引江工程取水量为 470 亿 $m^3$，在枯水期其月平均取水量为 700～1 000 $m^3/s$，排水量一般为 450～550 $m^3/s$。月平均取水量占特枯年大通站枯水期月平均流量的 10%左右，排水量占到特枯年大通站枯水期月平均流量的 5%左右。如果考虑全部取水但是不排水的极端情况，两者合计占特枯年大通站枯水期月平均流量的 15%，长江口的入海流量将减少约 1 500 $m^3/s$。

长江下游大通站以下的工程主要有安徽引江济巢工程，规划年均新增引水量 10 亿 $m^3$ 左右；江苏南水北调东线工程和江水东引工程，预计新增引水量分别为 55.8 亿 $m^3$ 和 15 亿 $m^3$（江苏江水东引工程预计新增引水量为 25 亿 $m^3$，其中 10 亿 $m^3$ 为与南水北调东线工程重复部分）；上海青草沙水源地原水工程，预计新增引水量 26.24 亿 $m^3$。大通站以下两省一市的仅四个主要拟建工程预计新增引水量合计将超过 100 亿 $m^3$，故长江下游大通站以下沿江引江工程的取水量将增加近 600 亿 $m^3$，比现状取水量增加约 130 亿 $m^3$，增加比例 22%。估算在枯水期其月平均取水量在 900～1 300 $m^3/s$，月平均取水量占特枯年大通站枯水期月平均流量的 13%左右。如果考虑全部取水但是不排水的极端情况，两者合计占特枯年大通站枯水期月平均流量的 19%，长江口的入海流量将减少约 1 800 $m^3/s$。

#### 1. 南水北调东线工程

南水北调东线工程（江都水利枢纽）现状规划年取水需求量为 105.86 亿 $m^3$。

南水北调东线工程取水的限制条件是当大通站流量小于 8 000 $m^3/s$ 时停止调水。但通过大通站以下主要引江工程引提调研究，由于三峡工程在枯水期对其下游的增水作用，没有出现大通站流量小于 8 000 $m^3/s$ 的情况。但本着统筹兼顾、突出重点、民生优先的原则，在大通站流量小于 10 000 $m^3/s$ 的情况下，要削减南水北调东线工程的调水量（主要是削减农业、工业用水部分），可根据引江调度预警等级进行削减。当大通以下河段主要引江工程要启动等级 III 级预案时，按照南水北调东线工程调水量削减 10%进行调度；当大通以下河段主要引江工程要启动等级 II 级预案时，按照南水北调东线工程调水量削减 20%进行调度。

#### 2. 引江济太工程

引江济太工程（望虞河常熟水利枢纽）现状规划年取水需求量为 25 亿 $m^3$。

引江济太工程通过望虞河常熟水利枢纽经望虞河引长江水入太湖，以改善太湖水环境，带动其他水利工程的优化调度。因此，建议引江济太工程取水的限制条件是当大通站流量小于 10 000 $m^3/s$ 时停止取水，在大通站流量小于 12 000 $m^3/s$ 时限制引水。针对不同典型年，在丰、平、枯水年份，引江济太工程基本按照其需水量进行调度；在特枯年的 1 月中旬和下旬停止取水，在其余时段按照其需水量进行调度。

### 3. 泰州引江河工程

泰州引江河工程主要功能是增供苏北地区水源，改善里下河地区洼地排涝，提高南通地区灌排标准，该工程是以引水为主，集水资源供给、排涝、航运、防洪等综合功能于一体的大型水利工程设施。泰州引江河工程（高港枢纽）现状规划年取水需求量为 40 亿 $m^3$。

泰州引江河工程的性质与南水北调东线工程的性质类似，可以参考南水北调东线工程的调度方式进行。由于泰州引江河工程主要是农业供水，所以在大通站流量小于 10 000 $m^3/s$ 的情况下，要削减泰州引江河工程的引水量。当大通站以下主要引江工程要启动等级 III 级预案时，按照泰州引江河工程引水量削减 20%进行调度；当大通站以下主要引江工程要启动等级 II 级预案时，按照泰州引江河工程引水量削减 30%进行调度。

### 4. 引江济淮工程

引江济淮工程是一项以城乡供水和发展江淮航运为主，结合灌溉补水和改善巢湖及淮河水生态环境的大型跨流域调水工程。2022 年 12 月 30 日，引江济淮工程正式实现试通水试通航，在规划水平年（2030 年）的年取水需求量为 30 亿 $m^3$，可限制其调水条件，在大通站流量小于 10 000 $m^3/s$ 的情况下禁止调水。

## 5.7　长江口控制咸潮入侵的措施

在明确长江口陈行水库供水安全的临界流量的基础上，分析上游梯级水库对长江口来水量影响及大通以下河段取水工程对大通水资源量的影响，提出以下几点针对长江口咸潮入侵的保障措施与建议。

（1）合理配置流域水资源，保障长江口径流量。一般年份上游来流情况下，建议流域管理机构合理配置流域水资源，保障大通站流量超过临界流量；如遇特枯水情，建议流域管理机构进行协调，限制区间引水。

（2）推进北支整治工程实施，减轻北支咸潮倒灌南支现象。《长江口综合整治开发规划》提出实施长江口北支缩窄工程（中华人民共和国水利部，2008a）。该工程实施后，各水源地可在不扩大水库库容的条件下提高供水规模，增量部分可作为上海未来的战略储备水源，以应对海平面上升等因素对长江口水源地可能带来的不利影响，提高水源地的抗风险能力。

（3）加快原水系统建设，实现水源地互为备用。上海黄浦江上游水源地现有 6 个取水口，规划在黄浦江上游建设原水连通管工程，6 个取水口将调整合并为 3 个。保留的 3 个取水口中，任意 1 个取水口出现故障时，均可由其他 2 个取水口满足实施安全取水。

（4）完善咸潮监测网络，提高咸潮预报精度。在现有监测站点基础上整合归并及新建站点，形成覆盖整个长江口的完整的咸潮监测站网。初步建立长江口氯度同步监测系统，加强咸潮入侵预报技术研究，进一步提高咸潮的预报精度。

（5）用水控制和水库内部联调相结合。在咸潮入侵期间，长江陈行水库原水实施减量供应，完成青草沙原水系统向闸北水厂、吴淞水厂切换操作，进一步控制区域用水量；充分发挥陈行水库与宝钢水库的联动作用，用宝钢水库水源充分进行混合稀释。同时，实施清混联动，调整完善供水企业之间的馈水方案与调度方案，发挥一网调度、一网运行作用，通过东西联动、南北互补，做好水量调配。

（6）进一步提高上海的节水能力，不断强化全民节水意识，完善节水措施。同时加大科技投入，进一步提高水资源的利用效率，在咸潮入侵时期，对高耗水率的用水单位采取短时限制取水措施，有效控制咸潮入侵期间区域水资源用量。

# 第6章

# 水库消落参数和边界分析

水库群消落问题集中在汛前：一方面要在满足库区安全和下游防洪安全的情况下及时降低库水位，在汛期到来前将其回落到汛限水位；另一方面，需要考虑消落期间的供水、发电、航运等需求，保障后期供水、避免弃水、满足航运维护深度，其中消落方式和应急供水保障的矛盾最难以调和。

本章针对水库消落时机、深度的研究需求，以水库运行边界、控制水文站供水参数为对象开展分析研究。首先统计分析不同来水情况下的枯水期径流量变化情况，明确不同供水断面的水量需求，以此针对不同区域设定对应水库的应急库容；此外，进一步考虑不同时期的洪水特性，分析上游水库群消落对中下游防洪安全的影响。

# 6.1　特枯水统计分析

## 6.1.1　枯水期径流分析

每年 11 月～次年 4 月降雨量稀少，是长江流域的枯水期，径流补给以地下水为主。流域内各地雨季结束时间一般下游早于上游，南岸早于北岸，各地出现枯水的时间与此规律相似。随着雨季的结束，流域各地自东向西、自南向北依次进入枯水期，一般南岸鄱阳湖水系的饶河、信江、抚河最早进入枯水期，最枯 3 个月为 12 月～次年 2 月；随后是鄱阳湖水系的赣江、修水和洞庭湖水系的湘江、资江，以 11 月～次年 1 月最枯；再往西澧水、乌江以 12 月～次年 2 月最枯；北岸的汉江、嘉陵江、沱江、岷江以 1～3 月最枯，雅砻江以 2～4 月最枯。长江干流出现枯水的时间也是下游早于上游，华弹至屏山区间以 2～4 月最枯，寸滩至宜昌区间以 1～3 月最枯，汉口至大通区间以 12 月～次年 2 月最枯。长江主要干支流控制水文站最枯 3 个月径流量占年径流量的比例一般为 5.0%～11.0%。

以宜昌站、汉口站、大通站 1～3 月 3 个月同期资料进行径流量组成统计，宜昌站以上枯水期平均径流量为 334 亿 $m^3$，其主要来自屏山站、高场站、北碚站、武隆站、屏山至宜昌区间，分别占宜昌站 1～3 月径流量的 36.0%、19.1%、10.7%、12.9%、19.8%。特别是屏山站加上屏山至宜昌区间径流量每减少 1%，宜昌站的径流量降低约 0.5%，表明宜昌站出现较枯年份来水时，与屏山站和屏山至宜昌区间密不可分，同时再加上北碚站、武隆站出现相对偏枯来水条件，往往会出现宜昌站枯水期特枯现象。汉口站枯水期径流主要来自宜昌站以上及洞庭湖四水，1～3 月多年平均径流量为 743 亿 $m^3$，宜昌站、洞庭湖四水占汉口站径流量比例分别为 44.5%、35.1%，合计占汉口站 1～3 月径流量的 79.6%，当两地区遭遇来水量较小时，往往形成汉口站径流量偏小。大通站枯水期径流主要来自宜昌站以上、洞庭湖四水、鄱阳湖和宜昌至大通区间，分别占大通站同期平均径流量的 32.1%、25.3%、22.8%和 12.8%，如果形成大通站径流特枯年份，必须是宜昌站以上和宜昌至大通区间洞庭湖四水、鄱阳湖来水均较同期偏小。

## 6.1.2　枯水期来水统计分析

根据 2011 年水资源普查调研收集到的数据，统计攀枝花断面、二滩断面、高场断面、宜宾断面、李家湾（或富顺）断面、泸州断面 1959～2011 年枯水期来水情况，统计分为“10 月～次年 5 月”、“11 月～次年 4 月”和“1～4 月”三个时段。

1. 泸州断面以上

1959～2011 年泸州断面以上各断面最枯 5 年（即经验频率为 90%以上）统计结果见表 6.1、表 6.2 和表 6.3。

表 6.1　10 月～次年 5 月水量排频

| 排频/% | 攀枝花断面 | | 二滩断面 | | 高场断面 | | 宜宾断面 | | 李家湾（或富顺）断面 | | 泸州断面 | |
|---|---|---|---|---|---|---|---|---|---|---|---|---|
| | 年份 | 平均流量/($m^3/s$) | 年份 | 平均流量/($m^3/s$) | 年份 | 平均流量/($m^3/s$) | 年份 | 平均流量/($m^3/s$) | 年份 | 平均流量/($m^3/s$) | 年份 | 平均流量/($m^3/s$) |
| 90.91 | 1983 | 783 | 1984 | 653 | 1959 | 1 228 | 1981 | 3 749 | 1986 | 95 | 1981 | 3 951 |
| 92.73 | 1976 | 779 | 2007 | 647 | 1986 | 1 205 | 2011 | 3 699 | 2000 | 93 | 2011 | 3 899 |
| 94.55 | 1981 | 774 | 2011 | 622 | 1972 | 1 189 | 2002 | 3 506 | 2002 | 92 | 2002 | 3 695 |
| 96.36 | 1994 | 699 | 2006 | 603 | 1997 | 1 138 | 1959 | 3 495 | 1970 | 90 | 1959 | 3 683 |
| 98.18 | 1959 | 630 | 2002 | 600 | 2002 | 1 131 | 1972 | 3 487 | 1977 | 87 | 1972 | 3 675 |

表 6.2　11 月～次年 4 月水量排频

| 排频/% | 攀枝花断面 | | 二滩断面 | | 高场断面 | | 宜宾断面 | | 李家湾（或富顺）断面 | | 泸州断面 | |
|---|---|---|---|---|---|---|---|---|---|---|---|---|
| | 年份 | 平均流量/($m^3/s$) | 年份 | 平均流量/($m^3/s$) | 年份 | 平均流量/($m^3/s$) | 年份 | 平均流量/($m^3/s$) | 年份 | 平均流量/($m^3/s$) | 年份 | 平均流量/($m^3/s$) |
| 90.91 | 1981 | 612 | 1961 | 497 | 1977 | 950 | 2011 | 2 924 | 2000 | 71 | 2011 | 3 082 |
| 92.73 | 2011 | 612 | 2007 | 470 | 1986 | 919 | 1959 | 2 877 | 1986 | 67 | 1959 | 3 032 |
| 94.55 | 1983 | 606 | 2011 | 467 | 2002 | 902 | 2002 | 2 826 | 1977 | 60 | 2002 | 2 979 |
| 96.36 | 1959 | 562 | 2002 | 453 | 1997 | 880 | 1997 | 2 820 | 1970 | 60 | 1997 | 2 972 |
| 98.18 | 1994 | 537 | 2006 | 429 | 1972 | 846 | 1972 | 2 637 | 1972 | 59 | 1972 | 2 779 |

表 6.3　1～4 月水量排频

| 排频/% | 攀枝花断面 | | 二滩断面 | | 高场断面 | | 宜宾断面 | | 李家湾（或富顺）断面 | | 泸州断面 | |
|---|---|---|---|---|---|---|---|---|---|---|---|---|
| | 年份 | 平均流量/($m^3/s$) | 年份 | 平均流量/($m^3/s$) | 年份 | 平均流量/($m^3/s$) | 年份 | 平均流量/($m^3/s$) | 年份 | 平均流量/($m^3/s$) | 年份 | 平均流量/($m^3/s$) |
| 90.91 | 1982 | 510 | 1962 | 392 | 1973 | 708 | 1979 | 2 267 | 2001 | 51 | 1979 | 2 389 |
| 92.73 | 1969 | 506 | 2012 | 387 | 2003 | 707 | 1987 | 2 247 | 1987 | 50 | 1987 | 2 368 |
| 94.55 | 1984 | 501 | 2008 | 381 | 1987 | 705 | 1973 | 2 234 | 1999 | 49 | 1973 | 2 355 |
| 96.36 | 1960 | 473 | 2003 | 361 | 1963 | 704 | 1960 | 2 169 | 1979 | 41 | 1960 | 2 286 |
| 98.18 | 1995 | 467 | 2007 | 354 | 1969 | 679 | 1963 | 2 134 | 1978 | 40 | 1963 | 2 249 |

从表 6.1～表 6.3 中可以看出：①泸州断面枯水期来水中，岷江（高场）来水在各支流中占比最大，约为 30%；攀枝花断面以上来水约占 20%。岷江来水和攀枝花断面以上来水在泸州断面来水最枯的 5 年中的比例基本维持稳定。②统计时段“10 月～次年 5 月”和“11 月～次年 4 月”的差异对统计结果虽有一定影响，但仅有一年数据不同；“1～4 月”时段统计结果与前两个时段的统计结果差异明显，说明多数断面在“1～4 月”时段来水特点与

其他时段不同。例如，宜宾断面和泸州断面缺水最严重（1963 年 1～4 月）未出现在表 6.1 和表 6.2 中，说明 1962～1963 年枯水段 11～12 月的来水情况尚好，也说明水库有可能发挥调蓄余缺的作用，具有一定的补偿效益。

### 2. 泸州断面以下

1959～2006 年泸州断面以下各断面最枯 5 年统计结果见表 6.4、表 6.5 和表 6.6。

**表 6.4　10 月～次年 5 月水量排频**

| 排频/% | 北碚断面 | | 寸滩断面 | | 城陵矶断面 | | 沙市断面 | | 汉口断面 | | 大通断面 | |
|---|---|---|---|---|---|---|---|---|---|---|---|---|
| | 年份 | 平均流量/(m³/s) | 年份 | 平均流量/(m³/s) | 年份 | 平均流量/(m³/s) | 年份 | 平均流量/(m³/s) | 年份 | 平均流量/(m³/s) | 年份 | 平均流量/(m³/s) |
| 90.91 | 1986 | 618 | 1981 | 4 878 | 2007 | 4 023 | 1986 | 6 864 | 1977 | 12 671 | 1992 | 16 472 |
| 92.73 | 2002 | 603 | 1972 | 4 877 | 1986 | 4 001 | 2002 | 6 620 | 1986 | 11 954 | 1986 | 16 109 |
| 94.55 | 1978 | 593 | 1997 | 4 841 | 2006 | 3 894 | 2006 | 6 614 | 2006 | 11 876 | 1959 | 15 968 |
| 96.36 | 1959 | 588 | 2002 | 4 648 | 1978 | 3 887 | 1978 | 6 150 | 1959 | 11 529 | 2006 | 15 132 |
| 98.18 | 1997 | 577 | 1959 | 4 603 | 1992 | 3 817 | 1959 | 5 776 | 1978 | 10 907 | 1978 | 13 805 |

**表 6.5　11 月～次年 4 月水量排频**

| 排频/% | 北碚断面 | | 寸滩断面 | | 城陵矶断面 | | 沙市断面 | | 汉口断面 | | 大通断面 | |
|---|---|---|---|---|---|---|---|---|---|---|---|---|
| | 年份 | 平均流量/(m³/s) | 年份 | 平均流量/(m³/s) | 年份 | 平均流量/(m³/s) | 年份 | 平均流量/(m³/s) | 年份 | 平均流量/(m³/s) | 年份 | 平均流量/(m³/s) |
| 90.91 | 1986 | 478 | 1959 | 3 794 | 1978 | 3 028 | 1979 | 5 169 | 1977 | 9 947 | 2003 | 13 189 |
| 92.73 | 1979 | 455 | 2002 | 3 732 | 1992 | 3 028 | 1973 | 5 169 | 1959 | 9 860 | 1986 | 13 090 |
| 94.55 | 1978 | 452 | 1981 | 3 690 | 1986 | 3 021 | 1997 | 5 162 | 1986 | 9 558 | 1971 | 12 708 |
| 96.36 | 2002 | 369 | 1972 | 3 529 | 2003 | 3 003 | 1959 | 4 887 | 1998 | 8 815 | 1962 | 12 302 |
| 98.18 | 1997 | 325 | 1997 | 3 418 | 1998 | 2 497 | 1978 | 4 840 | 1978 | 8 664 | 1978 | 11 233 |

**表 6.6　1～4 月水量排频**

| 排频/% | 北碚断面 | | 寸滩断面 | | 城陵矶断面 | | 沙市断面 | | 汉口断面 | | 大通断面 | |
|---|---|---|---|---|---|---|---|---|---|---|---|---|
| | 年份 | 平均流量/(m³/s) | 年份 | 平均流量/(m³/s) | 年份 | 平均流量/(m³/s) | 年份 | 平均流量/(m³/s) | 年份 | 平均流量/(m³/s) | 年份 | 平均流量/(m³/s) |
| 90.91 | 1960 | 389 | 1960 | 2 899 | 1978 | 3 333 | 1987 | 4 126 | 1987 | 8 250 | 1978 | 11 890 |
| 92.73 | 1987 | 372 | 1978 | 2 897 | 1963 | 3 151 | 1978 | 4 059 | 1999 | 7 929 | 1965 | 11 877 |
| 94.55 | 1979 | 369 | 1998 | 2 867 | 1987 | 3 145 | 1963 | 3 952 | 1978 | 7 800 | 1974 | 11 477 |
| 96.36 | 2003 | 328 | 1987 | 2 857 | 1979 | 2 897 | 1960 | 3 878 | 1963 | 7 593 | 1979 | 10 003 |
| 98.18 | 1998 | 321 | 1979 | 2 787 | 1999 | 2 700 | 1979 | 3 518 | 1979 | 6 802 | 1963 | 9 092 |

从表6.4～表6.6中可以看出：①与泸州断面以上断面相比，寸滩断面以下断面在三个不同统计时段中仅出现一次的年份增多，枯水期不同时段来水最枯年份变化较大，出现特枯水情况的随机性更大，预判难度增大。②从表6.4～表6.6横向来看，城陵矶断面以下断面出现特枯水的年份相对一致，在“10月～次年5月”，沙市断面、汉口断面、大通断面有4年同为特枯水年，分别是1959年、1978年、1986年和2006年，后三年也是城陵矶断面的特枯水年。③对于中下游来说，1978～1979年枯水期是持续特枯来水，各月来水均为特枯情况；对照表6.3来看，对于泸州断面、李家湾断面和宜宾断面，1979年1～4月的来水也属于特枯情况。

## 6.2 供水调度需求分析

《控制指标方案》是围绕水资源开发利用、水功能区限制纳污和用水效率控制三条“红线”，根据水利部实施最严格水资源管理制度的统一部署提出，将流域用水总量控制指标分解落实到各省级行政区，为逐步建立以“总量控制与定额管理相结合”的流域最严格水资源管理工作体系提供定量化的技术支撑和决策依据。虽然提出的目的并非直接用于水量应急调度，但鉴于其方法的一致性及指标体系较为全面，所提出的控制指标对本书研究仍具有重要的参考价值。

长江干流上游及支流中上游地区主要为资源性缺水和工程性缺水；干流中游和支流下游地区以工程性缺水为主，水质性缺水情况也存在；干流下游主要为水质性缺水。供水更关注“最低水位”指标，而在水库调度的研究中主要是确定“水量”，即更关注供水对象的“最小流量”要求。

### 6.2.1 攀枝花断面

攀枝花断面位于雅砻江和金沙江汇合口上游，是金沙江中游和下游的分界点，多年平均流量约为1 800 $m^3/s$。目前，该断面以上建有梨园水库、阿海水库、金安桥水库、龙开口水库、鲁地拉水库和观音岩水库6座控制性水库，均为金沙江中游梯级，观音岩水库坝址距攀枝花断面约27 km。

观音岩水电站工程采用堤坝式开发，水库具有周调节性能，正常蓄水位1 134 m相应的库容为20.72亿$m^3$，死水位1 122 m相应的库容为15.17亿$m^3$，水库总库容为22.50亿$m^3$，调节库容为5.55亿$m^3$，水电站装机容量3 000 MW（5×600 MW），设计引用流量为3 225 $m^3/s$。观音岩水库对水量年内、年际时空分配没有影响，对下游河道水量的日内分配产生较大影响，日内水位变幅增大。为满足下游河道生态环境及攀枝花城市取用水要求，运行期必须保证日均最小下泄流量 439 $m^3/s$。观音岩水库上游其他已建的控制性水库调节库容均较小，对水量年内、年际时空分配几乎没有影响。

笔者通过统计攀枝花断面径流资料，得出攀枝花断面历史上最小旬平均流量为415 $m^3/s$，略小于水资源管理确定的日均最小流量控制指标（439 $m^3/s$）。

### 6.2.2 宜宾断面

宜宾断面位于岷江与金沙江汇合口处，多年平均流量约为 7 460 $m^3/s$。宜宾断面以上建成的控制性水库包括金沙江中游 6 个梯级，雅砻江锦屏一级、二滩梯级，金沙江下游溪洛渡、向家坝梯级，岷江紫坪铺梯级，大渡河瀑布沟梯级，共计 12 座水库。这 12 座水库中，锦屏一级水库、二滩水库、溪洛渡水库和瀑布沟水库调节库容相对较大，均在 30 亿 $m^3$ 以上，溪洛渡水库调节库容更高达 64.6 亿 $m^3$，对水量调节作用明显，可以结合其他综合利用要求，设置一定的应急库容。

若按最小流量控制指标 2 110 $m^3/s$ 分析旬平均径流系列，天然情况下，宜宾断面发生缺水的时间一般为 1～4 月，最大水量缺口约为 8.2 亿 $m^3$，发生在 1963 年 1～4 月；次大水量缺口约为 6.4 亿 $m^3$，发生在 1960 年 1～4 月。

初步考虑，宜宾断面应急水量由溪洛渡和瀑布沟两座水库分担，可按两水库坝址多年平均流量或者调节库容比例分摊。

### 6.2.3 泸州断面

泸州断面位于四川东南部，长江和沱江交汇处，多年平均流量约 8 208 $m^3/s$。泸州断面至宜宾断面约 120 km 的长江干流上无梯级水库建设，区间汇入水量较少，径流特点与宜宾断面一致，其水量应急调度需求可与上游宜宾断面一并考虑。

若按最小流量控制指标 2 420 $m^3/s$ 分析旬平均径流系列，天然情况下，泸州断面最大水量缺口约为 22.9 亿 $m^3$，时段与宜宾断面一致，同为 1963 年的 1～4 月；次大水量缺口约为 20.6 亿 $m^3$，发生在 1960 年 1～4 月。

综合考虑宜宾断面和泸州断面应急水量需求，初拟枯水期溪洛渡水库和瀑布沟水库共设置不小于 22.9 亿 $m^3$ 的应急库容，应急库容保留至 1 月初；1～4 月，库水位可逐级消落，直至 4 月底以后消落至死水位。

### 6.2.4 北碚断面

北碚断面位于重庆城区西北部的北碚区嘉陵江上，距河口约 54.6 km，多年平均流量 2 063 $m^3/s$。断面以上控制性水库有 4 座，为嘉陵江支流白龙江的碧口水库和宝珠寺水库，嘉陵江干流的亭子口水库和草街水库，草街水库为北碚断面紧邻梯级水库。

若按水资源管理最小流量控制指标 491 $m^3/s$ 分析旬平均径流系列，天然情况下，北碚断面缺水一般发生在 12 月～次年 4 月，10 月、11 月偶有发生。最大水量缺口发生在 1997 年 10 月～1998 年 4 月，约为 29.3 亿 $m^3$；次大水量缺口时段为 2002 年 11 月～2003 年 4 月，约为 22.7 亿 $m^3$。

### 6.2.5　寸滩断面

寸滩断面位于重庆江北区寸滩乡长江干流上，嘉陵江汇合口下游，多年平均流量约为 11 156 m³/s。寸滩断面至泸州断面、北碚断面均无控制性水库，断面以上控制性水库为泸州断面和北碚断面以上控制性水库之和，共计有 16 座。

若按最小流量控制指标 3 310 m³/s，对旬平均径流系列进行估算，天然情况下，寸滩断面缺水一般发生在 1～4 月。最大水量缺口发生在 1937 年 1～4 月，约为 73.4 亿 m³；第二发生在 1915 年 1～4 月，约 60.5 亿 m³；第三为 1979 年 1～4 月，约 57.1 亿 m³；第四为 1978 年 1～4 月，约 53.4 亿 m³。考虑到溪洛渡水库、瀑布沟水库已安排有应急库容，寸滩断面应急库容可部分安排在锦屏一级水库和二滩水库。

### 6.2.6　宜昌断面

宜昌断面位于宜昌市区葛洲坝水利枢纽下游，多年平均流量约 14 025 m³/s。按照水利部批复的《三峡（正常运行期）—葛洲坝水利枢纽梯级调度规程（2019 年修订版）》，三峡水库在枯水期水量调度方式主要为：蓄满年份 1～2 月水库下泄流量按不小于 6 000 m³/s 控制；其余情况，水库最小下泄流量按葛洲坝下游庙嘴站水位不低于 39.0 m（资用吴淞）且三峡水电站不小于保证出力对应的流量控制（中华人民共和国水利部，2019）。一般来说，要保证葛洲坝下游庙嘴站水位维持 39.0 m，受下游水位顶托影响，下泄的流量有一定的浮动范围，一般在 5 500 m³/s 以上。由于葛洲坝为日调节水库，三峡水库日均出库流量在实时调度中多按 5 700 m³/s 控制，以满足航运水深要求；而三峡水电站保证出力对应发电流量因水库水位不同差异较大，高水头发电时流量略低于 5 700 m³/s，但大多数情况下，流量高于该值。

《控制指标方案》中，宜昌断面的最小流量、最低水位控制指标分别为 6 000 m³/s、39.5 m，略微偏高（水利部长江水利委员会，2011）。

### 6.2.7　大通断面

大通站为长江下游重要控制水文站，其流量大小对长江口咸潮入侵的强度和距离有重要影响。大通站（长江干流最下游）距河口（徐六泾）约 500 km，为外海潮汐影响的潮区界。1923 年该站即有流量观测资料，1951 年开始有完整的水、沙观测资料。大通站多年平均流量为 28 300 m³/s，多年平均年径流量为 8 940 亿 m³。全年水量主要集中于洪水期 5～10 月，占全年的 70.5%，枯水期 11 月～次年 4 月，来水量占全年的 29.5%。多年月平均流量以 7 月最大、1 月最小。

以往研究曾提出大通站枯水期流量 10 000～13 000 m³/s 可使长江口水源地基本免遭咸潮影响，但 20 世纪 90 年代中期以来，咸潮影响长江口的情况发生了一定的变化，长江口水源地咸潮入侵特征变得更为复杂，受咸潮威胁的程度非常严重。大通站临界流量应该提高，且由于各月受外海潮汐的影响不同，不同的时段应有不同的临界流量。

长江上游水库群按现有调度方式，枯水期的绝大部分时间，宜昌站流量均大于天然情况，但仍无法达到保证大通站流量超出临界流量的程度；同时由于咸潮入侵成因的复杂性，在一定幅度内增加大通站流量也无法确保长江口水源地免遭咸潮影响。上游水库群联合调度后的来水情况，应作为研究解决长江口供水安全问题的“边界条件”，也是“有利”的基础条件。解决好长江口供水安全问题主要还是必须依靠长江口本地工程建设及加强水资源管理等措施。上游水库群水量调度目标应定位于“适度控制”。本书仍以《控制指标方案》为依据，将大通站流量 10 000 $m^3/s$ 作为上游水库群的调度目标。

# 6.3 应急库容的设置

为保障水量应急调度的及时、有效，有必要对部分重要水库设置一定的“应急库容”。应急库容的设置应结合水库的运行特点，避免对既有的调度运行方式有较大的干扰，从而影响工程综合效益的发挥。

根据重要控制断面需求及水库供水能力的分析，初步考虑在锦屏一级水库、二滩水库、溪洛渡水库、瀑布沟水库、宝珠寺水库、亭子口水库、洪家渡水库、构皮滩水库和三峡水库 9 座水库设置应急库容。

## 6.3.1 宜宾、泸州断面

宜宾断面和泸州断面间无大的支流汇入，也无梯级枢纽，应急补水需求“同步”，应急库容可一并考虑。从需水量看，泸州断面需水量大于宜宾断面，如应急库容能满足泸州断面的应急需求，即可同时满足宜宾断面的应急水量需求。

在断面以上控制性水库中，锦屏一级水库、二滩水库、溪洛渡水库和瀑布沟水库均具有较大的调节库容，适合承担应急供水的任务。因溪洛渡水库和瀑布沟水库距离较近，应优先考虑。泸州断面需要应急水量约为 22.9 亿 $m^3$，而溪洛渡水库和瀑布沟水库为并联水库，可按坝址径流或者调节库容比例分摊应急库容。若按坝址径流分摊，溪洛渡水库和瀑布沟水库为泸州断面设置的应急库容分别为 18.1 亿 $m^3$ 和 4.8 亿 $m^3$，占各自调节库容的 28.0%和 12.4%；若按调节库容比例分摊，溪洛渡水库、瀑布沟水库为泸州断面设置的应急库容分别为 14.3 亿 $m^3$、8.6 亿 $m^3$，占各自调节库容的 22.1%、22.2%。从应急库容占调节库容的比例看，由于应急库容从 1 月初开始启用，直至 4 月底可消落至死水位，对既有的运行方式影响不大。溪洛渡水库、瀑布沟水库应急库容分摊见表 6.7。

表 6.7　溪洛渡水库、瀑布沟水库应急库容分摊表

| 河流 | 水库名称 | 坝址多年平均流量/（m³/s） | 调节库容/亿 m³ | | 宜宾断面 | | 泸州断面 | |
|---|---|---|---|---|---|---|---|---|
| | | | | | 按流量分摊 | 按库容分摊 | 按流量分摊 | 按库容分摊 |
| 金沙江下游 | 溪洛渡水库 | 4 630 | 64.6 | 应急库容/亿 m³ | 6.5 | 5.1 | 18.1 | 14.3 |
| | | | | 占比/% | 10.1 | 7.9 | 28.0 | 22.1 |
| 大渡河 | 瀑布沟水库 | 1 230 | 38.82 | 应急库容/亿 m³ | 1.7 | 3.1 | 4.8 | 8.6 |
| | | | | 占比/% | 4.4 | 8.0 | 12.4 | 22.2 |

## 6.3.2　寸滩断面

寸滩断面应急水量约为 73.4 亿 m³，寸滩断面以上调节库容较大的水库有锦屏一级水库、二滩水库、溪洛渡水库、瀑布沟水库、宝珠寺水库和亭子口水库，6 座水库共有 271.1 亿 m³ 调节库容。

针对寸滩断面的水量应急需求，应急库容的设置方式大致有 4 种分摊方案。

### 1. 分摊方案一

仅由锦屏一级水库和二滩水库两座水库承担对寸滩断面的应急补水任务，两座水库的调节库容有 82.8 亿 m³，应急库容约占到调节库容的 88.7%。此分摊方式下，各组水库对应急调度的任务及目标分工明确，便于监督管理；但对既有的调度方式影响较大，且各组水库承担的应急任务轻重不一，有失公平。

### 2. 分摊方案二

由锦屏一级水库、二滩水库、溪洛渡水库和瀑布沟水库 4 座水库按调节库容比例分摊 73.5 亿 m³ 应急水量，应急库容约占到调节库容的 39.4%，对水库既有调度方式不会产生显著影响。溪洛渡水库和瀑布沟水库两座水库的应急库容对宜宾断面、泸州断面和寸滩断面三个断面同等使用；锦屏一级水库、二滩水库的应急库容仅对寸滩断面使用；当针对寸滩断面进行应急调度时，锦屏一级水库、二滩水库、溪洛渡水库和瀑布沟水库的应急库容一并使用。从调度管理角度看，溪洛渡水库和瀑布沟水库的应急调度较略微复杂，可能需要针对不同断面进一步划分溪洛渡水库和瀑布沟水库的应急库容。

### 3. 分摊方案三

仍由锦屏一级水库、二滩水库、溪洛渡水库和瀑布沟水库 4 座水库承担应急任务，但溪洛渡水库和瀑布沟水库两座水库的应急库容维持泸州断面不变，分别为 14.3 亿 m³ 和 8.6 亿 m³；其余应急水量分配给锦屏一级水库和二滩水库，分别为 30.0 亿 m³ 和 20.6 亿 m³，占调节库容比例为 61.0%。溪洛渡水库和瀑布沟水库同时兼顾宜宾断面、泸州断面和寸滩断面三个断面，以泸州断面为主；当针对寸滩断面进行应急调度时，主要使用锦屏一级水

库和二滩水库的应急库容。该分摊方案各水库分工任务较分摊方案二更为明确，有主次区别，但锦屏一级水库和二滩水库的应急库容略大。

### 4. 分摊方案四

若在分摊方案三的基础上，将寸滩断面应急调度水库范围扩大至嘉陵江流域的宝珠寺水库和亭子口水库，考虑已为北碚断面设置的应急库容同时也用于寸滩断面，则锦屏一级水库和二滩水库的应急库容可减少至调节库容的 25.6%。由于应急库容总量较少，且相对分散，该方案的应急调度灵活性稍差，总体上的保障能力相对较弱。

### 5. 分摊方案比选

4 种典型的分摊方案见表 6.8。

**表 6.8　4 种典型的分摊方案**

| 河流 | 水库名称 | 坝址多年平均流量/（$m^3/s$） | 调节库容/亿 $m^3$ | | 分摊方案 | | | |
|---|---|---|---|---|---|---|---|---|
| | | | | | 一 | 二 | 三 | 四 |
| 雅砻江 | 锦屏一级水库 | 1 220 | 49.10 | 应急库容/亿 $m^3$ | 43.5 | 19.4 | 30.0 | 12.6 |
| | | | | 占比/% | 88.6 | 39.5 | 61.1 | 25.7 |
| | 二滩水库 | 1 670 | 33.70 | 应急库容/亿 $m^3$ | 29.9 | 13.3 | 20.6 | 8.6 |
| | | | | 占比/% | 88.7 | 39.5 | 61.1 | 25.5 |
| 金沙江下游 | 溪洛渡水库 | 4 630 | 64.60 | 应急库容/亿 $m^3$ | 0.0 | 25.5 | 14.3 | 14.3 |
| | | | | 占比/% | | 39.5 | 22.1 | 22.1 |
| 大渡河 | 瀑布沟水库 | 1 230 | 38.82 | 应急库容/亿 $m^3$ | 0.0 | 15.3 | 8.6 | 8.6 |
| | | | | 占比/% | | 39.4 | 22.2 | 22.2 |
| 白龙江 | 宝珠寺水库 | 294 | 13.40 | 应急库容/亿 $m^3$ | 0.0 | 0.0 | 0.0 | 12.7 |
| | | | | 占比/% | | | | 94.8 |
| 嘉陵江 | 亭子口水库 | 598 | 17.50 | 应急库容/亿 $m^3$ | 0.0 | 0.0 | 0.0 | 16.6 |
| | | | | 占比/% | | | | 94.9 |

以泸州断面和北碚断面应急库容分配方案为基础，按寸滩断面以上 6 座重要水库设置的总应急库容计算。上述 4 种分摊方案中：方案一设置的总应急库容最多，为 125.6 亿 $m^3$；方案二和方案三次之，均为 102.7 亿 $m^3$；方案四最少，为 73.4 亿 $m^3$。

除宜宾断面与泸州断面一并考虑外，方案一的应急库容基本上与各个控制断面一一对应，调度任务及目标相对明确，保障程度高，但对既有的调度方式影响也较大。

方案二和方案三中，溪洛渡水库、瀑布沟水库合计有 22.9 亿 $m^3$ 库容为泸州断面、寸滩断面共用，虽然从历史上看，宜宾断面、泸州断面和寸滩断面特枯情况基本同步发生，但对于工程性（水位）缺水的情况，共用库容也可基本满足应急调度需要；从设置应急库容占调节库容比例看，对既有的调度方式影响也适中。方案二与方案三相比，调度运行及监管的难度相差不大；对于水库运行管理单位来说，由于应急库容占调节库容比例相同，方案二较方案三更易于接受。

方案四中，除溪洛渡水库、瀑布沟水库的 22.9 亿 $m^3$ 库容为泸州断面、寸滩断面共用外，另有宝珠寺水库、亭子口水库的 29.3 亿 $m^3$ 库容为北碚断面、寸滩断面共用。由于北碚断面发生特枯水情况的起始时间较寸滩断面早，且北碚断面控制指标相对于宝珠寺水库、亭子口水库的调节库容偏高，有待复核，宝珠寺水库、亭子口水库承担的应急库容有较大的不确定性，因此建议这两座水库的应急库容以对北碚断面专用为主。

综上，本书推荐寸滩断面的应急库容分摊方案为方案二，即寸滩断面以上各水库的应急库容为：锦屏一级水库设置 19.4 亿 $m^3$、二滩水库设置 13.3 亿 $m^3$、溪洛渡水库设置 25.5 亿 $m^3$、瀑布沟水库设置 15.3 亿 $m^3$ 应急库容，起止时间为 1 月初～4 月底；宝珠寺水库设置 12.7 亿 $m^3$、亭子口水库设置 16.6 亿 $m^3$ 应急库容，起止时间为 10 月初～次年 4 月底。

从以上分析可以看出，特枯水供水需求，溪洛渡水库宜在死水位以上设置 25.5 亿 $m^3$ 的应急库容，相应水位 567.2 m，水位预留时间为 10 月初～次年 4 月底，即消落期 4 月底前溪洛渡水库水位不宜低于 567.2 m。

### 6.3.3　大通断面

长江中下游应急调度需求以长江口压咸为主。按 10 000 $m^3/s$ 的控制流量指标估算，大通断面需要应急水量约为 176.6 亿 $m^3$，考虑时间以 1～4 月为主，可以结合寸滩断面以上设置的应急库容一并考虑。

按照初步设计成果，为满足综合利用要求，三峡水库枯水期消落低水位为 155 m，直至汛前集中消落至防洪限制水位 145 m；优化调度研究及实际调度运行中，仍维持了该调度方式，仅在必要时，为抗旱补水需要可动用 155 m 以下库容（水位 145～155 m 有库容 56.5 亿 $m^3$）。一般情况下，三峡水库水位在 5 月 25 日开始由 155 m 逐渐消落，6 月上旬消落至 145 m 附近。

考虑到三峡水库承担的综合利用任务较多，调度较复杂，本书研究原则上仍将三峡水库的应急库容设置在 155 m 以下，可基本维持现有的调度方式不变；视蓄水及上游水库运行情况，三峡水库应尽量维持较高水位，使三峡水库与锦屏一级水库、二滩水库、溪洛渡水库、瀑布沟水库、洪家渡水库、构皮滩水库在 1 月初的总蓄水量达到 176.6 亿 $m^3$ 以上，例如，遇洪家渡水库和构皮滩水库供水能力较弱年份，三峡水库 1 月初的水位应尽可能维持在 158 m 以上（水位 145～158 m 有库容 76.9 亿 $m^3$），4 月底前三峡水库水位不低于 155 m。

为配合三峡水库对长江中下游应急调度，充分发挥水库的综合效益，可在乌江梯级的洪家渡水库和构皮滩水库设置一定的应急库容，参照其他水库调节库容占比，初步考虑洪家渡水库设置 13.2 亿 $m^3$、构皮滩水库设置 11.6 亿 $m^3$ 的应急库容，起止时间为 1～4 月。

### 6.3.4　应急补水水库消落期最低水位建议

综合宜宾断面、泸州断面、寸滩断面及大通断面应急补水需求，建议溪洛渡水库 1～4 月在死水位以上设置 25.5 亿 $m^3$ 的应急库容，相应水位 567.2 m。向家坝水库不设置应急库容。三峡水库及其上游水库共同承担长江中下游应急补水任务，结合三峡水库综合利用要求，建议 1 月底三峡水库水位不低于 158 m，4 月底三峡水库水位不低于 155 m。

结合溪洛渡水库、三峡水库近几年实际调度过程，三峡水库应急水量提出的消落期最低水位要求，与航运等综合利用要求一致，不会对原有调度方式造成影响。溪洛渡水库近几年的实际调度过程中，4 月中旬溪洛渡水库水位均高于 567.2 m，2014 年、2015 年和 2016 年 4 月底溪洛渡水库水位低于 567.2 m，2017 年和 2018 年 4 月底溪洛渡水库水位高于 567.2 m。结合水库发电调度分析，在枯水年抬高 4 月底库水位，对提高发电效益也是有利的，且由于来水偏枯，一般会对 5～6 月水库消落造成影响，所以对水库正常调度影响较小。

## 6.4　长江流域洪水发生时间差异性分析

长江流域雨季集中在 5～10 月，暴雨出现时间一般为长江中下游早于长江上游，江南早于江北。降雨分布的一般规律是：5 月雨带主要分布在湘、赣水系；6 月中旬～7 月中旬雨带徘徊于长江干流两岸，中下游为梅雨季节，上游雨带呈东西向分布，江南雨量大于江北；7 月中旬～8 月上旬，雨带移至四川和汉江流域，上游除乌江降水稍微减少以外，其他地区都有所增加，主要在四川西部呈东北、西南带状分布；8 月中下旬，雨带北移至黄河、淮河流域，长江流域有时出现伏旱现象；9 月雨带又南旋至长江中上游，长江上游降水中心从四川西部移到东部，川西雨量大为减少。

长江中下游南岸 2～3 月就开始有暴雨出现，而汉江、嘉陵江、岷江、沱江、乌江 4 月才开始出现暴雨；雅砻江和大渡河部分地区只有 7 月、8 月才有暴雨发生。暴雨结束时间与开始时间相反，自流域西北向东南推迟。长江上游和中游北岸大多于 9～10 月结束，仅三峡水库、嘉陵江上游结束于 10 月下旬，个别年份可至 11 月上旬结束，如 1996 年 11 月上旬三峡水库、乌江流域均出现暴雨。长江中下游南岸多于 11 月结束。

通过长江流域洪水发生时间可以看出，长江中下游特别是两湖地区，5～6 月即可能发生洪水，因此虽然雅砻江梯级水库防洪库容预留时间为 7 月，但是汛前水库消落汛限水位至死水位之间的调节库容，增加水库下泄流量，通过三峡水库等水库间接对长江中下游的汛前防洪产生影响。近年来锦屏一级水库、二滩水库分别于 6 月上旬、4 月中下旬消落至最低水位，6 月反蓄减小下泄流量，如图 6.1 和图 6.2 所示，这种调度趋势对长江中下游防洪是有利的。

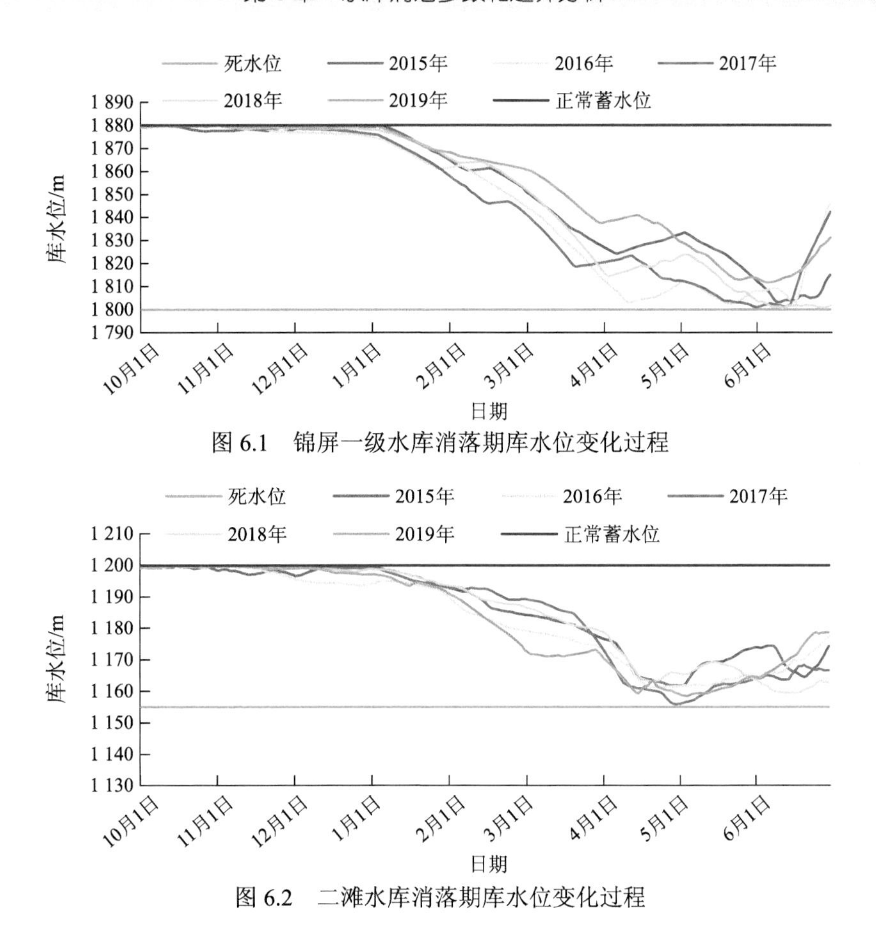


图 6.1 锦屏一级水库消落期库水位变化过程



图 6.2 二滩水库消落期库水位变化过程

# 6.5 梯级水库消落影响分析

## 6.5.1 三峡水库汛前调度方式

三峡水库初步设计确定的消落期调度方式为：枯水期有利于发电和水库通航，一般维持高水位运行，根据来水，按发电、航运的需求，库水位逐步降至 155 m；防洪需要，三峡水库汛前 6 月 1 日开始，水位从枯水期消落低水位 155 m 均匀追降，6 月 10 日降至防洪限制水位为 145 m，即三峡水库 10 天内泄放水量为 56.5 亿 $m^3$，日均下降水位为 1 m。

在三峡库区地质灾害治理中，考虑库岸稳定要求水库水位日下降速率不宜过快，技术要求水库水位日下降速率在汛期不超过 2 m/d、枯水期不超过 0.6 m/d。《三峡水库优化调度方案》考虑库区地质灾害治理要求，同时考虑由于下游鄱阳湖来水较早，有可能发生水库泄水与下游来水遭遇的情况，为协调泄水与各方面需求的矛盾，考虑将泄水时间适当延长，以应对不同来水条件，合理下降水位。按目前水库优化调度方案，为满足库岸稳定对水库水位消落速率不高于 0.6 m/d 的要求，水库需从 5 月 25 日开始集中消落（中华人民共和国水利部，2009b）。

根据这些要求，三峡水库集中消落的时间从 5 月 25 日至 6 月 10 日，库水位从 155 m 逐步消落至 145 m。

## 6.5.2　长江上游水库群影响下三峡水库汛前入库流量变化分析

### 1. 多年平均流量分析

针对长江上游各水库不同的汛限水位起始时间，根据拟定的长江上游水库群联合调度方式，采用 1959～2014 年的来水过程，逐级计算长江上游水库群的旬平均流量过程，直到获得长江上游水库群影响下的三峡水库入库流量过程。这里梯级间按从上游至下游依次进行调度，每一级水库的入库流量为其上级水库调蓄后的下泄流量加上区间流量，水库的尾水位考虑下游水库水位顶托的影响，各水库按各自承担的综合利用任务和调度要求运行调度，从而求得各水库考虑长江上游梯级水库调节影响后的运行过程。经过长系列水库径流调节计算，统计三峡水库在汛前消落期（5～6 月）多年平均入库流量，如表 6.9 所示。

表 6.9　长江上游水库群影响下三峡水库汛前消落期多年平均入库流量

| 时间 | | 三峡水库天然入库流量/（m³/s） | 长江上游水库群影响下三峡水库入库流量/（m³/s） | 长江上游水库群调蓄流量/（m³/s） | 影响程度/% |
|---|---|---|---|---|---|
| 5 月 | 上旬 | 9 400 | 10 878 | 1 478 | 15.72 |
| | 中旬 | 11 435 | 12 741 | 1 306 | 11.42 |
| | 下旬 | 13 047 | 14 961 | 1 914 | 14.67 |
| 6 月 | 上旬 | 15 094 | 14 142 | −952 | −6.31 |
| | 中旬 | 16 638 | 14 680 | −1 958 | −11.77 |
| | 下旬 | 22 201 | 19 903 | −2 298 | −10.35 |

由表 6.9 可知：5 月处于供水末期，受长江上游水库群枯水期补水下泄影响，三峡水库来水比天然径流较为偏大；进入 6 月以后，长江上游部分水库逐渐开始汛前回蓄，综合蓄水影响逐渐大于下泄影响，三峡水库入库流量出现减少态势。从影响相对值来看：5 月长江上游水库群增加来水量各旬分别为 15.72%、11.42%和 14.67%；6 月开始长江上游水库群从泄水转换为蓄水过程。总体表现为长江上游干支流控制性水库建成以后，对其下游径流分配有较大改变，对三峡水库入库总体上表现为枯水期径流增加、汛期径流减少。

### 2. 逐年运行分析

图 6.3 给出了 1959～2014 年各年三峡水库在长江上游水库群消落调度影响下的入库流量变化过程。不同年份长江上游水库群联合运行会对三峡水库汛前消落产生不同的影响。5 月下旬，长江上游水库群除个别年份拦蓄流量外，其余时间均增加下泄流量；6 月上旬，长江上游水库群多数情况下拦蓄流量。显而易见，如果在三峡水库集中消落期（5 月 25 日～6 月 10 日），长江上游水库群拦蓄流量，将会有益于长江中下游防洪形势，反之会不利于长江中下游防洪。

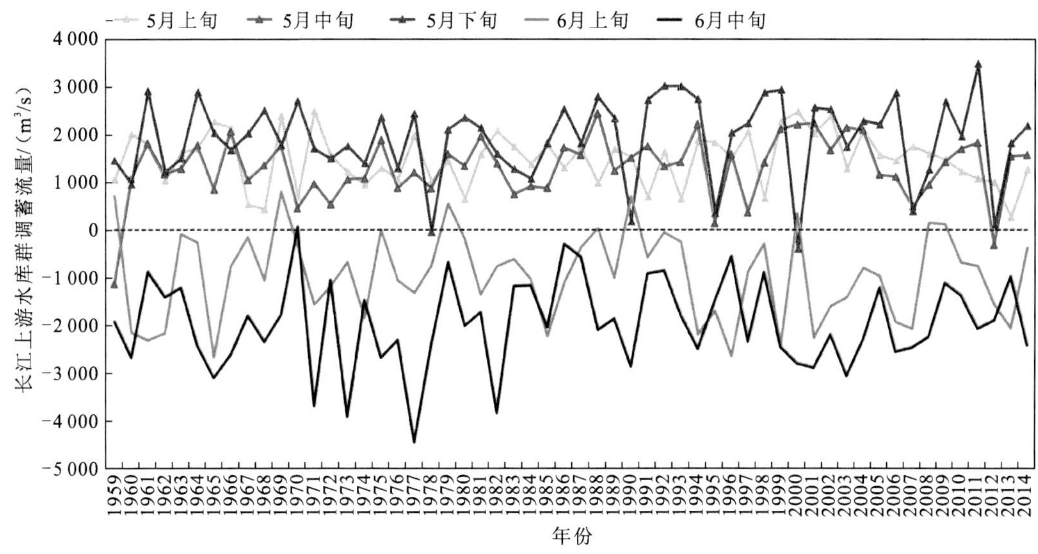


图 6.3　长江上游水库群影响下三峡水库逐年入库流量变化过程

## 3. 梯级消落分析

针对长江上游各梯级进行汛前消落期调度计算，金沙江中游梯级、雅砻江梯级、金沙江下游梯级、岷江梯级、嘉陵江梯级和乌江梯级的 5 月和 6 月的汛前消落调度计算多年平均统计表如表 6.10 所示。

**表 6.10　长江上游各梯级消落调度多年平均统计表**　（单位：$m^3/s$）

| 梯级名称 | 5 月上旬 | | | 5 月中旬 | | | 5 月下旬 | | |
|---|---|---|---|---|---|---|---|---|---|
| | 入库量 | 出库量 | 调蓄量 | 入库量 | 出库量 | 调蓄量 | 入库量 | 出库量 | 调蓄量 |
| 金沙江中游梯级 | 827 | 794 | −33 | 951 | 917 | −34 | 1 081 | 1 050 | −31 |
| 雅砻江梯级 | 878 | 1 167 | 289 | 1 020 | 1 303 | 283 | 1 200 | 1 488 | 288 |
| 金沙江下游梯级 | 2 751 | 3 104 | 353 | 3 001 | 3 378 | 377 | 3 465 | 3 886 | 421 |
| 岷江梯级 | 640 | 814 | 174 | 807 | 895 | 88 | 1 008 | 1 190 | 182 |
| 嘉陵江梯级 | 715 | 680 | −35 | 726 | 713 | −13 | 752 | 817 | 65 |
| 乌江梯级 | 774 | 800 | 26 | 750 | 760 | 10 | 862 | 871 | 9 |

| 梯级名称 | 6 月上旬 | | | 6 月中旬 | | | 6 月下旬 | | |
|---|---|---|---|---|---|---|---|---|---|
| | 入库量 | 出库量 | 调蓄量 | 入库量 | 出库量 | 调蓄量 | 入库量 | 出库量 | 调蓄量 |
| 金沙江中游梯级 | 1 341 | 1 325 | −16 | 1 765 | 1 797 | 32 | 2 985 | 3 276 | 291 |
| 雅砻江梯级 | 1 158 | 1 147 | −11 | 1 521 | 1 210 | −311 | 2 029 | 1 166 | −863 |
| 金沙江下游梯级 | 3 314 | 3 259 | −55 | 3 905 | 3 720 | −185 | 6 179 | 5 759 | −420 |
| 岷江梯级 | 1 302 | 1 140 | −162 | 1 537 | 1 294 | −243 | 1 781 | 1 369 | −412 |
| 嘉陵江梯级 | 946 | 978 | 32 | 915 | 904 | −11 | 1 032 | 1 079 | 47 |
| 乌江梯级 | 922 | 847 | −75 | 1 031 | 941 | −90 | 1 430 | 1 309 | −121 |

金沙江中游梯级基本维持出入库平衡过程，对汛前消落的影响不大。雅砻江梯级在 5 月各旬分别加泄 289 $m^3/s$、283 $m^3/s$ 和 288 $m^3/s$，6 月呈蓄水状态，各旬分别蓄水 11 $m^3/s$、311 $m^3/s$ 和 863 $m^3/s$。金沙江下游梯级在 5 月中下旬分别加泄 377 $m^3/s$ 和 421 $m^3/s$，而 6 月上旬蓄水 55 $m^3/s$。岷江梯级在 5 月下旬加泄 182 $m^3/s$，6 月上中旬呈蓄水状态，分别蓄水 162 $m^3/s$ 和 243 $m^3/s$。嘉陵江梯级在 5 月下旬和 6 月上旬加泄 65 $m^3/s$ 和 32 $m^3/s$，而 6 月中旬蓄水 11 $m^3/s$。乌江梯级在 6 月呈蓄水状态，各旬分别蓄水 75 $m^3/s$、90 $m^3/s$ 和 121 $m^3/s$。总体而言，各梯级在 5 月基本呈泄水状态，会增加三峡水库入库流量，6 月开始基本呈蓄水状态，会减少三峡水库入库流量。当考虑长江上游梯级配合三峡水库进行汛期消落调度时，需根据实际来水情况选择梯级整体消落水位过程来拦蓄流量。

## 6.5.3　三峡水库集中消落对长江中下游防洪影响分析

综合分析长江上游水库汛前蓄水及消落对三峡水库入库流量、消落期水位影响，建立长江上游水库影响下的三峡水库消落期调度模型，拟定考虑三峡水库集中消落和不考虑三峡水库集中消落两种情景进行计算，采用大湖演进模型计算长江中下游沙市站、城陵矶站和湖口站的日均水位，分析长江上游水库联合调度对长江中下游控制水文站防洪形势影响。

不同运行方式下，选取 1991 年、1996 年、1998 年、1999 年不同典型洪水进行演算，结果分别见图 6.4～图 6.7。在三峡水库集中消落的 5 月 25 日～6 月 10 日，长江中下游控制水文站水位均有不同程度的抬升，沙市站、城陵矶站和湖口站的抬高水位分别为 1.36～1.66 m、0.76～1.21 m 和 0.45～0.73 m，抬高幅度较大，三峡水库集中消落方式下长江中下游最大抬高水位情况如表 6.11 所示。

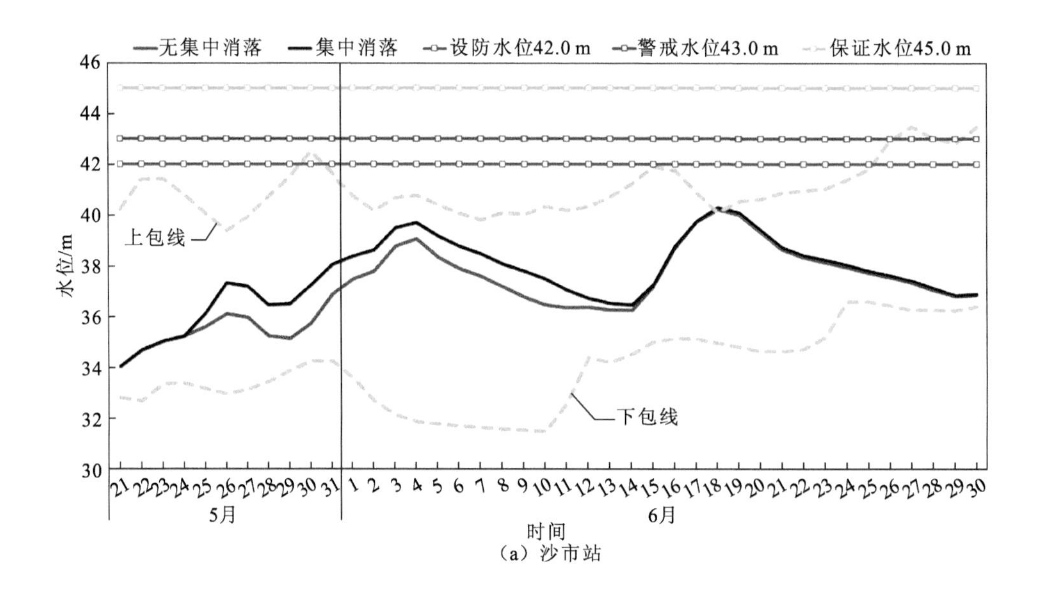

(a) 沙市站

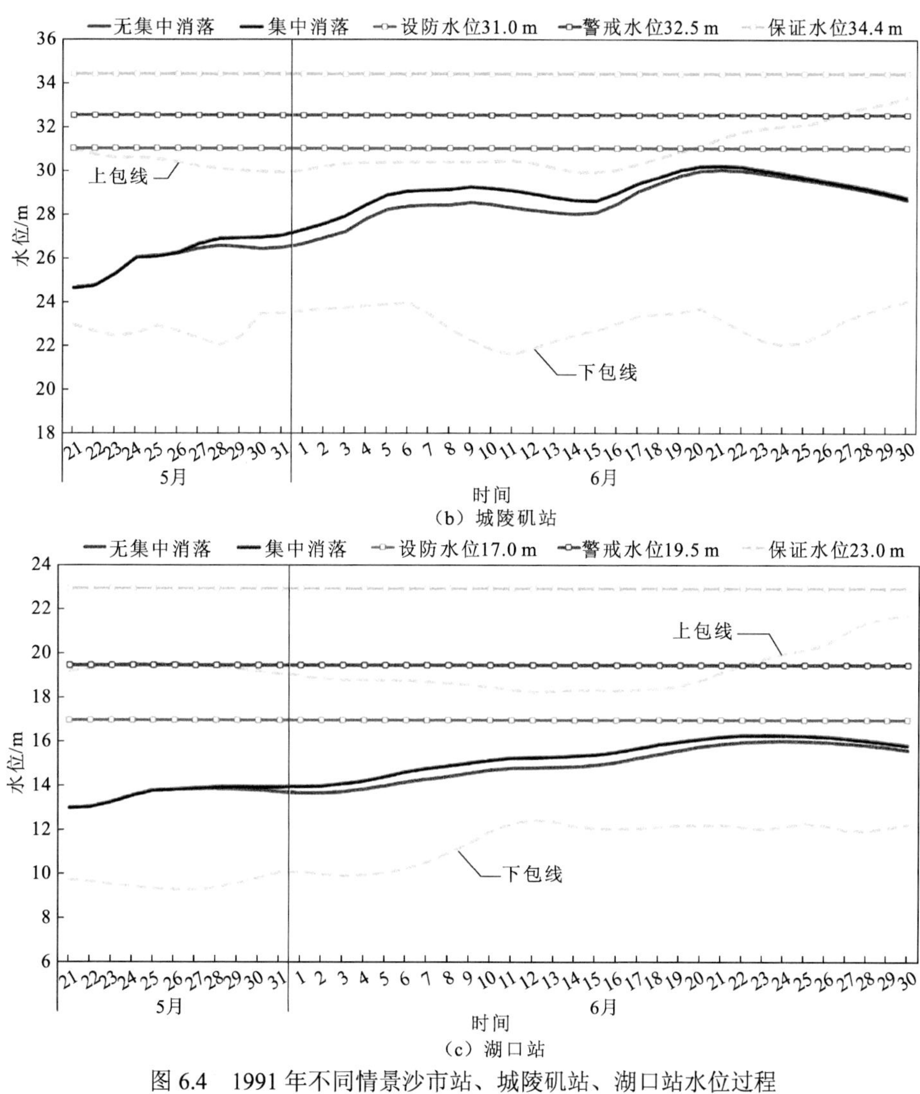


（b）城陵矶站

（c）湖口站

图 6.4　1991 年不同情景沙市站、城陵矶站、湖口站水位过程

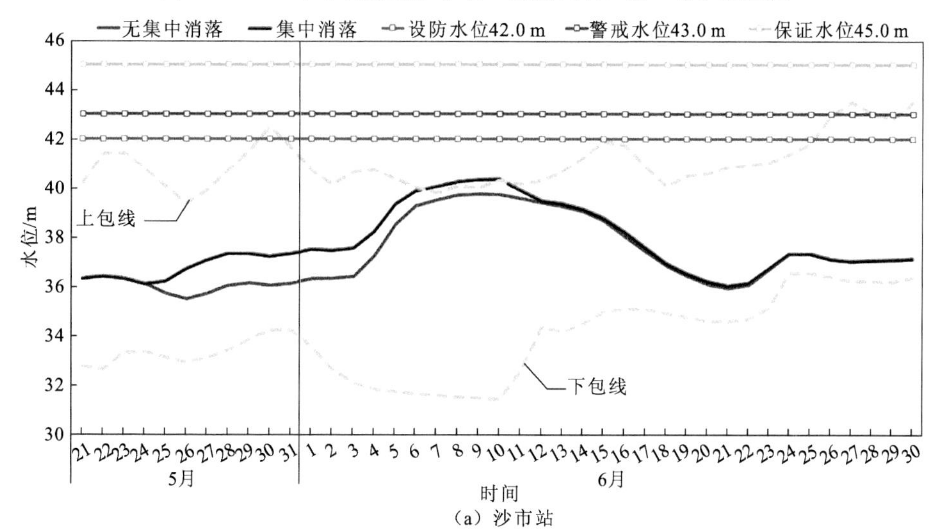


（a）沙市站

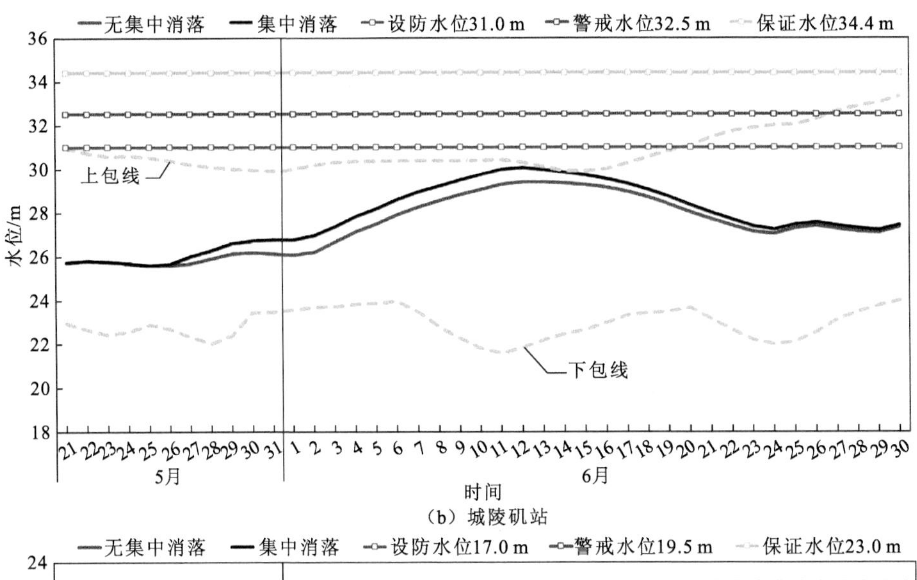


(b) 城陵矶站

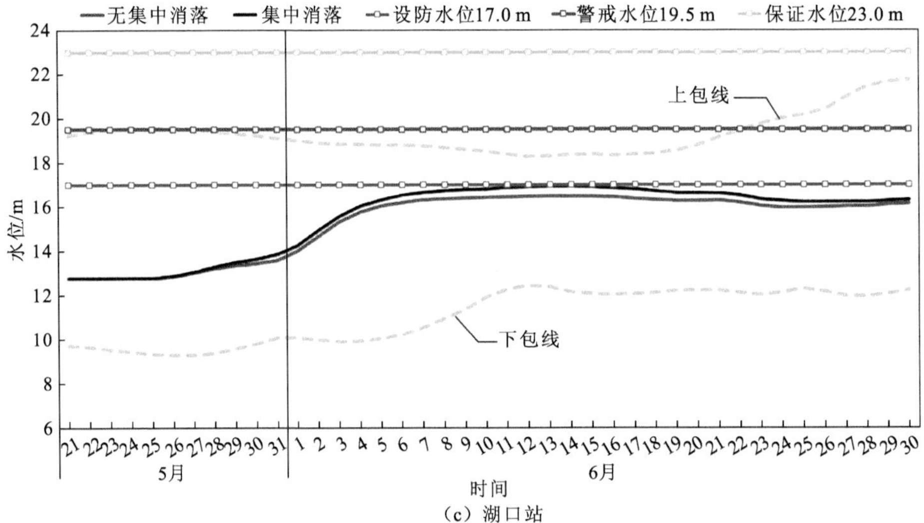


(c) 湖口站

图 6.5　1996 年不同情景沙市站、城陵矶站、湖口站水位过程

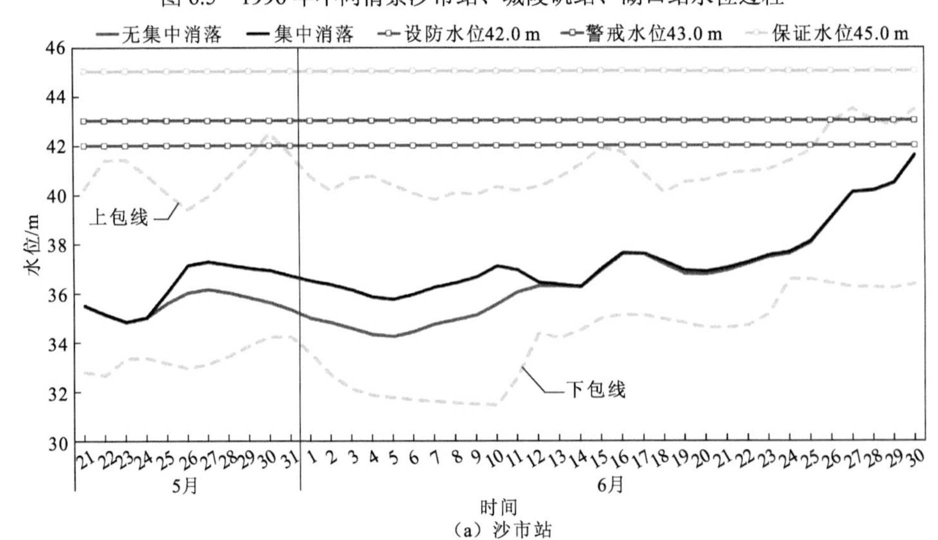


(a) 沙市站

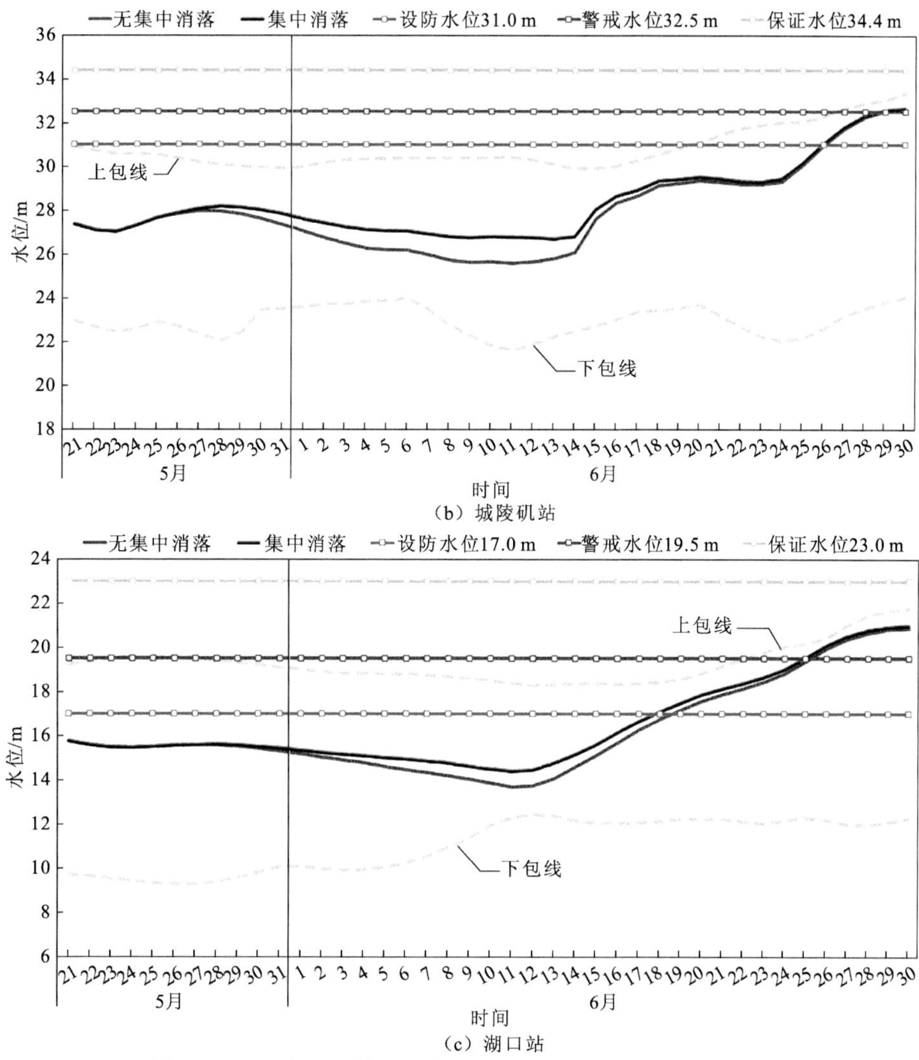


（b）城陵矶站

（c）湖口站

图 6.6　1998 年不同情景沙市站、城陵矶站、湖口站水位过程

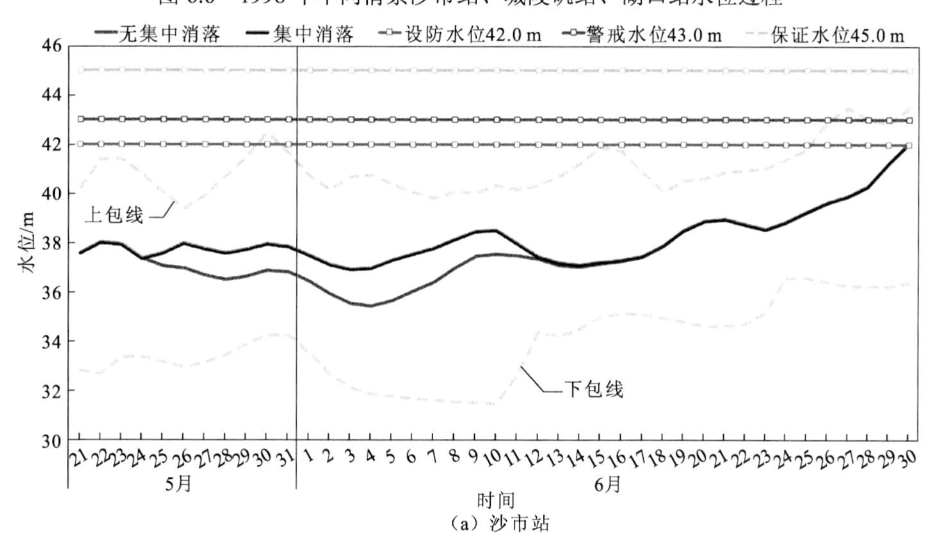


（a）沙市站

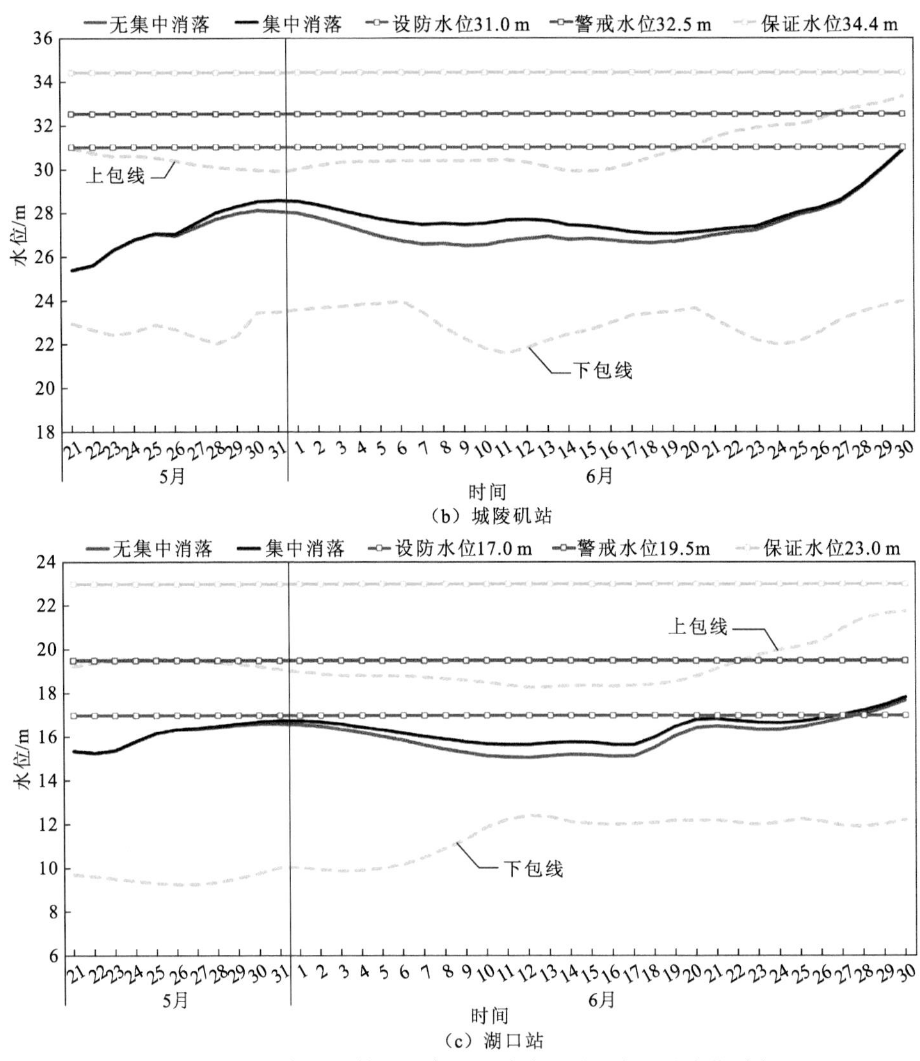

（b）城陵矶站

（c）湖口站

图 6.7　1999 年不同情景沙市站、城陵矶站、湖口站水位过程

**表 6.11　三峡水库集中消落方式下长江中下游最大抬高水位（5～6 月）**

| 典型年 | 沙市站水位/m | 城陵矶站水位/m | 湖口站水位/m |
|---|---|---|---|
| 1991 年 | 1.51 | 0.79 | 0.49 |
| 1996 年 | 1.36 | 0.76 | 0.45 |
| 1998 年 | 1.55 | 1.21 | 0.73 |
| 1999 年 | 1.66 | 0.97 | 0.59 |

防洪影响方面，湖口站防洪形势较为严峻，除 1991 年水位未超设防水位外，其余 3 年抬高后的水位均逼近或者超过设防水位，1998 年甚至超过警戒水位。城陵矶站水位 1998 年超警戒水位，1999 年逼近设防水位。沙市站水位 1998 年和 1999 年均逼近设防水位。以上分析的都是长江上游水库群影响下增大三峡水库入库流量，乃至在汛前集中消落过程中增加三峡水库出库流量，进而抬高长江中下游水位。

# 第7章

# 水库消落分析和优化

本章在供水和防洪安全的前提下，探讨水库群发电效益最大化的运行方式。在溪洛渡水库、向家坝水库、三峡水库中，溪洛渡水库正常蓄水位 600 m，汛限水位 560 m，死水位 540 m；向家坝水库正常蓄水位 380 m，汛限水位和死水位均为 370 m；三峡水库正常蓄水位 175 m，枯水期消落低水位 155 m，汛限水位 145 m。三峡水库、向家坝水库消落期均以汛前消落到汛限水位为目标，溪洛渡水库消落期可消落至汛限水位 560 m 至死水位 540 m 之间，一般在汛前消落到汛限水位以下，再逐步反蓄至汛限水位。本章以溪洛渡水库为主，研究溪洛渡水库、向家坝水库、三峡水库消落进程和消落深度，并考虑溪洛渡水库消落进程和消落深度对向家坝水库、三峡水库及葛洲坝水库下泄流量及发电量的影响，从而提出和优化水库消落方式。

## 7.1　消落影响因素

根据《金沙江溪洛渡水电站发电特性研究报告》（成都勘测设计研究院，2008），溪洛渡水库近期及远期（考虑上游两河口水库、乌东德水库和白鹤滩水库调蓄影响）调度图如图 7.1 和图 7.2 所示。

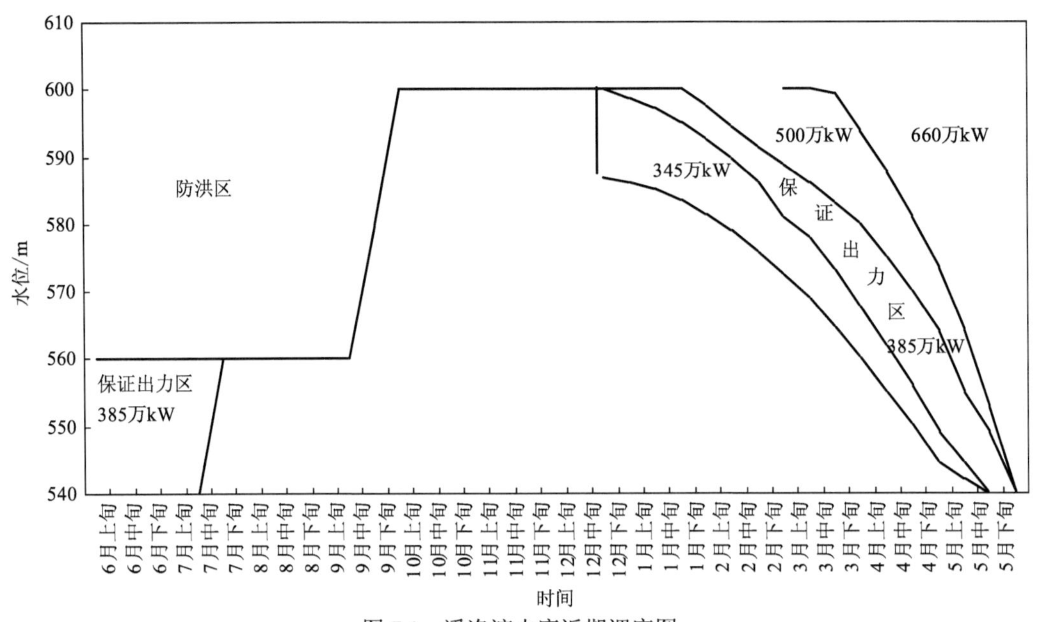

图 7.1　溪洛渡水库近期调度图

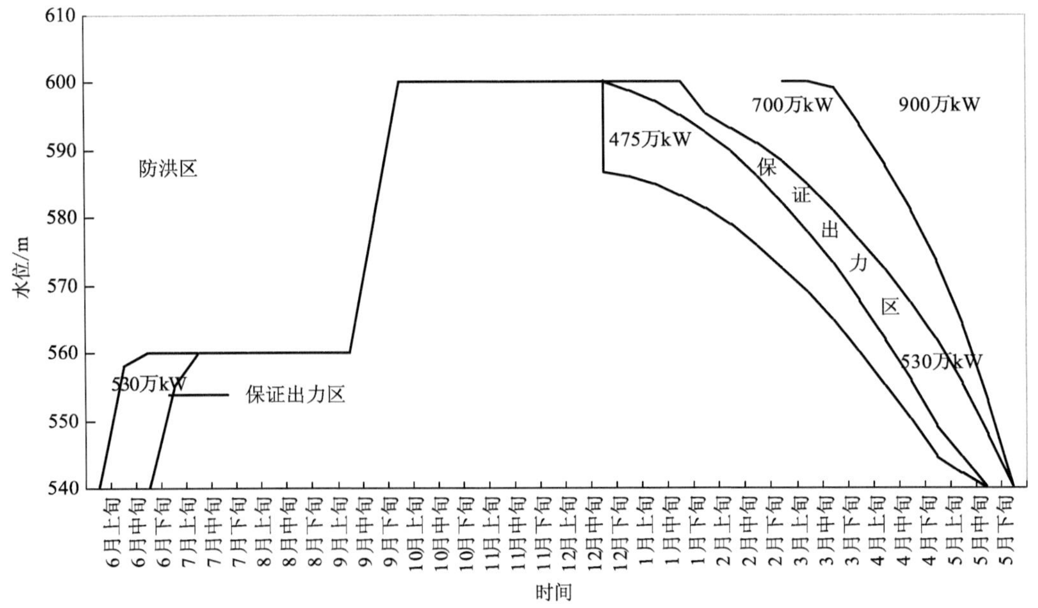

图 7.2　溪洛渡水库远期调度图

从图 7.1 及图 7.2 中可以看出，根据水库调度图，溪洛渡水库近期及远期均于 5 月中下旬至死水位 540 m。结合最近几年的实际调度情况看，溪洛渡水库一般在 5 月中旬～6 月中旬消落至最低水位，最低水位位于 540～550 m。

溪洛渡水库提前消落至最低水位，将增加枯水期下泄流量和发电量，相应减少消落至最低水位后的下泄流量和发电量，消落最低水位主要影响水库发电水头，进而影响发电耗水率。

# 7.2 消落进程分析

## 7.2.1 现状水平年

### 1. 计算条件

考虑目前长江上游已建控制性梯级水库，主要包括梨园水库、阿海水库、金安桥水库、龙开口水库、鲁地拉水库、观音岩水库、锦屏一级水库、二滩水库、溪洛渡水库、向家坝水库、紫坪铺水库、瀑布沟水库、碧口水库、宝珠寺水库、亭子口水库、草街水库、洪家渡水库、东风水库、乌江渡水库、构皮滩水库、思林水库、沙沱水库、彭水水库、三峡水库、葛洲坝水库 25 个已建水库。

本书主要研究溪洛渡水库不同消落进程对溪洛渡水库、向家坝水库、三峡水库及葛洲坝水库发电的影响，因此，除溪洛渡水库以外，其他水库主要按照调度图进行调度。

### 2. 方案拟定

根据溪洛渡水库近期调度图，5 月下旬消落至死水位 540 m。为了分析消落至最低水位时间对梯级水库的调度影响，在 5 月下旬消落至 540 m 的基础上，拟定 6 月 10 日、6 月 20 日、6 月 30 日消落至最低水位 540 m，消落至最低水位方案比较如表 7.1 所示。

**表 7.1 消落至最低水位方案比较**

| 项目 | 方案一 | 方案二 | 方案三 | 方案四 |
| --- | --- | --- | --- | --- |
| 溪洛渡水库消落期末时间 | 5 月 31 日 | 6 月 10 日 | 6 月 20 日 | 6 月 30 日 |
| 溪洛渡水库消落期末水位/m | 540 | 540 | 540 | 540 |

### 3. 发电影响分析

根据所拟定的调度方案，溪洛渡水库、向家坝水库、三峡水库和葛洲坝水库多年平均年发电量、消落期多年平均发电量（1～6 月）、加权平均水头、水量利用率如表 7.2 所示。

**表 7.2　消落至最低水位的发电影响**

| 项目 | | 方案一 | 方案二 | 方案三 | 方案四 |
|---|---|---|---|---|---|
| 多年平均年发电量/（亿 kW·h） | 溪洛渡水库 | 605.54 | 609.62 | 613.38 | 616.87 |
| | 向家坝水库 | 330.01 | 329.36 | 328.15 | 325.42 |
| | 三峡水库 | 932.31 | 931.34 | 930.35 | 929.20 |
| | 葛洲坝水库 | 172.84 | 172.71 | 172.67 | 172.47 |
| | 合计 | 2 040.70 | 2 043.03 | 2 044.55 | 2 043.96 |
| 消落期多年平均发电量（1～6 月）/（亿 kW·h） | 溪洛渡水库 | 212.98 | 217.07 | 220.84 | 227.56 |
| | 向家坝水库 | 127.26 | 126.62 | 125.45 | 123.80 |
| | 三峡水库 | 396.17 | 395.21 | 394.23 | 393.78 |
| | 葛洲坝水库 | 79.01 | 78.87 | 78.84 | 78.66 |
| | 合计 | 815.42 | 817.77 | 819.36 | 823.80 |
| 加权平均水头/m | 溪洛渡水库 | 193.79 | 194.88 | 196.15 | 197.44 |
| | 向家坝水库 | 104.80 | 104.67 | 104.57 | 104.37 |
| | 三峡水库 | 102.06 | 102.03 | 101.98 | 101.96 |
| | 葛洲坝水库 | 22.15 | 22.19 | 22.23 | 22.26 |
| 水量利用率/% | 溪洛渡水库 | 88.19 | 88.18 | 88.06 | 87.90 |
| | 向家坝水库 | 86.83 | 86.76 | 86.51 | 85.93 |
| | 三峡水库 | 95.37 | 95.37 | 95.35 | 95.31 |
| | 葛洲坝水库 | 83.78 | 83.7 | 83.73 | 83.63 |

从表 7.2 中可以看出，推迟溪洛渡水库消落到最低水位的时间，溪洛渡水库、向家坝水库、三峡水库和葛洲坝水库多年平均年发电量先增加后减小。由 5 月底消落到最低水位推迟到 6 月 10 日消落到最低水位，梯级水库多年平均年发电量增加 2.32 亿 kW·h，增加比例为 0.11%。进一步推迟到 6 月 20 日消落到最低水位，水库多年平均年发电量可进一步增加 1.53 亿 kW·h。6 月底消落到最低水位，水库多年平均发电量大于 6 月 10 日消落到最低水位，但小于 6 月 20 日消落到最低水位。

分析溪洛渡水库、向家坝水库、三峡水库和葛洲坝水库加权平均水头，推迟溪洛渡水库消落到最低水位的时间之后，溪洛渡水库消落期水位消落进程变缓，由最低水位蓄水至汛限水位的时间变短，蓄水速度加快，相应加权平均水头增加。而向家坝水库、三峡水库、葛洲坝水库，因为溪洛渡水库消落期水位消落进程变缓、供水期下泄量减少，水库入库流量略微减少，水库消落进程略微加快，水库加权平均水头减小。

从溪洛渡水库、向家坝水库、三峡水库和葛洲坝水库水量利用率上看，推迟溪洛渡水库消落到最低水位时间之后，各水库水量利用率都略有降低，主要原因为溪洛渡水库推迟消落到最低水位时间之后，增加了部分年份6月弃水。

由此可见，溪洛渡水库推迟消落到最低水位的时间，有利于提高溪洛渡水库发电水头，略微减小向家坝水库、三峡水库、葛洲坝水库发电水头，水库水量利用率均有减少，但总体而言溪洛渡水库发电水头增加影响因素更大。溪洛渡水库延缓消落进程，6月20日消落至最低水位，水库多年平均发电量最大。

## 4. 不同时段电量分析

推迟溪洛渡水库消落到最低水位的时间，将改变溪洛渡水库蓄水库容消落过程，进而对水电站发电量产生影响。不同方案下溪洛渡水库消落至最低水位的时间旬发电量如表7.3所示。

**表7.3　不同方案下溪洛渡水库旬发电量**　（单位：亿kW·h）

| 时间 | 方案一 | 方案二 | 方案三 | 方案四 |
|---|---|---|---|---|
| 1月上旬 | 10.03 | 10.03 | 9.97 | 9.97 |
| 1月中旬 | 9.89 | 9.89 | 9.92 | 9.90 |
| 1月下旬 | 12.22 | 10.72 | 10.73 | 10.73 |
| 2月上旬 | 11.20 | 11.03 | 9.53 | 9.53 |
| 2月中旬 | 11.16 | 11.12 | 11.02 | 9.59 |
| 2月下旬 | 8.77 | 9.32 | 9.27 | 9.11 |
| 3月上旬 | 10.62 | 10.65 | 11.22 | 11.21 |
| 3月中旬 | 10.65 | 10.69 | 10.69 | 11.29 |
| 3月下旬 | 11.44 | 11.57 | 11.60 | 11.64 |
| 4月上旬 | 11.37 | 10.65 | 10.72 | 10.74 |
| 4月中旬 | 11.24 | 11.54 | 10.80 | 10.88 |
| 4月下旬 | 11.29 | 11.36 | 11.53 | 10.91 |
| 5月上旬 | 12.18 | 11.91 | 11.98 | 12.10 |
| 5月中旬 | 12.47 | 12.75 | 12.49 | 12.34 |
| 5月下旬 | 15.57 | 15.11 | 15.23 | 14.99 |
| 6月上旬 | 10.25 | 16.77 | 14.94 | 15.14 |
| 6月中旬 | 12.45 | 11.94 | 21.27 | 21.24 |
| 6月下旬 | 20.20 | 20.01 | 17.93 | 26.25 |

从表 7.3 中可以看出，推迟溪洛渡水库消落到最低水位的时间，主要影响消落期末段发电量，其对 5 月前发电量影响较小。例如：推迟溪洛渡水库消落到最低水位时间至 6 月 10 日，将增加溪洛渡水库 6 月上旬平均发电量 6.52 亿 kW·h；推迟溪洛渡水库消落到最低水位的时间至 6 月 20 日，将增加 6 月上旬平均发电量 4.69 亿 kW·h、增加 6 月中旬平均发电量 8.82 亿 kW·h。因此，推迟溪洛渡水库消落至最低水位的时间，需要考虑电网消纳能力。

溪洛渡水库消落至最低水位的时间，将改变水库的下泄流量，进而对下游向家坝水库、三峡水库及葛洲坝水库入库流量产生影响，但是由于向家坝水库和三峡水库均有一定的调节能力，对发电的影响小于溪洛渡水库。例如，以三峡水库为例，不同方案下三峡水库电站旬发电量如表 7.4 所示。

**表 7.4　不同方案下三峡水库旬发电量**　（单位：亿 kW·h）

| 时间 | 方案一 | 方案二 | 方案三 | 方案四 |
|---|---|---|---|---|
| 1 月上旬 | 14.41 | 14.41 | 14.40 | 14.40 |
| 1 月中旬 | 14.25 | 14.25 | 14.25 | 14.25 |
| 1 月下旬 | 15.62 | 15.56 | 15.56 | 15.56 |
| 2 月上旬 | 14.06 | 14.01 | 14.00 | 14.00 |
| 2 月中旬 | 14.03 | 13.96 | 13.92 | 13.91 |
| 2 月下旬 | 11.31 | 11.23 | 11.13 | 11.09 |
| 3 月上旬 | 13.75 | 13.68 | 13.55 | 13.43 |
| 3 月中旬 | 14.11 | 13.97 | 13.87 | 13.77 |
| 3 月下旬 | 16.31 | 16.17 | 16.00 | 15.84 |
| 4 月上旬 | 16.15 | 15.85 | 15.67 | 15.53 |
| 4 月中旬 | 19.22 | 18.90 | 18.60 | 18.48 |
| 4 月下旬 | 36.22 | 35.68 | 35.18 | 34.63 |
| 5 月上旬 | 36.31 | 35.87 | 35.63 | 35.42 |
| 5 月中旬 | 36.06 | 35.66 | 35.15 | 34.77 |
| 5 月下旬 | 39.48 | 38.65 | 38.20 | 37.71 |
| 6 月上旬 | 27.92 | 30.44 | 29.09 | 28.83 |
| 6 月中旬 | 24.67 | 24.68 | 28.07 | 27.38 |
| 6 月下旬 | 32.30 | 32.24 | 31.96 | 34.78 |

从表7.4中可以看出，溪洛渡水库推迟到6月20日及6月底消落到最低水位，对三峡水库6月中旬及6月下旬发电量增加幅度较大，主要是由于6月中下旬三峡水库进入防洪调度阶段，水库水位位于汛限水位，或者汛期运行水位动态控制范围内，对来水调节能力相对减弱，但是总体对三峡水库发电量的影响较小。

### 7.2.2　规划水平年

#### 1. 计算条件

规划水平年在现状水平年的基础上，增加2025年前建成具有较大调节库容、对长江上游水库群消落期调度有较大影响的叶巴滩水库、拉哇水库、乌东德水库、白鹤滩水库、两河口水库、双江口水库6座水库。

分析规划水平年溪洛渡水库不同消落进程对自身发电效益及向家坝水库、三峡水库、葛洲坝水库发电效益的影响，除溪洛渡水库以外的其他水库仍按照调度图调度。

#### 2. 方案拟定

在5月下旬消落至540 m的基础上，拟定6月10日、6月20日、6月30日消落至最低水位540 m，如表7.5所示。

**表7.5　不同消落至最低水位的时间比较（设计水平年为2025年）**

| 项目 | 方案一 | 方案二 | 方案三 | 方案四 |
| --- | --- | --- | --- | --- |
| 溪洛渡水库消落期末时间 | 5月31日 | 6月10日 | 6月20日 | 6月30日 |
| 溪洛渡水库消落期末水位/m | 540 | 540 | 540 | 540 |

#### 3. 发电影响分析

根据所拟定的调度方案，在规划水平年（2025年）上游建库规模的影响下，溪洛渡水库、向家坝水库、三峡水库和葛洲坝水库多年平均年发电量、消落期多年平均发电量（1～6月）、加权平均水头、水量利用率如表7.6所示。

**表7.6　规划水平年不同方案下消落至最低水位对发电的影响**

| 项目 | | 方案一 | 方案二 | 方案三 | 方案四 |
| --- | --- | --- | --- | --- | --- |
| 多年平均年发电量/（亿kW·h） | 溪洛渡水库 | 629.15 | 635.07 | 640.71 | 645.04 |
| | 向家坝水库 | 348.05 | 348.19 | 348.26 | 346.40 |
| | 三峡水库 | 948.71 | 948.15 | 947.55 | 946.89 |
| | 葛洲坝水库 | 177.80 | 177.76 | 177.75 | 177.65 |
| | 合计 | 2 103.71 | 2 109.17 | 2 114.27 | 2 115.98 |

续表

| 项目 | | 方案一 | 方案二 | 方案三 | 方案四 |
|---|---|---|---|---|---|
| 消落期多年平均发电量（1～6月）/（亿 kW·h） | 溪洛渡水库 | 267.92 | 275.55 | 282.30 | 290.63 |
| | 向家坝水库 | 160.58 | 161.58 | 162.10 | 161.71 |
| | 三峡水库 | 435.92 | 436.17 | 435.92 | 436.19 |
| | 葛洲坝水库 | 84.39 | 84.49 | 84.53 | 84.46 |
| | 合计 | 948.81 | 957.79 | 964.85 | 972.99 |
| 加权平均水头/m | 溪洛渡水库 | 194.03 | 195.47 | 196.97 | 198.39 |
| | 向家坝水库 | 105.52 | 105.49 | 105.50 | 105.34 |
| | 三峡水库 | 102.94 | 103.00 | 103.02 | 103.04 |
| | 葛洲坝水库 | 21.75 | 21.77 | 21.80 | 21.82 |
| 水量利用率/% | 溪洛渡水库 | 92.65 | 92.67 | 92.67 | 92.59 |
| | 向家坝水库 | 91.95 | 92.00 | 92.00 | 91.64 |
| | 三峡水库 | 96.30 | 96.31 | 96.31 | 96.29 |
| | 葛洲坝水库 | 85.97 | 85.97 | 85.99 | 85.96 |

从表 7.6 中可以看出，在 2025 年水平年，推迟溪洛渡水库消落至最低水位的时间，水库总发电量呈增加趋势，溪洛渡水库发电水头也随着消落至最低水位的时间的推迟而增加，向家坝水库、三峡水库和葛洲坝水库加权平均水头随着溪洛渡水库消落至最低水位的时间的推迟而减小，与现状水平年调度规律基本一致。

# 7.3　消落深度分析

## 7.3.1　消落深度影响因素分析

溪洛渡水库供水期逐渐从正常蓄水位（600 m）消落水位，一般情况下消落至死水位 540 m，结合近几年的实际调度情况分析，溪洛渡水库最低消落水位为 543～548 m。

水库的消落深度，对水库枯水期的发电能力和水库年均发电量有影响，在梯级水库联合调度情况下，对梯级水库总发电量也有一定的影响。水库消落深度，一般从容量效益最优、电量效益最优两个角度进行评价，容量效益最优即水库保证出力最大，电量效益最优即水库年平均发电量最大。减小水库消落深度，可能减小水库保证出力，对水库发电效益也有一定的影响。

### 7.3.2　现状水平年分析

1. 计算条件

与 7.2.1 小节计算条件保持一致。

2. 方案拟定

溪洛渡水库实际调度过程中，水库一般未消落至死水位 540 m，因此拟定最低消落水位 545 m、550 m 和 555 m，形成比较方案，消落至最低水位的时间，按 5 月底进行控制。不同方案下消落至最低水位的时间如表 7.7 所示。

**表 7.7　不同方案下消落至最低水位的时间**

| 项目 | 方案一 | 方案二 | 方案三 | 方案四 |
| --- | --- | --- | --- | --- |
| 溪洛渡水库消落期末时间 | 5 月 31 日 | 5 月 31 日 | 5 月 31 日 | 5 月 31 日 |
| 溪洛渡水库消落期最低水位/m | 540 | 545 | 550 | 555 |

3. 发电影响分析

根据所拟定的调度方案，溪洛渡水库、向家坝水库、三峡水库和葛洲坝水库多年平均年发电量、消落期多年平均发电量（1～6 月）、加权平均水头、水量利用率如表 7.8 所示。

**表 7.8　溪洛渡不同消落最低水位发电影响**

| 项目 | | 方案一 | 方案二 | 方案三 | 方案四 |
| --- | --- | --- | --- | --- | --- |
| 多年平均年发电量/（亿 kW·h） | 溪洛渡水库 | 605.54 | 607.98 | 610.15 | 612.40 |
| | 向家坝水库 | 330.01 | 329.52 | 329.02 | 328.24 |
| | 三峡水库 | 932.31 | 931.81 | 931.34 | 930.84 |
| | 葛洲坝水库 | 172.84 | 172.77 | 172.70 | 172.63 |
| | 合计 | 2 040.70 | 2 042.08 | 2 043.21 | 2 044.11 |
| 消落期多年平均发电量（1～6 月）/（亿 kW·h） | 溪洛渡水库 | 212.98 | 215.39 | 217.56 | 219.81 |
| | 向家坝水库 | 127.26 | 126.73 | 126.15 | 125.31 |
| | 三峡水库 | 396.17 | 395.63 | 395.12 | 394.57 |
| | 葛洲坝水库 | 79.01 | 78.93 | 78.87 | 78.79 |
| | 合计 | 815.42 | 816.68 | 817.70 | 818.48 |

续表

| 项目 | | 方案一 | 方案二 | 方案三 | 方案四 |
|---|---|---|---|---|---|
| 加权平均水头/m | 溪洛渡水库 | 193.79 | 194.36 | 194.93 | 195.59 |
| | 向家坝水库 | 104.80 | 104.72 | 104.64 | 104.54 |
| | 三峡水库 | 102.06 | 102.04 | 102.02 | 102.00 |
| | 葛洲坝水库 | 22.15 | 22.16 | 22.18 | 22.19 |
| 水量利用率/% | 溪洛渡水库 | 88.19 | 88.17 | 88.14 | 88.09 |
| | 向家坝水库 | 86.83 | 86.76 | 86.69 | 86.56 |
| | 三峡水库 | 95.37 | 95.36 | 95.35 | 95.34 |
| | 葛洲坝水库 | 83.78 | 83.74 | 83.72 | 83.69 |

从表 7.8 中可以看出，随着溪洛渡水库消落最低水位的抬高，水库平均消落期 1～6 月、多年平均年发电量逐步增加，溪洛渡水库加权平均水头提高，水量利用率略有下降。最低消落水位每提高 5 m，1～6 月多年平均发电量约增加 1 亿～2 亿 kW·h。

受溪洛渡水库抬高消落最低水位的影响，向家坝水库、三峡水库和葛洲坝水库多年平均年发电量略有下降，溪洛渡水库最低消落水位每提高 5 m，向家坝水库多年平均年发电量减少 0.50 亿～0.78 亿 kW·h，三峡水库多年平均年发电量约减少 0.5 亿 kW·h，葛洲坝水库多年平均年发电量约减少 0.07 亿 kW·h。

## 7.3.3 规划水平年分析

### 1. 计算条件

与 7.2.2 小节的计算条件保持一致。

### 2. 方案拟定

在溪洛渡水库死水位 540 m 以上，拟定最低消落水位 545 m、550 m 和 555 m，形成比较方案，消落至最低水位的时间，按 5 月底进行控制。不同方案下消落至最低水位的时间比较如表 7.9 所示。

**表 7.9 不同方案下消落至最低水位的时间比较（2020 年）**

| 项目 | 方案一 | 方案二 | 方案三 | 方案四 |
|---|---|---|---|---|
| 溪洛渡水库消落期末时间 | 5 月 31 日 | 5 月 31 日 | 5 月 31 日 | 5 月 31 日 |
| 溪洛渡水库消落期最低水位/m | 540 | 545 | 550 | 555 |

### 3. 发电影响分析

根据所拟定的调度方案，溪洛渡水库、向家坝水库、三峡水库和葛洲坝水库多年平均年发电量、消落期多年平均发电量（1～6月）、加权平均水头、水量利用率如表7.10所示。

**表7.10 溪洛渡水库不同方案下消落至最低水位对发电的影响（规划水平年：2025年）**

| 项目 | | 方案一 | 方案二 | 方案三 | 方案四 |
|---|---|---|---|---|---|
| 多年平均年发电量/（亿kW·h） | 溪洛渡水库 | 629.15 | 633.37 | 637.31 | 641.04 |
| | 向家坝水库 | 348.05 | 347.43 | 346.61 | 345.83 |
| | 三峡水库 | 948.71 | 948.23 | 947.74 | 947.26 |
| | 葛洲坝水库 | 177.80 | 177.70 | 177.60 | 177.50 |
| | 合计 | 2 103.71 | 2 106.73 | 2 109.26 | 2 111.63 |
| 消落期多年平均发电量（1～6月）/（亿kW·h） | 溪洛渡水库 | 267.92 | 271.36 | 274.89 | 278.49 |
| | 向家坝水库 | 160.58 | 159.62 | 158.60 | 157.71 |
| | 三峡水库 | 435.92 | 435.25 | 434.65 | 434.16 |
| | 葛洲坝水库 | 84.39 | 84.29 | 84.20 | 84.11 |
| | 合计 | 948.81 | 950.52 | 952.34 | 954.47 |
| 加权平均水头/m | 溪洛渡水库 | 194.03 | 195.02 | 196.03 | 197.05 |
| | 向家坝水库 | 105.52 | 105.37 | 105.19 | 105.03 |
| | 三峡水库 | 102.94 | 102.93 | 102.93 | 102.93 |
| | 葛洲坝水库 | 21.75 | 21.76 | 21.77 | 21.78 |
| 水量利用率/% | 溪洛渡水库 | 92.65 | 92.63 | 92.59 | 92.55 |
| | 向家坝水库 | 91.95 | 91.90 | 91.84 | 91.77 |
| | 三峡水库 | 96.30 | 96.29 | 96.27 | 96.26 |
| | 葛洲坝水库 | 85.97 | 85.93 | 85.89 | 85.85 |

从表7.10中可以看出，随着溪洛渡水库消落深度的提高，溪洛渡水库、向家坝水库、三峡水库和葛洲坝水库多年平均年发电量之和也呈增加的趋势，溪洛渡水库最低消落水位每抬高5 m，水库总发电量增加2.37亿～3.02亿kW·h，大于现状水平年梯级水库总发电量的增加值。其主要原因是2025年水平年，两河口水库、乌东德水库、白鹤滩水库等投入运行后，水库水资源调节能力进一步增强，溪洛渡水库枯水期入库流量增加，抬高枯水期消落至最低水位增加的发电效益更加明显。

# 7.4 消落期水量调度和电量调度协调条件

## 7.4.1 上游水库影响

本书重点研究溪洛渡水库、向家坝水库、三峡水库和葛洲坝水库消落期联合调度方式，需考虑上游水库调度对溪洛渡水库入库流量的影响。

长江上游已建控制性梯级水库，梨园水库、阿海水库、金安桥水库、龙开口水库、鲁地拉水库、观音岩水库、锦屏一级水库、二滩水库等对溪洛渡水库、向家坝水库入库流量有影响，紫坪铺水库、瀑布沟水库、碧口水库、宝珠寺水库、亭子口水库、草街水库、洪家渡水库、东风水库、乌江渡水库、构皮滩水库、思林水库、沙沱水库、彭水水库等对三峡水库、葛洲坝水库入库流量有影响，水库调度方式按调度图调度计算。

## 7.4.2 供电方向及电价

2015 年，国家发展和改革委员会发布《国家发展改革委关于完善跨省跨区电能交易价格形成机制有关问题的通知》，向家坝水库和溪洛渡水库送上海落地电价为 0.438 6 元/（kW·h），送浙江为 0.451 3 元/（kW·h），送广东为 0.469 5 元/（kW·h），按照上述落地价格扣除现行输电价格和线损倒推确定上网电价。其中，向家坝水库和溪洛渡水库送上海的上网电价为 0.314 9 元/（kW·h），送浙江为 0.339 1 元/（kW·h），送广东为 0.356 5 元/（kW·h）。今后，向家坝水库和溪洛渡水库送电到上海、江苏、浙江、广东落地价格按落地省燃煤发电标杆电价提高或降低标准（不含环保电价标准调整）同步调整（国家发展和改革委员会，2015）。

2003 年，国家发展和改革委员会发布《关于三峡水电站上网电价和输电价格有关问题的通知》，三峡电力上网电价平均为 0.25 元/（kW·h），其中对有关省市结算的上网电价分别为：湖北 0.216 93 元/（kW·h），湖南 0.228 64 元/（kW·h），河南 0.225 81 元/（kW·h），江西 0.267 87 元/（kW·h），上海 0.257 51 元/（kW·h），江苏 0.231 93 元/（kW·h），浙江 0.275 09 元/（kW·h），安徽 0.217 36 元/（kW·h），广东 0.295 31 元/（kW·h），重庆 0.218 45 元/（kW·h）（国家发展和改革委员会，2003）。

2011 年，国家发展和改革委员会发布《国家发展改革委关于适当调整电价有关问题的通知》，三峡地下电站投入商业运营后，三峡水电站送湖北上网电价调整为 0.250 6 元/（kW·h），送其他地区上网电价提高 0.19 分/（kW·h），三峡水电站送电至各地区的落地电价相应调整（国家发展和改革委员会，2011b）。

2019 年，国家发展和改革委员会发布《国家发展改革委关于降低一般工商业电价的通知》后，各水库上网电价有所下降。例如：上海发展和改革委员会将三峡水电站上网电价调整为 0.261 3 元/（kW·h），向家坝水电站上网电价暂按 0.283 4 元/（kW·h）；湖南省发展和改革委员会将三峡水库和葛洲坝水库送湖南电量的上网电价分别下调 0.83 分/（kW·h）、0.87 分/（kW·h），调整后的标准分别为 0.233 3 元/（kW·h）、0.246 3 元/（kW·h）（国家发展和改革委员会，2019）。三峡水库和葛洲坝水库送电至湖南省的落地电价相应调整。

葛洲坝水电站主送湖北和湖南，根据《国家发展改革委关于调整华中电网电价的通知》，葛洲坝水电站送湖北基数电量上网电价由0.18元/（kW·h）调整为0.195元/（kW·h）。2019年，湖南下调葛洲坝水电站送湖南电量上网电价至0.246 3元/（kW·h）（国家发展和改革委员会，2011c）。

综合溪洛渡水库、向家坝水库、三峡水库和葛洲坝水库电价调整情况，结合近几年水库上网价格，溪洛渡水库、向家坝水库、三峡水库和葛洲坝水库平均上网价格可按0.31元/（kW·h）、0.30元/（kW·h）、0.25元/（kW·h）和0.22元/（kW·h）考虑。

## 7.5　水量调度和发电调度协调模型构建

以保障汛前防洪安全条件下三峡水库出库流量要求为基础，以航运、生态调度试验等方面的水量调度要求为边界条件，综合考虑上游水库的调度影响，建立包含消落期电力负荷需求曲线、丰枯电价等因素在内的溪洛渡水库、向家坝水库、三峡水库和葛洲坝水库水调电调协调模型。

### 1. 目标函数

梯级水库发电调度主要有两类优化准则，一类是发电量最大，二类是发电效益最大，采用梯级水库消落期多年平均发电量最大为目标，其目标函数描述如下：

$$\max \overline{E}=\frac{\sum_{y=1}^{Y}\sum_{k=1}^{M_k}\sum_{t=1}^{T}N_i^t(Q_i^t\cdot H_i^t)\cdot\Delta T}{Y}\tag{7.1}$$

式中：$\overline{E}$为梯级水库消落期多年平均发电量；$N_i^t$为第$i$个水库在第$t$时段的出力，由$Q_i^t$，$H_i^t$确定，$Q_i^t$为发电流量，$H_i^t$为水头；$M_k$为梯级电站个数；$\Delta T$为时段时长；$T$为时段数；$Y$为计算采用的年数。

采用梯级水库消落期多年平均总发电效益最大为优化准则，其目标函数描述如下：

$$\max \overline{F}=\frac{\sum_{y=1}^{Y}\sum_{k=1}^{M_k}\sum_{t=1}^{T}N_i^t(Q_i^t\cdot H_i^t)\cdot\Delta T\cdot P_{i,t}}{Y}\tag{7.2}$$

式中：$\overline{F}$为梯级水库消落期多年平均总发电效益；$P_{i,t}$为第$i$个水库在第$t$时段的平均电价。

### 2. 约束条件

（1）水量平衡。

$$V_{i,t+1}=V_{i,t}+\left[I_{i,t}-Q_{i,t}+\sum_{n=1}^{N_{u,n}}Q_{k,t}-T_{k,t}\right]\cdot\Delta t\tag{7.3}$$

式中：$V_{i,t}$、$V_{i,t+1}$分别为第$i$个水库在$t$时段初、末库容；$I_{i,t}$、$Q_{i,t}$分别为水库$i$在第$t$时段平均入库、出库流量；$N_{u,n}$为直接上游水库数量；$T_{k,t}$为水流时滞；$Q_{k,t}$为$k$水库在$t$时段的下泄流量；$\Delta t$ 为时段时长。

（2）蓄水位约束。

$$Z_{i,t}^{\min} \leqslant Z_{i,t} \leqslant Z_{i,t}^{\max} \tag{7.4}$$

式中：$Z_{i,t}$ 为水库 $i$ 在时段 $t$ 的坝前水位，可由水量平衡方程求得库容再查询水位-库容曲线求得；$Z_{i,t}^{\max}$ 、$Z_{i,t}^{\min}$ 为其 $t$ 时段初上游水位的最大值、最小值，需综合考虑防洪、航运等需求确定。

结合溪洛渡水库、向家坝水库和三峡水库调度要求，各水库 10 月～次年 6 月最高水位、最低水位如表 7.11 所示。葛洲坝水库为日调节水库，本书研究时间尺度为旬，日调节水位变动对旬平均水位影响较小，因此葛洲坝水库水位按 65 m 计算。

**表 7.11　溪洛渡水库、向家坝水库和三峡水库水位约束**　（单位：m）

| 时间 | 溪洛渡水库 | | 向家坝水库 | | 三峡水库 | |
|---|---|---|---|---|---|---|
| | 最高水位 | 最低水位 | 最高水位 | 最低水位 | 最高水位 | 最低水位 |
| 10 月上旬 | 600 | 540 | 380 | 370 | 175 | 155 |
| 10 月中旬 | 600 | 540 | 380 | 370 | 175 | 155 |
| 10 月下旬 | 600 | 540 | 380 | 370 | 175 | 155 |
| 11 月上旬 | 600 | 540 | 380 | 370 | 175 | 155 |
| 11 月中旬 | 600 | 540 | 380 | 370 | 175 | 155 |
| 11 月下旬 | 600 | 540 | 380 | 370 | 175 | 155 |
| 12 月上旬 | 600 | 540 | 380 | 370 | 175 | 155 |
| 12 月中旬 | 600 | 540 | 380 | 370 | 175 | 155 |
| 12 月下旬 | 600 | 540 | 380 | 370 | 175 | 155 |
| 1 月上旬 | 600 | 540 | 380 | 370 | 175 | 155 |
| 1 月中旬 | 600 | 540 | 380 | 370 | 175 | 155 |
| 1 月下旬 | 600 | 540 | 380 | 370 | 175 | 155 |
| 2 月上旬 | 600 | 540 | 380 | 370 | 175 | 155 |
| 2 月中旬 | 600 | 540 | 380 | 370 | 175 | 155 |
| 2 月下旬 | 600 | 540 | 380 | 370 | 175 | 155 |
| 3 月上旬 | 600 | 540 | 380 | 370 | 175 | 155 |
| 3 月中旬 | 600 | 540 | 380 | 370 | 175 | 155 |
| 3 月下旬 | 600 | 540 | 380 | 370 | 175 | 155 |
| 4 月上旬 | 600 | 540 | 380 | 370 | 175 | 155 |
| 4 月中旬 | 600 | 540 | 380 | 370 | 175 | 155 |

续表

| 时间 | 溪洛渡水库 | | 向家坝水库 | | 三峡水库 | |
|---|---|---|---|---|---|---|
| | 最高水位 | 最低水位 | 最高水位 | 最低水位 | 最高水位 | 最低水位 |
| 4月下旬 | 600 | 540 | 380 | 370 | 175 | 155 |
| 5月上旬 | 600 | 540 | 380 | 370 | 175 | 145 |
| 5月中旬 | 600 | 540 | 380 | 370 | 175 | 145 |
| 5月下旬 | 600 | 540 | 380 | 370 | 155 | 145 |
| 6月上旬 | 600 | 540 | 380 | 370 | 145 | 145 |
| 6月中旬 | 600 | 540 | 380 | 370 | 145 | 145 |
| 6月下旬 | 600 | 540 | 380 | 370 | 145 | 145 |

（3）出力约束。

$$N_{i,t}^{\min} \leqslant N_{i,t} \leqslant N_{i,t}^{\max} \tag{7.5}$$

式中：$N_{i,t}$ 为水库 $i$ 在 $t$ 时段平均出力；$N_{i,t}^{\max}$、$N_{i,t}^{\min}$ 分别为水库总出力最大值、最小值，由机组动力特性、电网运行要求、机组预想出力等综合确定。

（4）流量约束。

$$Q_{i,t}^{\min} \leqslant Q_{i,t} \leqslant Q_{i,t}^{\max} \tag{7.6}$$

式中：$Q_{i,t}$ 为水库 $i$ 在第 $t$ 时段内的出库流量；$Q_{i,t}^{\max}$、$Q_{i,t}^{\min}$ 分别为流量最大值、最小值，由水电站综合利用需求、下游河道行洪航运、大坝泄流能力等确定。

（5）水头约束。

$$h_{i,t}^{\min} \leqslant h_{i,t} \leqslant h_{i,t}^{\max} \tag{7.7}$$

式中：$h_{i,t}$ 为水库 $i$ 在第 $t$ 时段内水头，由坝前平均水位和下游尾水位之差求得；$h_{i,t}^{\max}$、$h_{i,t}^{\min}$ 分别为水电站和机组允许的水头上、下限。

（6）水库初、末水位约束。

$$Z_i^{\text{Begin}} \leqslant Z_{\max} \tag{7.8}$$

$$Z_{i,T-1} = Z_i^{\text{End}} \tag{7.9}$$

式中：$Z_i^{\text{Begin}}$，$Z_i^{\text{End}}$ 分别为第 $i$ 电站起调水位和调度期末控制水位；$Z_{\max}$ 为最高限制水位；$Z_{i,T-1}$ 为第 $T-1$ 时段 $i$ 水库的水位值。

（7）水库下泄流量和尾水位关系。

溪洛渡水库尾水位受向家坝水库水位的影响，受向家坝水库顶托影响的溪洛渡水库尾水位-流量关系如表7.12所示。该关系曲线是在向家坝水库泥沙淤积30年的基础上，根据向家坝水库运行方式，通过向家坝水库不同坝前运行水位和溪洛渡水库不同出库流量组合进行推算。根据向家坝水库可行性研究阶段水库泥沙冲淤计算成果，向家坝水库运行30年时，因上游拦沙影响，泥沙淤积很少，仅4亿 $m^3$ 左右，且呈带状分布在坝前长约80 km的范围内，与空库情况下对比分析表明，向家坝水库泥沙淤积对溪洛渡水库尾水位基本无影响，因此本书采用表 7.12 所示的关系曲线计算。

**表 7.12 受向家坝水库顶托影响的溪洛渡水库尾水位-流量关系曲线**

| 溪洛渡水库出库流量/（$m^3/s$） | 向家坝水库水位/m | | | | | | | |
|---|---|---|---|---|---|---|---|---|
| | 380 | 379 | 378 | 376 | 374 | 372 | 370 | 367 |
| 1 000 | 380.13 | 379.15 | 378.17 | 376.25 | 374.37 | 372.58 | 371.11 | 370.35 |
| 2 000 | 380.59 | 379.67 | 378.75 | 377.05 | 375.46 | 374.10 | 373.03 | 372.89 |
| 3 000 | 381.19 | 380.39 | 379.55 | 378.05 | 376.78 | 375.77 | 375.03 | 374.96 |
| 4 000 | 381.84 | 381.13 | 380.45 | 379.05 | 378.05 | 377.27 | 376.74 | 376.70 |
| 5 000 | 382.73 | 382.06 | 381.48 | 380.49 | 379.56 | 378.81 | 378.40 | 378.36 |
| 6 000 | 383.50 | 382.88 | 382.32 | 381.41 | 380.76 | 380.11 | 379.77 | 379.74 |
| 7 000 | 384.38 | 383.82 | 383.31 | 382.45 | 381.79 | 381.37 | 381.06 | 381.01 |
| 8 000 | 385.30 | 384.83 | 384.38 | 383.70 | 383.13 | 382.72 | 382.45 | 382.40 |
| 9 000 | 386.39 | 385.96 | 385.59 | 384.97 | 384.47 | 384.02 | 383.84 | 383.78 |
| 10 000 | 387.42 | 387.04 | 386.69 | 386.14 | 385.72 | 385.26 | 385.20 | 385.16 |
| 15 000 | 392.09 | 391.82 | 391.55 | 391.11 | 390.74 | 390.51 | 390.40 | 390.39 |
| 20 000 | 396.43 | 396.21 | 396.01 | 395.64 | 395.38 | 395.14 | 394.99 | 394.98 |
| 25 000 | 400.13 | 399.96 | 399.81 | 399.56 | 399.34 | 399.17 | 399.02 | 399.01 |
| 30 000 | 405.03 | 404.91 | 404.80 | 404.60 | 404.44 | 404.30 | 404.18 | 404.05 |
| 35 000 | 408.57 | 408.47 | 408.38 | 408.21 | 408.06 | 407.94 | 407.84 | 407.71 |

# 7.6 优化求解方法

## 7.6.1 常用优化算法

梯级水库消落期的优化调度，来水过程一般使用历史径流系列，优化得到目标函数最大的调度过程，或者根据径流预报给出未来的来水过程，优化得到相应来水过程条件下目标函数最大的调度过程。这是以确定性来水过程为基础进行优化调度，其优化调度方法主要分为基于运筹学理论的数学优化方法和基于群集智能的现代优化算法。

1. 数学优化方法

（1）线性规划。

线性规划（linear programming，LP）是最早应用于水库优化调度的方法之一，其计算简单，不需要初始决策，计算结果能得到全局最优解，且处理大规模问题时不存在维数灾难问题，因此在水库群优化问题中得到广泛应用。线性规划方法最大的不足之处在于其模型要求目标、约束均为线性表达式，而实际调度问题中往往包含大量的复杂非线性决策变量，运用线性规划时需对调度模型进行线性化处理，从而使得调度模型对实际调度问题的描述能力下降，甚至得到不合理的结果。水库群调度中，由于防洪目标模型多以线性形式表达，所以线性规划方法以处理水库群防洪问题居多。当模型中含有发电调度目标时，同时，由于水电站出力与水电站上下游水位、出库流量的复杂非线性关系，线性规划模型难以很好地反映水库群调度的基本规律。随着水电能源的持续开发，梯级水库群的规模日趋庞大，实际调度中追求全局意义下的最优解不现实也无必要。虽然模型的线性化处理使线性规划方法在求解水库群调度问题时存在较大的误差，但其计算简单、无维数灾难问题等优良特性依然具有很强的吸引力。将线性规划与其他优化方法嵌套融合，是求解大规模梯级水库群优化调度的有效途径之一。

（2）非线性规划。

一般情况下，水库群优化调度问题可视为非线性规划（nonlinear programming，NLP）问题。与线性规划相比，非线性规划中目标函数和约束条件可包含非线性表达式，因此可较好地描述水库调度问题，具有更强的适用性。非线性规划虽能很好地描述水库群调度问题，但其求解比线性规划要困难得多，而且不像线性规划有单纯形法这类成熟通用的求解方法，各种求解方法都有自己特定的适用范围，从而限制了其在水库群优化调度中的应用。

（3）大系统分解协调。

大系统分解协调方法的基本思路是将复杂系统分解成若干相对独立的子系统，以达到降低问题求解复杂度的目的，系统中各子系统相对独立优化，并通过设置的上层协调器进行协调，以实现系统的全局优化。由于各子系统（问题）的变量及约束条件相对较少，求解较为容易，从而使得问题求解所需内存和计算耗时大大缩短，可有效避免维数灾难问题。

研究结果表明，大系统分解协调算法可有效克服求解大规模水库群联合调度问题时的维数灾难问题，但其收敛性受选取的协调变量影响较大，在一定程度上限制了其工程应用。

（4）动态规划及其相关改进方法。

动态规划（dynamic programming，DP）将复杂优化问题分解成多阶段的子问题进行求解，是求解复杂非线性优化问题的一种有效方法。动态规划方法对调度目标、约束的形式（连续或离散、线性或非线性、是否可导）没有要求，只要是能构成多阶段决策过程，都可用动态规划来求解，具有极强的适应性和工程应用价值。动态规划及其改进方法是水库调度领域研究得最多、理论最为成熟、应用最为广泛的优化方法。理论上，动态规划可获得给定离散精度下的最优解，但随着水电站数目的增多和决策变量离散点数的增加，动态规划会出现维数灾难问题，从而导致其一般只用于水库较少的情况。为将其应用于大规模水库群优化调度问题的求解，学者们提出了一些改进算法，主要包括增量动态规划（increment dynamic programming，IDP）、逐次逼近动态规划（dynamic programming successive approximation，DPSA）、离散微分动态规划（discrete differential dynamic programming，DDDP）和逐次优化算法（progressive optimality algorithm，POA）等。其中，离散微分动态规划和逐次优化算法是使用最多的两种改进方法。

离散微分动态规划是一种循环的动态规划，它从一个可行初始调度线开始，在初始调度线邻域内运用动态规划进行寻优，在邻域内寻找一条最优轨迹，然后以该最优轨迹为初始轨迹，重复操作直至达到收敛精度为止。由于离散微分动态规划在给定调度线邻域内寻优，每次迭代计算时的离散点数较少，从而大大减少了所需存储空间和计算耗时，适应于大规模水库群的联合优化调度问题。离散微分动态规划的主要不足之处在于其需要初始决策轨迹，一方面，给出合理的初始轨迹较为困难，另一方面，从初始轨迹出发求得的最优解不能保证是全局最优解。通常的解决方法是设置多种初始试验轨迹进行计算，取其中的最优解。

2. 现代优化算法

随着计算机技术的进步，一类基于生物进化、物理学现象的现代优化算法得到极大发展。这类算法大多基于种群演化机制，是一类基于群集智能的现代优化算法，其突出优势在于其内在的并行性，求解效率较传统方法要高。同时，现代优化算法不需要对决策变量进行离散，随着水电站数目的增加，计算量呈线性增加，不存在动态规划方法面临的维数灾难问题。此外，这类方法对调度目标、约束函数没有特殊要求（如连续、可导），适应性较强。目前，各种现代优化算法不断涌现，其中，应用较多的有遗传算法（genetic algorithm，GA）、粒子群算法（particle swarm optimization，PSO）、蚁群算法（ant colony optimization，ACO）、混沌优化算法等。

遗传算法是一种源于自然界生物进化的优化方法。作为一种启发式优化算法，遗传算法在求解复杂非线性优化问题时的优良特性，使其成为在水电能源系统优化领域被广泛应用的算法之一。与传统优化方法相比，遗传算法在求解复杂水库群优化调度时具有计算速度快，收敛精度高等优势，能有效克服传统优化方法存在的维数灾难问题，但在应用于实际问题时，依然存在早熟收敛、约束条件难以处理等难题，需根据具体问题研究对应的改进方法。

粒子群算法是在鸟群觅食行为启发下提出的一种启发式算法，其基本思想是鸟群在迁徙过程中，根据个体及群体信息来调整自己的位置，向最优位置移动，以实现群体的优化。粒子群算法在水电能源系统优化调度领域的应用研究起步较晚。

蚁群算法是受自然界蚁群集体行为启发而提出的一种现代优化算法，通过蚁群间的信息传递和相互协作达到寻优的目的，该算法具有较强的分布式并行搜索能力，被广泛应用于复杂非线性优化问题的求解。

混沌优化算法是从混沌理论发展而来的一种新型优化技术。混沌是自然界广泛存在的一种非周期运动形式，混沌现象是介于确定和随机之间的一种行为，也称确定性随机现象，具有随机性、遍历性、初值敏感性等性质。混沌优化算法正是利用这些性质对复杂优化问题进行求解，其遍历性可对整个决策域进行无重复搜索，可有效克服早熟收敛问题，但同时也存在计算量较大的问题。混沌优化算法大多作为局部搜索算子在给定解邻域进行精细化搜索，通常与其他算法结合使用。

### 7.6.2 优化方法选择

从梯级水库群优化调度模型描述可以看出，其决策变量众多，约束条件也十分复杂。同时，某一时段的水位、出力、流量都会影响到后续时段的水位、出力、流量过程，即各时段决策变量间并不独立，具有一定的耦合关系，其目标函数的优化往往依赖于多维决策变量的整体变化。传统遗传算法在处理这类问题时，往往需要大量的目标函数评价，求解效率较低。本书选用逐次优化算法求解优化模型。

逐次优化算法是动态规划最优性原理的一个推论，将多阶段决策问题分解成若干子问题，子问题之间由系统状态联系。每个子问题仅考虑某个时段的状态及相邻两个时段的子目标值，逐个时段进行寻优，直到收敛。逐次优化算法对初始近似解有一定的要求，初始近似解直接影响迭代计算次数和计算时间，同时也影响计算结果的好坏，当初始近似解比较接近最优解时，可很快收敛到全局最优解；但当初始近似解离最优解较远时，迭代次数和计算量较大，且可能收敛不到全局最优解，而只是收敛到局部最优解。但当模型是凸规划问题时，初始解的好坏只影响迭代计算次数和计算时间，不会影响最优解的计算结果，即一定会收敛到全局最优解。

由于逐次优化算法中没有递推方程，每个子问题为一约束最优化问题，所以状态变量不必离散化，可根据具体情况灵活选用约束非线性规划方法直接搜索得到较精确的解。逐次优化算法可处理效益函数不连续的问题，还可以把上、下游的流量传播时间同时考虑进去。实践证明，对确定性多状态，多阶段问题，逐次优化算法是一个较好的方法，从根本上消灭了维数灾难问题。因此，本节采用逐次优化算法优化梯级水库消落调度过程。

# 7.7　梯级水库消落调度过程优化

## 7.7.1　梯级水库发电量最大调度过程

### 1. 目标函数及其参数

以溪洛渡水库、向家坝水库、三峡水库和葛洲坝水库多年平均发电量最大作为目标，目标函数见式（7.1）。

### 2. 模型边界条件

梯级水库消落期优化调度模型边界条件主要包括各水库调度时段初和时段末水位、水库下泄流量、来水过程等，优化参数为溪洛渡水库、向家坝水库和三峡水库各旬水位过程。

本书主要研究消落期优化调度过程，研究时段为11月上旬～次年6月下旬，溪洛渡水库、向家坝水库和三峡水库分别按照10月底蓄水至正常蓄水位、6月底水位控制在汛限水位及以下进行控制。

水库下泄流量取值方法为：当计算得到的下泄流量小于水库最小下泄流量且水库水位高于死水位时，水库按最小下泄流量下泄，当计算得到的下泄流量小于水库最小下泄流量且水库水位位于死水位时，按计算得到的下泄流量下泄。

溪洛渡水库入库流量、溪洛渡水库至向家坝水库区间流量、向家坝水库至三峡水库区间流量采用金沙江中游梯级水库、雅砻江梯级水库、乌东德水库和白鹤滩水库分别按照调度图调度后的流量过程作为边界条件。

由于本模型计算时间尺度为旬，所以可不考虑梯级水库间下泄流量传播时间的影响。

### 3. 梯级水库最优水位过程分析

建立的梯级水库优化调度模型，多年平均发电量最大情况下梯级水库优化水位过程如表 7.13 所示。

**表 7.13 多年平均发电量最大情况下梯级水库优化水位过程**

| 时间 | 水位/m | | |
|---|---|---|---|
| | 溪洛渡水库 | 向家坝水库 | 三峡水库 |
| 11 月上旬 | 600.0 | 380.0 | 175.0 |
| 11 月中旬 | 599.9 | 379.9 | 175.0 |
| 11 月下旬 | 600.0 | 380.0 | 175.0 |
| 12 月上旬 | 600.0 | 380.0 | 175.0 |
| 12 月中旬 | 600.0 | 379.8 | 174.8 |
| 12 月下旬 | 600.0 | 380.0 | 174.3 |
| 1 月上旬 | 599.9 | 380.0 | 175.0 |
| 1 月中旬 | 600.0 | 380.0 | 175.0 |
| 1 月下旬 | 599.6 | 380.0 | 175.0 |
| 2 月上旬 | 600.0 | 380.0 | 174.3 |
| 2 月中旬 | 600.0 | 380.0 | 175.0 |
| 2 月下旬 | 599.9 | 379.9 | 175.0 |
| 3 月上旬 | 600.0 | 380.0 | 175.0 |
| 3 月中旬 | 599.7 | 380.0 | 175.0 |
| 3 月下旬 | 599.8 | 379.9 | 175.0 |
| 4 月上旬 | 599.9 | 379.9 | 175.0 |
| 4 月中旬 | 592.3 | 379.9 | 175.0 |
| 4 月下旬 | 580.7 | 380.0 | 173.4 |
| 5 月上旬 | 574.5 | 379.6 | 169.5 |
| 5 月中旬 | 565.6 | 380.0 | 163.9 |
| 5 月下旬 | 555.9 | 379.9 | 155.0 |
| 6 月上旬 | 546.0 | 379.7 | 145.0 |
| 6 月中旬 | 549.0 | 374.7 | 145.0 |
| 6 月下旬 | 560.0 | 370.0 | 145.0 |

从表 7.13 中可以看出，按照梯级水库发电量最大为目标优化水库调度过程，各水库水位过程具有如下特点：①溪洛渡水库 4 月上旬及以前水库最优水位过程基本接近正常蓄水位，4 月中旬起逐步消落，6 月上旬消落至最低水位 546.0 m，6 月中下旬水库逐步蓄水，至 6 月底蓄至正常蓄水位；②向家坝水库 6 月上旬前水库最优水位过程基本接近正常蓄水位，6 月中下旬逐步消落至汛限水位 370.0 m；③三峡水库 4 月中旬前水库最优水位过程基本接近正常蓄水位，4 月下旬逐步消落，5 月下旬消落至 155.0 m 以下，6 月上旬末消落至汛限水位 145.0 m。

从溪洛渡水库和向家坝水库水位过程可以看出，在向家坝水库水位对溪洛渡水库尾水位有顶托影响的情况下，向家坝水库维持高水位，梯级水电站具有较好的发电效益，同时溪洛渡水库最低水位高于 546.0 m，不会对机组稳定运行产生影响。因此，向家坝水库维持高水位运行，水库具有更好的发电效益。

## 7.7.2　考虑电价因素的发电效益最大水位过程

以溪洛渡水库、向家坝水库、三峡水库和葛洲坝水库多年平均发电效益最大作为目标，目标函数见式（7.2）。

应用建立的梯级水库优化调度模型，多年平均发电效益最大情况下梯级水库优化水位过程如表 7.14 所示。

表 7.14　多年平均发电效益最大情况下梯级水库优化水位过程

| 时间 | 水位/m | | |
|---|---|---|---|
| | 溪洛渡水库 | 向家坝水库 | 三峡水库 |
| 11 月上旬 | 600.0 | 380.0 | 175.0 |
| 11 月中旬 | 599.9 | 379.9 | 175.0 |
| 11 月下旬 | 600.0 | 380.0 | 175.0 |
| 12 月上旬 | 600.0 | 380.0 | 175.0 |
| 12 月中旬 | 600.0 | 379.8 | 174.8 |
| 12 月下旬 | 600.0 | 380.0 | 174.3 |
| 1 月上旬 | 599.9 | 380.0 | 175.0 |
| 1 月中旬 | 600.0 | 380.0 | 175.0 |
| 1 月下旬 | 599.6 | 380.0 | 175.0 |
| 2 月上旬 | 600.0 | 380.0 | 174.3 |
| 2 月中旬 | 600.0 | 380.0 | 175.0 |
| 2 月下旬 | 599.9 | 379.9 | 175.0 |
| 3 月上旬 | 600.0 | 380.0 | 175.0 |
| 3 月中旬 | 599.7 | 380.0 | 175.0 |

续表

| 时间 | 水位/m | | |
| --- | --- | --- | --- |
| | 溪洛渡水库 | 向家坝水库 | 三峡水库 |
| 3 月下旬 | 599.8 | 379.9 | 175.0 |
| 4 月上旬 | 599.9 | 379.9 | 175.0 |
| 4 月中旬 | 592.3 | 379.9 | 175.0 |
| 4 月下旬 | 580.7 | 380.0 | 173.4 |
| 5 月上旬 | 574.5 | 379.6 | 169.5 |
| 5 月中旬 | 565.6 | 380.0 | 163.9 |
| 5 月下旬 | 555.9 | 379.9 | 155.0 |
| 6 月上旬 | 546.0 | 379.7 | 145.0 |
| 6 月中旬 | 549.0 | 374.7 | 145.0 |
| 6 月下旬 | 560.0 | 370.0 | 145.0 |

从表 7.14 中可以看出，考虑电价因素后，以梯级水库多年平均发电效益最大为优化目标，梯级水库最优水位过程与发电量最大最优水位过程基本一致，由此可见电价差异对梯级水库最优水位过程影响较小。分析溪洛渡水库、向家坝水库和三峡水库最优水位过程特点可以看出，各水库消落期均在满足最小下泄流量条件下维持高水位运行，提高水库发电水头，整体发电量和发电效益均最优。

### 7.7.3 电网消纳对消落期影响

从梯级水库发电量最大和发电效益最大的调度过程可以看出，在不考虑电网消纳影响时，溪洛渡水库和三峡水库 1～4 月维持高水位运行，5～6 月逐步消落。这种调度方式可以充分发挥水库的水头效应，但是 4～5 月集中消落，水库出力较大，可能出现电网消纳不足，导致水库被动弃水，不能发挥优化效益的问题。

以 2018 年 4～5 月三峡水库出力过程为例进行分析，三峡水库全厂旬平均出力情况如表 7.15 所示。

**表 7.15　2018 年 4～5 月三峡水库全厂旬平均出力**

| 时间 | 全厂旬平均出力/MW |
| --- | --- |
| 4 月上旬 | 6 602 |
| 4 月中旬 | 8 375 |
| 4 月下旬 | 9 366 |
| 5 月上旬 | 11 543 |
| 5 月中旬 | 12 256 |
| 5 月下旬 | 15 191 |

以三峡水库 4 月旬平均出力不大于 10 000 MW，6 月旬平均出力不大于 16 000 MW 为约束条件，分析增加电网消纳约束后三峡水库消落过程，结果如表 7.16 和图 7.3 所示。

**表 7.16　多年平均发电效益最大情况下梯级水库优化水位过程**　（单位：m）

| 时间 | 不考虑 4～5 月出力约束水位过程 | 考虑 4～5 月出力约束水位过程 |
|---|---|---|
| 11 月上旬 | 175.0 | 175.0 |
| 11 月中旬 | 175.0 | 175.0 |
| 11 月下旬 | 175.0 | 175.0 |
| 12 月上旬 | 175.0 | 175.0 |
| 12 月中旬 | 174.8 | 174.8 |
| 12 月下旬 | 174.3 | 174.3 |
| 1 月上旬 | 175.0 | 175.0 |
| 1 月中旬 | 175.0 | 175.0 |
| 1 月下旬 | 175.0 | 175.0 |
| 2 月上旬 | 174.3 | 175.0 |
| 2 月中旬 | 175.0 | 175.0 |
| 2 月下旬 | 175.0 | 174.9 |
| 3 月上旬 | 175.0 | 175.0 |
| 3 月中旬 | 175.0 | 174.7 |
| 3 月下旬 | 175.0 | 169.5 |
| 4 月上旬 | 175.0 | 167.4 |
| 4 月中旬 | 175.0 | 166.8 |
| 4 月下旬 | 173.4 | 165.4 |
| 5 月上旬 | 169.5 | 164.5 |
| 5 月中旬 | 163.9 | 158.4 |
| 5 月下旬 | 155.0 | 155.0 |
| 6 月上旬 | 145.0 | 145.0 |
| 6 月中旬 | 145.0 | 145.0 |
| 6 月下旬 | 145.0 | 145.0 |

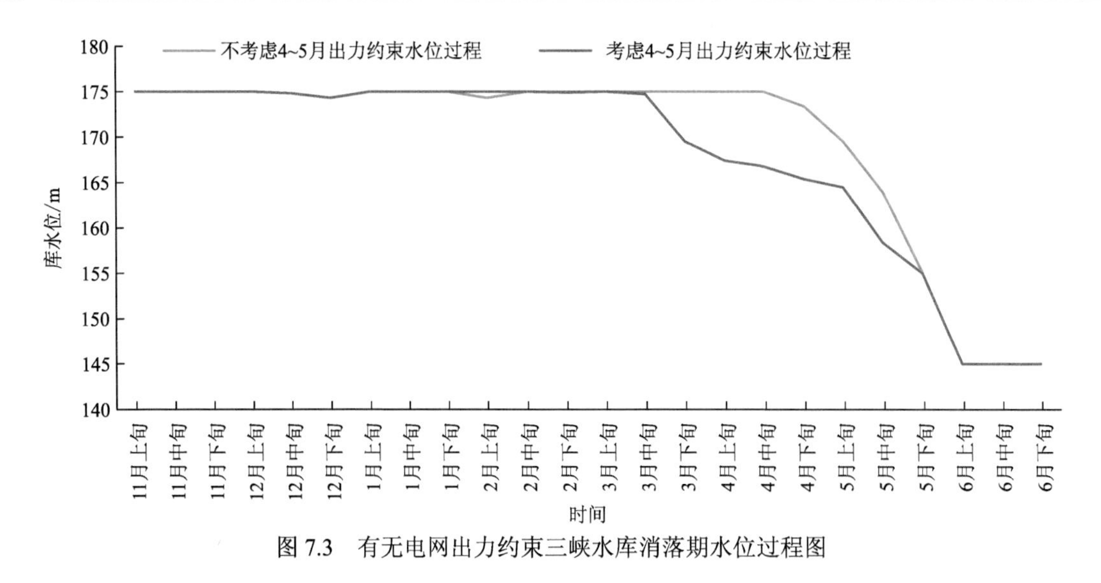

图 7.3　有无电网出力约束三峡水库消落期水位过程图

从表 7.16 和图 7.3 中可以看出，考虑电网消纳约束后，为了避免电网消纳不足导致被动弃水，三峡水库从 3 月中旬开始逐步消落水位。与不考虑 4～5 月电网消纳约束相比，水库消落时机提前，消落速率更加平缓。

## 7.7.4　考虑电网调度运行特点的调度过程

从梯级水库消落期优化调度过程可以看出，在保障水库下泄流量不小于最小下泄流量、尽量减少汛前弃水的前提下，消落前期维持高水位运行、消落期末端集中消落，具有比较好的发电效益。但在实际调度中，电网由于供电需求，水库水位将提前消落。

分析溪洛渡水库、向家坝水库和三峡水库消落期平均水位过程，向家坝水库 2013 年 8 月 12 日首次蓄水至正常蓄水位 380 m，溪洛渡水库 2014 年 9 月 28 日首次蓄水至正常蓄水位 600 m，因此向家坝水库和三峡水库从 2013 年开始统计，溪洛渡水库从 2014 年开始统计。溪洛渡水库、向家坝水库和三峡水库月末水位过程如表 7.17、表 7.18 和表 7.19 所示。

**表 7.17　溪洛渡水库月末水位过程**　（单位：m）

| 日期 | 2014 年 | 2015 年 | 2016 年 | 2017 年 | 2018 年 | 平均水位 |
|---|---|---|---|---|---|---|
| 11 月 30 日 | 596.67 | 588.38 | 594.85 | 591.43 | 597.87 | 593.84 |
| 12 月 31 日 | 588.12 | 579.40 | 591.44 | 587.82 | 596.80 | 588.72 |
| 1 月 31 日 | 584.84 | 582.09 | 589.52 | 579.34 | 589.61 | 585.08 |
| 2 月 28 日 | 594.06 | 581.33 | 588.03 | 573.74 | 584.96 | 584.42 |
| 3 月 31 日 | 590.25 | 579.16 | 582.10 | 571.82 | 581.32 | 580.93 |
| 4 月 30 日 | 566.43 | 560.04 | 564.71 | 571.80 | 569.97 | 566.59 |
| 5 月 31 日 | 547.30 | 551.87 | 546.46 | 548.86 | 550.98 | 549.09 |
| 6 月 30 日 | 557.43 | 562.90 | 560.55 | 560.69 | 553.83 | 559.08 |

表 7.18　向家坝水库月末水位过程　（单位：m）

| 日期 | 2013 年 | 2014 年 | 2015 年 | 2016 年 | 2017 年 | 2018 年 | 平均水位 |
|---|---|---|---|---|---|---|---|
| 11 月 30 日 | 378.78 | 378.74 | 377.92 | 377.83 | 375.78 | 374.49 | 377.26 |
| 12 月 31 日 | 378.89 | 379.05 | 378.26 | 376.57 | 375.42 | 376.12 | 377.39 |
| 1 月 31 日 | 379.56 | 379.44 | 378.55 | 375.77 | 372.98 | 378.04 | 377.39 |
| 2 月 28 日 | 379.14 | 375.30 | 378.15 | 378.46 | 375.41 | 375.12 | 376.93 |
| 3 月 31 日 | 379.03 | 377.33 | 378.45 | 374.96 | 377.32 | 377.92 | 377.50 |
| 4 月 30 日 | 378.32 | 375.15 | 378.87 | 375.57 | 377.52 | 376.43 | 376.98 |
| 5 月 31 日 | 378.47 | 376.95 | 377.00 | 373.89 | 377.23 | 371.91 | 375.91 |
| 6 月 30 日 | 374.58 | 371.51 | 373.38 | 371.75 | 371.15 | 372.30 | 372.45 |

表 7.19　三峡水库月末水位过程　（单位：m）

| 日期 | 2013 年 | 2014 年 | 2015 年 | 2016 年 | 2017 年 | 2018 年 | 平均水位 |
|---|---|---|---|---|---|---|---|
| 11 月 30 日 | 174.56 | 174.80 | 173.96 | 174.74 | 174.18 | 174.37 | 174.44 |
| 12 月 31 日 | 173.36 | 171.59 | 173.92 | 172.16 | 173.65 | 174.42 | 173.18 |
| 1 月 31 日 | 168.32 | 170.62 | 170.97 | 169.68 | 171.99 | 170.84 | 170.40 |
| 2 月 28 日 | 163.48 | 168.15 | 168.58 | 167.15 | 166.50 | 169.03 | 167.15 |
| 3 月 31 日 | 160.99 | 164.47 | 166.90 | 164.04 | 161.74 | 165.95 | 164.02 |
| 4 月 30 日 | 162.30 | 162.29 | 160.28 | 160.45 | 161.44 | 158.95 | 160.95 |
| 5 月 31 日 | 149.32 | 149.75 | 148.62 | 149.26 | 150.38 | 149.46 | 149.47 |

从表 7.17～表 7.19 中可以看出，溪洛渡水库 11 月底水位一般在 590.00 m 以上，3 月底溪洛渡水库水位位于 580.00 m 左右，5 月底溪洛渡水库水位位于 549.00 m 左右，6 月底蓄水至 560.00 m 左右。向家坝水库 11 月～次年 5 月水位一般维持在 377.00 m 左右，6 月底消落至汛限水位附近。三峡水库 12 月底平均水位位于 173.00 m 以上，1 月底平均水位位于 170.00 m 左右，3 月底平均水位位于 164.00 m 左右，4 月底平均水位位于 160.00 m 左右，5 月底平均水位消落至 150.00 m 左右。

综合溪洛渡水库设置应急水量的最低水位、消落期调度平均水位、发电量及发电效益最大的优化水位过程，溪洛渡水库消落期水位过程如图 7.4 所示。

从图 7.4 中可以看出，溪洛渡水库平均水位过程和优化水位过程均远高于设置应急水量的最低水位过程，应急水量有较高的保障程度，同时设置最低水位过程，能够同时兼顾应急水量调度需求和发电需求。另外，优化水位过程一般高于平均水位过程，但是两种水位过程均从 4 月上旬加速消落，6 月上旬消落至最低水位，6 月中下旬反蓄。说明消落期初期（11 月～次年 3 月）因电网供电需求加大出力和下泄流量，降低了溪洛渡水库发电水头，对梯级水库的发电效益有一定影响。

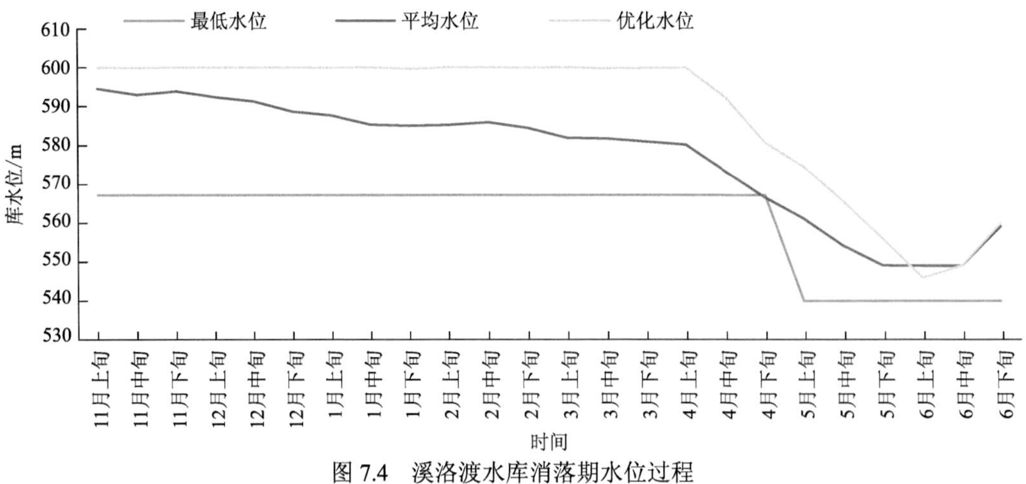


图 7.4　溪洛渡水库消落期水位过程

综合三峡水库设置应急水量的最低水位、消落期调度平均水位、发电量及发电效益最大的优化水位过程，三峡水库消落期水位过程如图 7.5 所示。

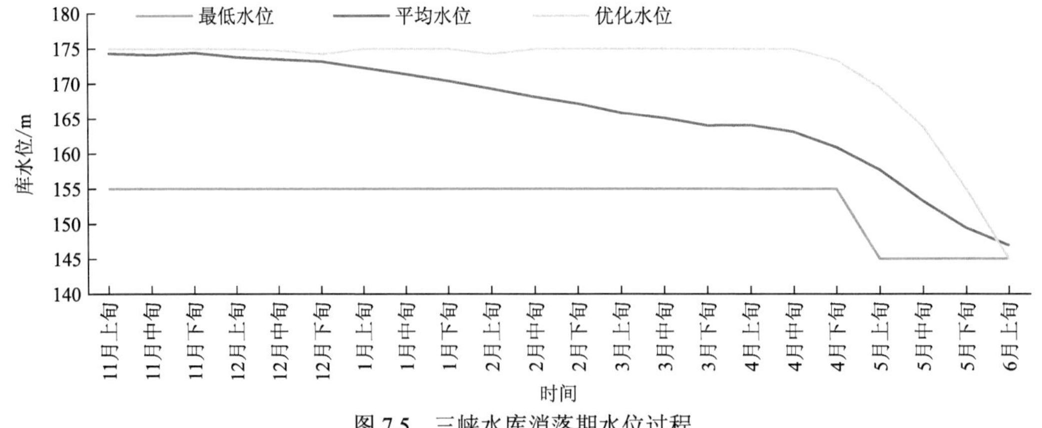


图 7.5　三峡水库消落期水位过程

从图 7.5 中可以看出，三峡水库平均水位过程和优化水位过程均远高于设置应急水量的最低水位过程，应急水量设置有较高的保障程度，对三峡水库消落期发电和其他综合利用调度基本无影响。优化水位过程一般高于平均水位过程，4 月中旬前基本不消落，4 月中旬～6 月上旬水库集中消落。由于运行过程中来水情况不同，实际水位过程会低于优化水位过程提出的目标水位，即三峡水库入库流量大于最小下泄流量时，三峡水库按旬末水位达到优化水位运行，三峡水库入库流量小于最小下泄流量时，水库按最小下泄流量下泄，旬末水位低于优化水位过程。

# 第8章

# 长江上游支流应急补水能力分析

为了适应长江上游支流应急补水预案的修编（编制）要求，本章重点针对雅砻江和乌江流域开展应急补水能力分析。本章依据《中华人民共和国水法》（2016年）、《中华人民共和国突发事件应对法》（2007年）、《中华人民共和国抗旱条例》（2009年）、《国家防汛抗旱应急预案》（2006年）、《国家突发公共事件总体应急预案》（2006年）、《国家自然灾害救助应急预案》（2016年）、《长江流域综合规划（2012～2030年）》等相关法律法规和政策文件，从供水断面需水、水库可调水量、断面水情分析等方面，对补水涉及水库的供水能力进行分析，可为应急补水预案编制工作提供支撑。

# 8.1　嘉陵江控制断面可调水量和情势分析

根据预案调度保障范围，依据长系列调节演算成果数据，对亭子口站、北碚站可调水量进行分析。

## 8.1.1　亭子口站可调水量

亭子口站上游列为调度水源工程的有碧口水库、宝珠寺水库、亭子口水库，根据长系列 1959～2014 年水文资料，对 3 座水库联合调度运行计算，碧口水库、宝珠寺水库、亭子口水库 3 座水库可调水量加和可视为亭子口站可调水量。

经计算，亭子口站可调水量如表 8.1、图 8.1 所示。

**表 8.1　亭子口站可调水量统计表**　（单位：亿 $m^3$）

| 时间 | | 最大值 | 最小值 | 平均值 | 均方差 | 时间 | | 最大值 | 最小值 | 平均值 | 均方差 |
|---|---|---|---|---|---|---|---|---|---|---|---|
| 1月 | 上旬 | 29.53 | 6.74 | 27.29 | 4.47 | 7月 | 上旬 | 17.79 | 3.22 | 14.32 | 2.77 |
| | 中旬 | 28.74 | 5.42 | 26.12 | 4.55 | | 中旬 | 17.79 | 6.13 | 16.61 | 2.51 |
| | 下旬 | 27.74 | 3.86 | 24.72 | 4.62 | | 下旬 | 17.79 | 9.40 | 17.18 | 1.65 |
| 2月 | 上旬 | 26.51 | 2.48 | 23.20 | 4.66 | 8月 | 上旬 | 17.79 | 14.74 | 17.65 | 0.54 |
| | 中旬 | 24.99 | 1.69 | 21.42 | 4.61 | | 中旬 | 17.79 | 16.61 | 17.75 | 0.19 |
| | 下旬 | 23.79 | 1.34 | 20.02 | 4.53 | | 下旬 | 17.79 | 17.38 | 17.78 | 0.05 |
| 3月 | 上旬 | 23.22 | 0.80 | 18.87 | 4.53 | 9月 | 上旬 | 28.38 | 17.21 | 19.00 | 2.80 |
| | 中旬 | 22.20 | 0.10 | 17.31 | 4.46 | | 中旬 | 28.38 | 16.89 | 24.49 | 3.45 |
| | 下旬 | 21.41 | 0.00 | 15.91 | 4.36 | | 下旬 | 28.38 | 16.95 | 26.55 | 3.08 |
| 4月 | 上旬 | 20.64 | 0.00 | 14.57 | 4.25 | 10月 | 上旬 | 32.21 | 16.37 | 28.90 | 3.54 |
| | 中旬 | 20.19 | 0.00 | 13.87 | 4.29 | | 中旬 | 32.21 | 15.78 | 30.20 | 3.58 |
| | 下旬 | 18.42 | 0.00 | 12.87 | 4.29 | | 下旬 | 32.21 | 15.02 | 30.82 | 3.50 |
| 5月 | 上旬 | 18.57 | 1.02 | 13.18 | 4.27 | 11月 | 上旬 | 32.21 | 14.18 | 30.81 | 3.66 |
| | 中旬 | 20.29 | 1.96 | 13.37 | 4.21 | | 中旬 | 32.21 | 13.24 | 30.79 | 3.85 |
| | 下旬 | 22.40 | 2.40 | 12.77 | 4.16 | | 下旬 | 32.21 | 12.24 | 30.75 | 4.02 |
| 6月 | 上旬 | 22.95 | 0.63 | 11.72 | 4.02 | 12月 | 上旬 | 32.21 | 10.93 | 30.49 | 4.27 |
| | 中旬 | 20.59 | 0.43 | 12.08 | 3.69 | | 中旬 | 31.30 | 9.71 | 29.54 | 4.31 |
| | 下旬 | 17.79 | 0.43 | 10.42 | 2.72 | | 下旬 | 30.52 | 8.27 | 28.62 | 4.43 |

注：表中数据为各旬旬末可调水量。

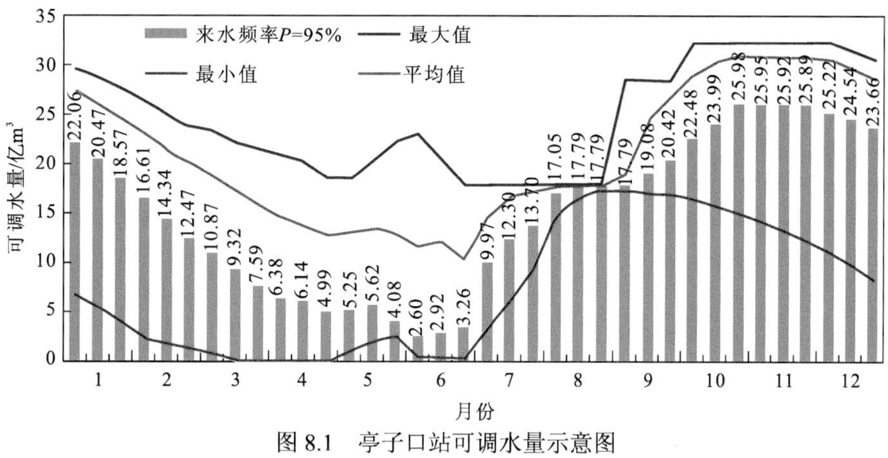


图 8.1　亭子口站可调水量示意图

## 8.1.2　北碚站可调水量

北碚站上游列为调度水源工程的有碧口水库、宝珠寺水库、亭子口水库、草街水库、升钟水库和武都水库，考虑升钟水库和武都水库工程汇流面积不大，根据 1959～2014 年长系列水文资料，对汇流面积较大的碧口水库、宝珠寺水库、亭子口水库和草街水库 4 座水库联合调度运行计算，4 座水库可调水量加和作为本书对北碚口站可调水量分析数据。

经计算，北碚站可调水量如表 8.2、图 8.2 所示。

**表 8.2　北碚站可调水量统计表**　（单位：亿 m³）

| 时间 | | 最大值 | 最小值 | 平均值 | 均方差 | 时间 | | 最大值 | 最小值 | 平均值 | 均方差 |
|---|---|---|---|---|---|---|---|---|---|---|---|
| 1 月 | 上旬 | 34.15 | 6.74 | 31.09 | 5.52 | 5 月 | 上旬 | 23.18 | 5.19 | 17.37 | 4.61 |
| | 中旬 | 33.35 | 5.42 | 29.64 | 5.60 | | 中旬 | 24.91 | 6.57 | 17.82 | 4.35 |
| | 下旬 | 32.36 | 4.01 | 27.96 | 5.69 | | 下旬 | 24.83 | 4.83 | 15.16 | 4.18 |
| 2 月 | 上旬 | 31.12 | 2.96 | 26.15 | 5.66 | 6 月 | 上旬 | 25.38 | 3.06 | 14.14 | 4.02 |
| | 中旬 | 29.60 | 1.95 | 24.09 | 5.72 | | 中旬 | 23.02 | 2.86 | 14.51 | 3.69 |
| | 下旬 | 28.40 | 1.34 | 22.53 | 5.68 | | 下旬 | 20.21 | 2.86 | 12.85 | 2.72 |
| 3 月 | 上旬 | 27.84 | 0.85 | 21.20 | 5.58 | 7 月 | 上旬 | 20.21 | 5.65 | 16.74 | 2.77 |
| | 中旬 | 26.81 | 0.35 | 19.55 | 5.42 | | 中旬 | 20.21 | 8.55 | 19.04 | 2.51 |
| | 下旬 | 26.03 | 0.00 | 17.76 | 5.38 | | 下旬 | 20.21 | 11.83 | 19.60 | 1.65 |
| 4 月 | 上旬 | 25.26 | 0.00 | 17.52 | 5.31 | 8 月 | 上旬 | 20.21 | 17.17 | 20.08 | 0.54 |
| | 中旬 | 24.80 | 0.00 | 17.10 | 5.39 | | 中旬 | 20.21 | 19.04 | 20.18 | 0.19 |
| | 下旬 | 23.04 | 0.00 | 16.25 | 5.35 | | 下旬 | 20.21 | 19.80 | 20.21 | 0.05 |

续表

| 时间 | | 最大值 | 最小值 | 平均值 | 均方差 | 时间 | | 最大值 | 最小值 | 平均值 | 均方差 |
|---|---|---|---|---|---|---|---|---|---|---|---|
| 9 月 | 上旬 | 32.99 | 19.79 | 23.58 | 2.84 | 11 月 | 上旬 | 36.83 | 15.30 | 35.34 | 4.04 |
| | 中旬 | 32.99 | 19.84 | 29.07 | 3.53 | | 中旬 | 36.83 | 14.30 | 35.32 | 4.23 |
| | 下旬 | 32.99 | 19.97 | 31.13 | 3.17 | | 下旬 | 36.83 | 13.50 | 35.29 | 4.41 |
| 10 月 | 上旬 | 36.83 | 18.94 | 33.47 | 3.70 | 12 月 | 上旬 | 36.83 | 12.37 | 34.81 | 4.79 |
| | 中旬 | 36.83 | 18.02 | 34.76 | 3.80 | | 中旬 | 35.91 | 11.12 | 33.73 | 5.05 |
| | 下旬 | 36.83 | 16.25 | 35.35 | 3.87 | | 下旬 | 35.13 | 8.27 | 32.65 | 5.38 |

注：表中数据为各旬旬末可调水量。

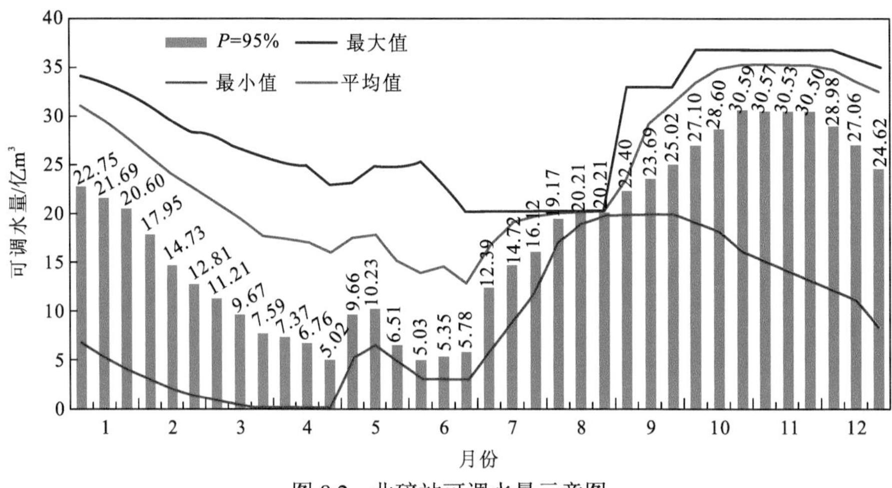

图 8.2　北碚站可调水量示意图

## 8.1.3　控制断面情势分析

根据应急调度保障范围，对亭子口站、北碚站进行水情、工情等情势分析，即对长系列年份中两控制断面各旬径流、可调水量进行初步分析。

1. 供水断面流程分析

### 1）亭子口站

根据长系列调度数据分析，亭子口站 $P=95\%$出库流量大于亭子口站水量分配方案最小下泄流量 124 m³/s（以下简称“分水流量”）和生态基流 117 m³/s，不会出现旱灾小流量。由此，对亭子口站 1959～2014 年长系列年份中，各旬流量与对应可调水量进行组合分析，可调水量暂按应急调度时长 30 天考虑折算为应急补水流量，径流与应急补水流量组合加和为调度流量。亭子口站 1959～2014 年长系列年份中各旬最小调度流量情势如图 8.3 所示，数据显示，长系列年份中，3 月下旬会出现断面旬均径流 109 m³/s，小于分水流量 124 m³/s

和生态基流 117 m$^3$/s 的水情，考虑可调水量后，断面旬均调度流量 112 m$^3$/s 仍小于断面分水流量和生态基流。

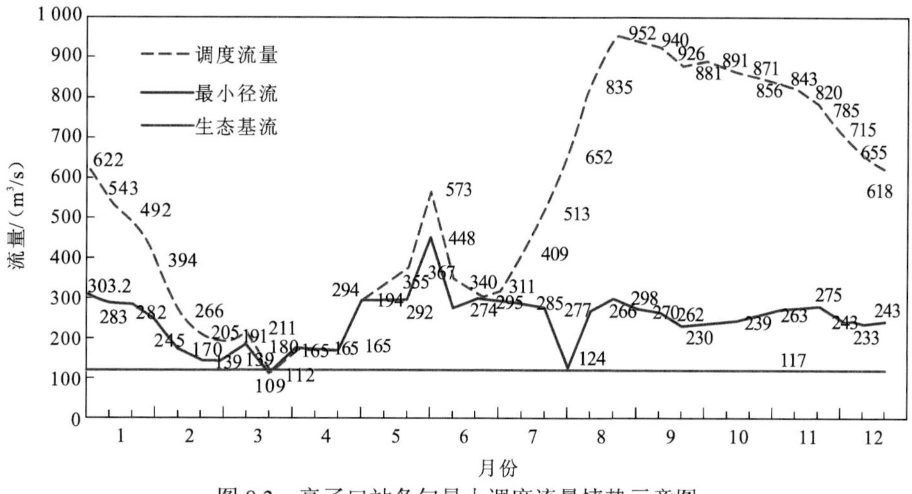


图 8.3　亭子口站各旬最小调度流量情势示意图

**2）北碚站**

根据长系列调度数据分析，草街水库 $P = 95\%$出库流量大于北碚站分水流量 327 m$^3$/s 和生态基流 257 m$^3$/s，不会出现旱灾小流量。由此，对北碚站 1959～2014 年长系列年份中各旬流量与对应可调水量进行组合分析，可调水量按应急调度时长 30 天考虑，北碚站 1959～2014 年长系列年份中各旬最小调度流量情势如图 8.4 所示。数据显示：长系列年份中，2 月下旬～3 月下旬会出现断面旬均径流小于分水流量 327 m$^3$/s，但大于生态基流 257 m$^3$/s 的水情，考虑可调水量后，断面旬均最小调度流量满足分水流量、生态基流需要。

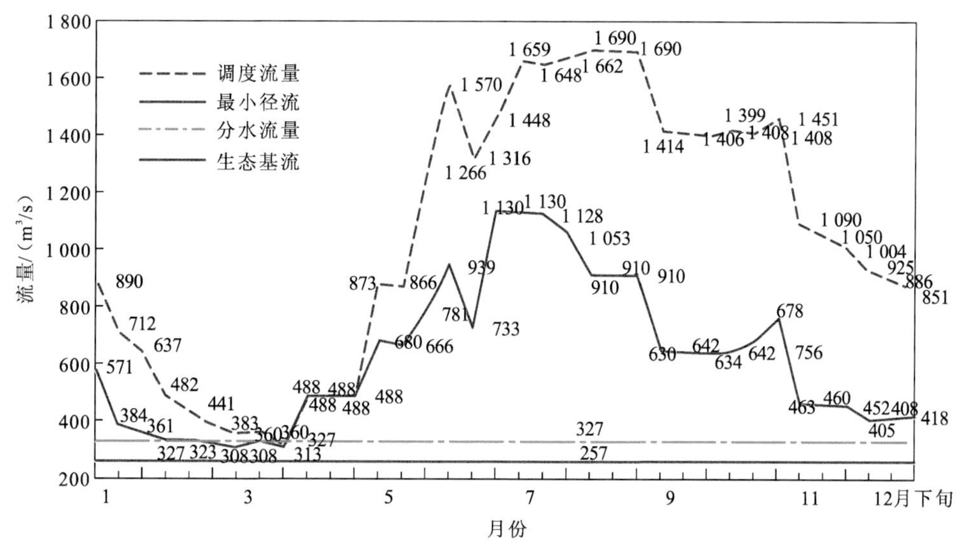


图 8.4　北碚站各旬最小调度流量情势示意图

### 2. 应急调度方案预分析

在 $P=95\%$条件下，亭子口站、北碚站都不会出现需要应急调度的旱灾小流量。本书对两控制断面长系列各旬最小径流情形进行分析。

**1）亭子口站**

根据计算数据统计（表 8.3、图 8.5），亭子口站 1959～2014 年长系列年份中，2 月下旬最小旬均流量 139 m$^3$/s，至 3 月下旬最小旬均流量 109 m$^3$/s，其间控制断面会出现日均流量小于生态基流的情形，甚至可能出现小于旱警流量、旱枯流量的水情。

**表 8.3　亭子口站应急可调水量分析表**　（单位：亿 m$^3$）

| 时间 | | $Q_{min}$ | $\Delta W_t$ | $\Delta W_{min}$ | 时间 | | $Q_{min}$ | $\Delta W_t$ | $\Delta W_{min}$ |
|---|---|---|---|---|---|---|---|---|---|
| 1 月 | 上旬 | 251 | 22.75 | 6.74 | 7 月 | 上旬 | 286 | 15.03 | 3.22 |
| | 中旬 | 251 | 7.17 | 5.42 | | 中旬 | 124 | 12.30 | 6.13 |
| | 下旬 | 246 | 5.81 | 3.86 | | 下旬 | 124 | 13.70 | 9.40 |
| 2 月 | 上旬 | 245 | 2.48 | 2.48 | 8 月 | 上旬 | 124 | 15.96 | 14.74 |
| | 中旬 | 170 | 1.69 | 1.69 | | 中旬 | 266 | 16.61 | 16.61 |
| | 下旬 | 139 | 1.34 | 1.34 | | 下旬 | 298 | 17.79 | 17.38 |
| 3 月 | 上旬 | 139 | 0.80 | 0.80 | 9 月 | 上旬 | 263 | 17.34 | 17.21 |
| | 中旬 | 180 | 0.10 | 0.10 | | 中旬 | 244 | 27.89 | 16.89 |
| | 下旬 | 109 | 0.00 | 0.00 | | 下旬 | 230 | 16.95 | 16.95 |
| 4 月 | 上旬 | 165 | 0.00 | 0.00 | 10 月 | 上旬 | 230 | 29.96 | 16.37 |
| | 中旬 | 165 | 0.00 | 0.00 | | 中旬 | 231 | 28.66 | 15.78 |
| | 下旬 | 165 | 0.00 | 0.00 | | 下旬 | 232 | 32.05 | 15.02 |
| 5 月 | 上旬 | 276 | 12.59 | 1.02 | 11 月 | 上旬 | 228 | 31.24 | 14.18 |
| | 中旬 | 280 | 12.51 | 1.96 | | 中旬 | 229 | 30.81 | 13.24 |
| | 下旬 | 286 | 13.07 | 2.40 | | 下旬 | 230 | 30.73 | 12.24 |
| 6 月 | 上旬 | 277 | 12.08 | 0.63 | 12 月 | 上旬 | 228 | 29.82 | 10.93 |
| | 中旬 | 135 | 13.47 | 0.43 | | 中旬 | 230 | 30.88 | 9.71 |
| | 下旬 | 213 | 10.54 | 0.43 | | 下旬 | 233 | 29.28 | 8.27 |

注：表中 $Q_{min}$ 为最小旬均流量；$\Delta W_t$ 为对应时段旬末对应可调水量；$\Delta W_{min}$ 为该旬长系列旬末最小可调水量，旬末可调水量为该旬以后时段可用。

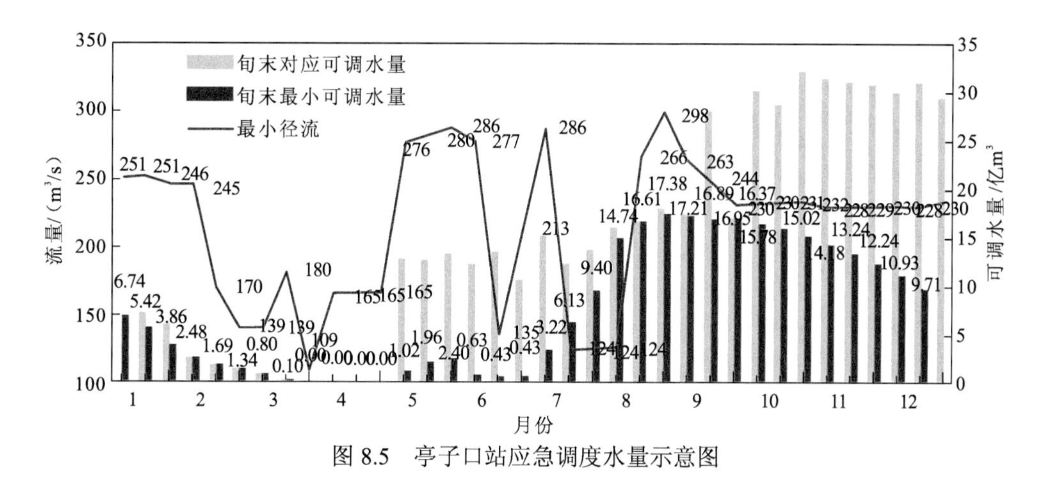

图 8.5 亭子口站应急调度水量示意图

依据可调水量数据分析，如分别在2月下旬、3月上旬、3月中旬、3月下旬开始启动实施抗旱水量应急调度，考虑应急调度至3月末4月初结束，从亭子口水库、宝珠寺水库、碧口水库3座水库应急调度抗旱水量，则水量应急调度补水流量增量分别可安排为49 m$^3$/s、51.5 m$^3$/s、46.4 m$^3$/s、11.3 m$^3$/s。此情形一般为最不利情景，实际抗旱水量应急调度方案应根据水情、工情具体拟定。

**2）北碚站**

根据计算数据统计（表8.4、图8.6），北碚站1959～2014年长系列年份中，2月上旬～3月下旬最小旬均流量在308～327 m$^3$/s，其间会出现日均流量小于分水流量的情形，可能出现日均流量小于生态基流的情形，甚至可能出现小于旱警流量、旱枯流量的水情。

**表 8.4 北碚站应急可调水量分析表** （单位：亿 m$^3$）

| 时间 | | $Q_{min}$ | $\Delta W_t$ | $\Delta W_{min}$ | 时间 | | $Q_{min}$ | $\Delta W_t$ | $\Delta W_{min}$ |
|---|---|---|---|---|---|---|---|---|---|
| 1月 | 上旬 | 389 | 8.51 | 6.74 | 5月 | 上旬 | 606 | 19.17 | 5.19 |
| | 中旬 | 384 | 7.17 | 5.42 | | 中旬 | 598 | 19.48 | 6.57 |
| | 下旬 | 361 | 5.96 | 4.01 | | 下旬 | 783 | 11.60 | 4.83 |
| 2月 | 上旬 | 327 | 2.96 | 2.96 | 6月 | 上旬 | 919 | 16.49 | 3.06 |
| | 中旬 | 327 | 1.95 | 1.95 | | 中旬 | 733 | 15.64 | 2.86 |
| | 下旬 | 308 | 1.34 | 1.34 | | 下旬 | 1 015 | 13.69 | 2.86 |
| 3月 | 上旬 | 308 | 0.85 | 0.85 | 7月 | 上旬 | 1 130 | 14.67 | 5.65 |
| | 中旬 | 327 | 0.35 | 0.35 | | 中旬 | 1 120 | 15.78 | 8.55 |
| | 下旬 | 313 | 0.00 | 0.00 | | 下旬 | 1 053 | 17.62 | 11.83 |
| 4月 | 上旬 | 488 | 0.00 | 0.00 | 8月 | 上旬 | 910 | 20.21 | 17.17 |
| | 中旬 | 488 | 0.00 | 0.00 | | 中旬 | 910 | 20.21 | 19.04 |
| | 下旬 | 488 | 0.00 | 0.00 | | 下旬 | 910 | 20.21 | 19.80 |

续表

| 时间 | | $Q_{min}$ | $\Delta W_t$ | $\Delta W_{min}$ | 时间 | | $Q_{min}$ | $\Delta W_t$ | $\Delta W_{min}$ |
|---|---|---|---|---|---|---|---|---|---|
| 9 月 | 上旬 | 650 | 19.79 | 19.79 | 11 月 | 上旬 | 463 | 15.30 | 15.30 |
| | 中旬 | 642 | 19.84 | 19.84 | | 中旬 | 460 | 14.30 | 14.30 |
| | 下旬 | 634 | 19.97 | 19.97 | | 下旬 | 452 | 13.50 | 13.50 |
| 10 月 | 上旬 | 642 | 18.94 | 18.94 | 12 月 | 上旬 | 405 | 12.37 | 12.37 |
| | 中旬 | 678 | 18.02 | 18.02 | | 中旬 | 408 | 11.23 | 11.12 |
| | 下旬 | 756 | 16.25 | 16.25 | | 下旬 | 418 | 9.85 | 8.27 |

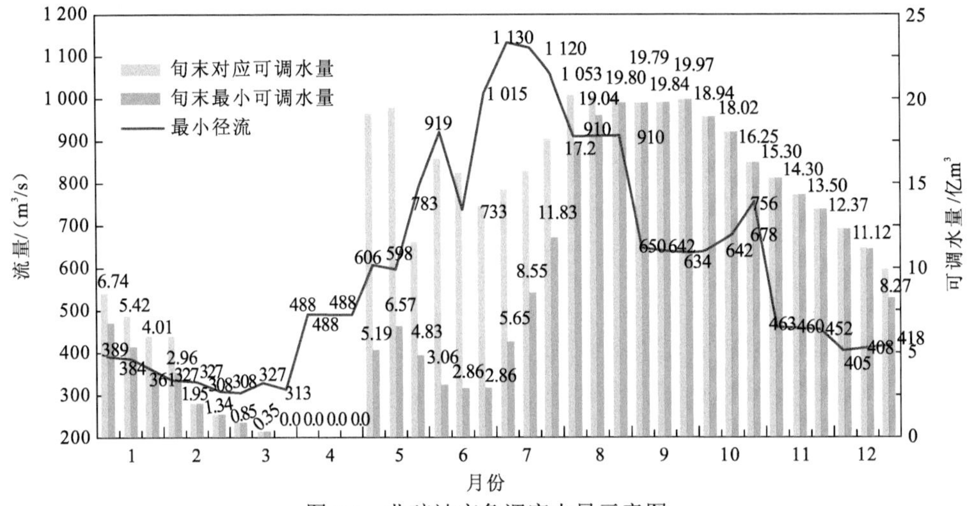


图 8.6　北碚站应急调度水量示意图

依据可调水量数据分析，如分别在 2 月上旬、2 月中旬、2 月下旬、3 月上旬、3 月中旬、3 月下旬开始启动实施抗旱水量应急调度，考虑应急调度至 3 月末 4 月初结束，从亭子口水库、宝珠寺水库、碧口水库和草街水库应急调度抗旱水量，则水量应急调度补水流量增量分别可安排为 114.9 m³/s、68.4 m³/s、56.3 m³/s、51.5 m³/s、49.4 m³/s、40.5 m³/s。所分析情形一般为最不利情景，实际抗旱水量应急调度方案应根据水情、工情具体拟定，包括考虑武都水库、升钟水库可调水量，未来遭遇较长系列更恶劣情势，还可以考虑草街水库低于死水位运行。

# 8.2　乌江控制断面可调水量

## 8.2.1　洪家渡水库可调水量

### 1. 调度方式

洪家渡水库上、下游没有重要防洪目标，工程不承担防洪任务，水库主汛期 6～8 月运行控制水位 1 138 m。水库运行调度方式主要为：汛期在满足电力系统调峰要求（最小月平均出力 80 MW）的基础上发电调度运行，允许水库蓄水至正常高水位 1 140 m；枯水期以对下游进行补偿调节调度为主，提高下游干流梯级水库群保证出力和发电效益。遭遇洪水且库水位超过运行控制水位 1 138 m 后，以来水敞泄方式运行，电站机组参与泄洪。洪家渡水库工程最小下泄流量控制指标为 14.4 $m^3/s$。洪家渡水库调度图如图 8.7 所示。

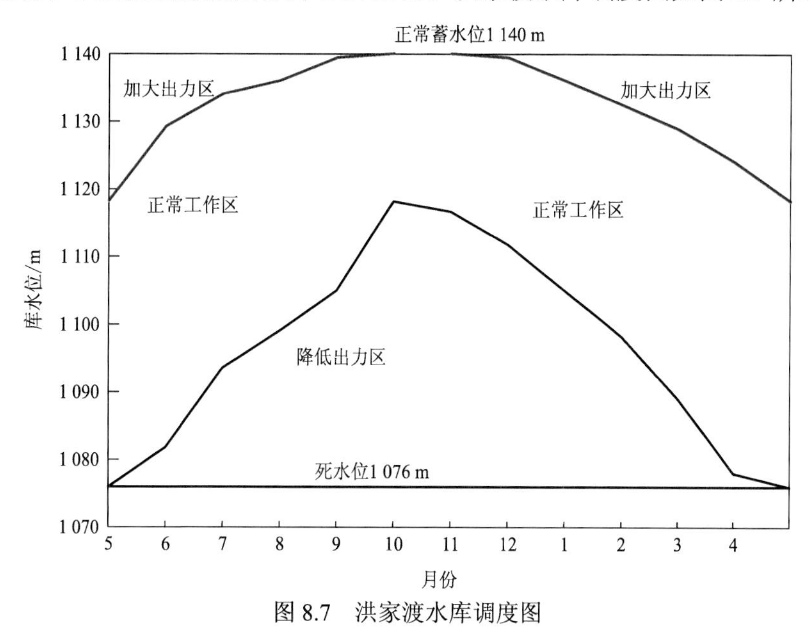

图 8.7　洪家渡水库调度图

## 2. 可调水量分析

根据 1959～2014 年长系列旬调节计算成果，洪家渡水库各旬可调水量统计如表 8.5 所示，各旬多年平均可调水量如图 8.8 所示。

表 8.5　洪家渡水库各旬可调水量统计表　（单位：亿 $m^3$）

| 时间 | | 多年平均值 | 最大值 | $P=95\%$ | 最小值 | 时间 | | 多年平均值 | 最大值 | $P=95\%$ | 最小值 |
|---|---|---|---|---|---|---|---|---|---|---|---|
| 1 月 | 上旬 | 19.89 | 29.90 | 2.21 | 0.19 | 4 月 | 上旬 | 12.26 | 20.98 | 0.19 | 0.19 |
| | 中旬 | 19.12 | 28.97 | 1.45 | 0.19 | | 中旬 | 11.34 | 19.62 | 0.19 | 0.19 |
| | 下旬 | 18.29 | 28.04 | 0.86 | 0.19 | | 下旬 | 10.67 | 18.60 | 0.19 | 0.19 |
| 2 月 | 上旬 | 17.49 | 27.11 | 0.19 | 0.19 | 5 月 | 上旬 | 10.36 | 19.92 | 0.19 | 0.19 |
| | 中旬 | 16.72 | 26.31 | 0.19 | 0.19 | | 中旬 | 10.31 | 22.01 | 0.19 | 0.19 |
| | 下旬 | 16.05 | 25.46 | 0.19 | 0.19 | | 下旬 | 10.56 | 25.76 | 0.19 | 0.19 |
| 3 月 | 上旬 | 15.11 | 24.28 | 0.19 | 0.19 | 6 月 | 上旬 | 11.27 | 26.80 | 0.19 | 0.19 |
| | 中旬 | 14.14 | 23.09 | 0.19 | 0.19 | | 中旬 | 12.36 | 26.61 | 0.19 | 0.19 |
| | 下旬 | 13.26 | 22.27 | 0.19 | 0.19 | | 下旬 | 14.26 | 29.28 | 0.42 | 0.19 |

续表

| 时间 | | 多年平均值 | 最大值 | $P=95\%$ | 最小值 | 时间 | | 多年平均值 | 最大值 | $P=95\%$ | 最小值 |
|---|---|---|---|---|---|---|---|---|---|---|---|
| 7月 | 上旬 | 16.23 | 30.25 | 1.40 | 0.96 | 10月 | 上旬 | 23.23 | 33.93 | 6.72 | 0.19 |
| | 中旬 | 17.78 | 31.92 | 2.00 | 1.31 | | 中旬 | 23.34 | 33.93 | 6.26 | 0.19 |
| | 下旬 | 18.91 | 32.00 | 3.21 | 1.56 | | 下旬 | 23.45 | 33.93 | 6.04 | 0.19 |
| 8月 | 上旬 | 19.73 | 31.60 | 5.43 | 1.88 | 11月 | 上旬 | 23.26 | 33.75 | 5.50 | 0.19 |
| | 中旬 | 20.72 | 32.26 | 5.90 | 1.61 | | 中旬 | 22.94 | 33.59 | 5.04 | 0.19 |
| | 下旬 | 21.45 | 32.26 | 6.48 | 1.42 | | 下旬 | 22.48 | 33.42 | 4.43 | 0.19 |
| 9月 | 上旬 | 21.98 | 33.59 | 6.40 | 1.00 | 12月 | 上旬 | 21.97 | 32.51 | 3.89 | 0.19 |
| | 中旬 | 22.56 | 33.93 | 6.04 | 0.52 | | 中旬 | 21.31 | 31.51 | 3.43 | 0.19 |
| | 下旬 | 23.09 | 33.93 | 6.08 | 0.19 | | 下旬 | 20.55 | 30.60 | 2.91 | 0.19 |

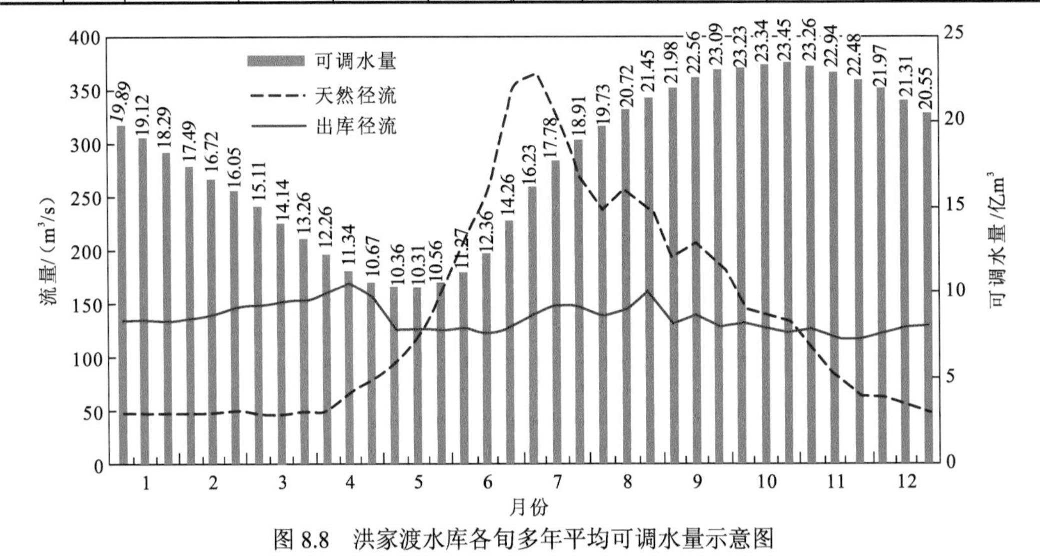

图 8.8 洪家渡水库各旬多年平均可调水量示意图

经洪家渡水库调度调蓄运行，水库拦蓄部分汛期水量，非汛期 11 月～次年 4 月向坝址下游多年平均补水 12.68 亿 m³，非汛期水量占比由 21.02%提高至 50.69%，水库年内枯水期补水效果显著；计算数据同时显示，在计算长系列 1959～2014 年中，洪家渡水库在 26 个枯水年累计补水 145.85 亿 m³，年际间补水效用显著。洪家渡水库运行极大程度缓解河段及下游河段年内、年际间天然来水时间分布不均的状况。

## 8.2.2 东风水库可调水量

### 1. 调度方式

东风水库上、下游没有重要防洪目标，水库不承担防洪任务。水库运行调度方式主要为：水库主要承担电网调峰、调频及事故备用的作用；遭遇丰水年，供水期一般在峰荷工作，丰水期 6～10 月水库蓄水，并尽量担任基荷；平水年，供水期电站一般在峰荷工作，丰水期 6～8 月水库蓄水，并尽量担任基荷；枯水年，6 月水库蓄水，尽量担任基荷，其余各月工作容量均为系统调峰容量。遭遇洪水且库水位超过正常蓄水位 970 m 后，以来水敞泄方式运行。东风水库调度图如图 8.9 所示。

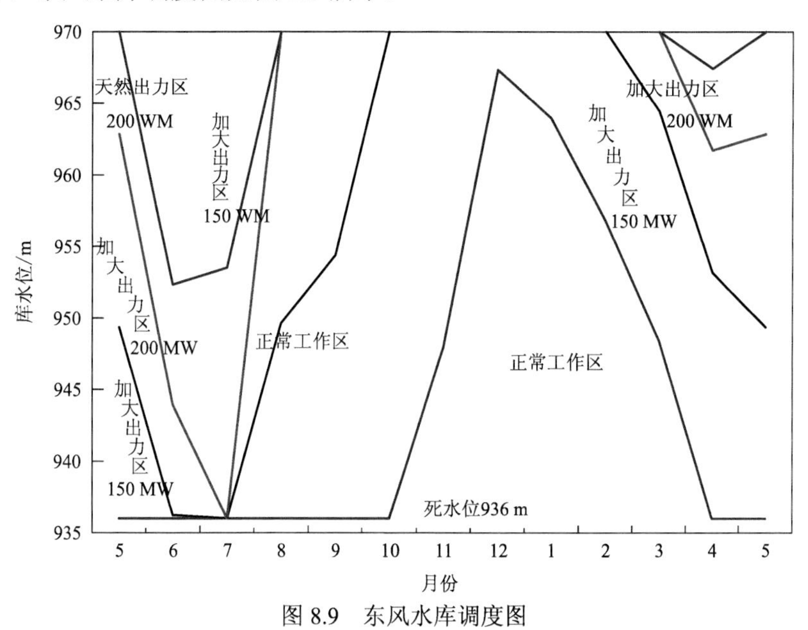


图 8.9　东风水库调度图

## 2. 可调水量分析

根据 1959～2014 年长系列旬调节计算成果，东风水库各旬可调水量统计表如表 8.6 所示，各旬多年平均可调水量如图 8.10 所示。

**表 8.6　东风水库各旬可调水量统计表**　（单位：亿 m$^3$）

| 时间 | | 平均值 | 最大值 | $P=95\%$ | 最小值 | 时间 | | 平均值 | 最大值 | $P=95\%$ | 最小值 |
|---|---|---|---|---|---|---|---|---|---|---|---|
| 1 月 | 上旬 | 4.88 | 4.91 | 4.91 | 3.81 | 4 月 | 上旬 | 4.57 | 4.73 | 3.29 | 1.96 |
| | 中旬 | 4.88 | 4.91 | 4.91 | 4.17 | | 中旬 | 4.36 | 4.56 | 2.69 | 1.54 |
| | 下旬 | 4.89 | 4.91 | 4.91 | 4.20 | | 下旬 | 4.15 | 4.43 | 2.18 | 1.07 |
| 2 月 | 上旬 | 4.90 | 4.91 | 4.91 | 4.18 | 5 月 | 上旬 | 4.08 | 4.56 | 1.99 | 0.76 |
| | 中旬 | 4.88 | 4.91 | 4.91 | 4.20 | | 中旬 | 4.13 | 4.91 | 1.81 | 0.59 |
| | 下旬 | 4.87 | 4.91 | 4.74 | 3.71 | | 下旬 | 4.29 | 4.91 | 1.36 | 0.00 |
| 3 月 | 上旬 | 4.86 | 4.91 | 4.54 | 3.34 | 6 月 | 上旬 | 3.77 | 4.91 | 1.07 | 0.55 |
| | 中旬 | 4.84 | 4.91 | 4.24 | 2.92 | | 中旬 | 3.14 | 4.91 | 1.84 | 1.03 |
| | 下旬 | 4.81 | 4.91 | 3.93 | 2.44 | | 下旬 | 3.01 | 4.91 | 2.03 | 1.31 |

续表

| 时间 | | 平均值 | 最大值 | $P=95\%$ | 最小值 | 时间 | | 平均值 | 最大值 | $P=95\%$ | 最小值 |
|---|---|---|---|---|---|---|---|---|---|---|---|
| 7月 | 上旬 | 3.16 | 4.91 | 2.07 | 1.89 | 10月 | 上旬 | 4.45 | 4.91 | 3.08 | 2.49 |
| | 中旬 | 3.01 | 4.91 | 1.65 | 1.17 | | 中旬 | 4.61 | 4.91 | 3.10 | 2.54 |
| | 下旬 | 2.77 | 4.91 | 1.83 | 0.33 | | 下旬 | 4.81 | 4.91 | 3.92 | 3.05 |
| 8月 | 上旬 | 2.79 | 4.91 | 1.54 | 0.73 | 11月 | 上旬 | 4.83 | 4.91 | 4.12 | 3.14 |
| | 中旬 | 3.33 | 4.91 | 1.17 | 1.06 | | 中旬 | 4.84 | 4.91 | 4.35 | 3.31 |
| | 下旬 | 4.12 | 4.91 | 1.62 | 1.31 | | 下旬 | 4.87 | 4.91 | 4.58 | 3.91 |
| 9月 | 上旬 | 4.22 | 4.91 | 1.86 | 1.70 | 12月 | 上旬 | 4.88 | 4.91 | 4.52 | 4.21 |
| | 中旬 | 4.31 | 4.91 | 2.10 | 2.03 | | 中旬 | 4.88 | 4.91 | 4.53 | 4.06 |
| | 下旬 | 4.31 | 4.91 | 2.32 | 2.27 | | 下旬 | 4.88 | 4.91 | 4.83 | 3.88 |

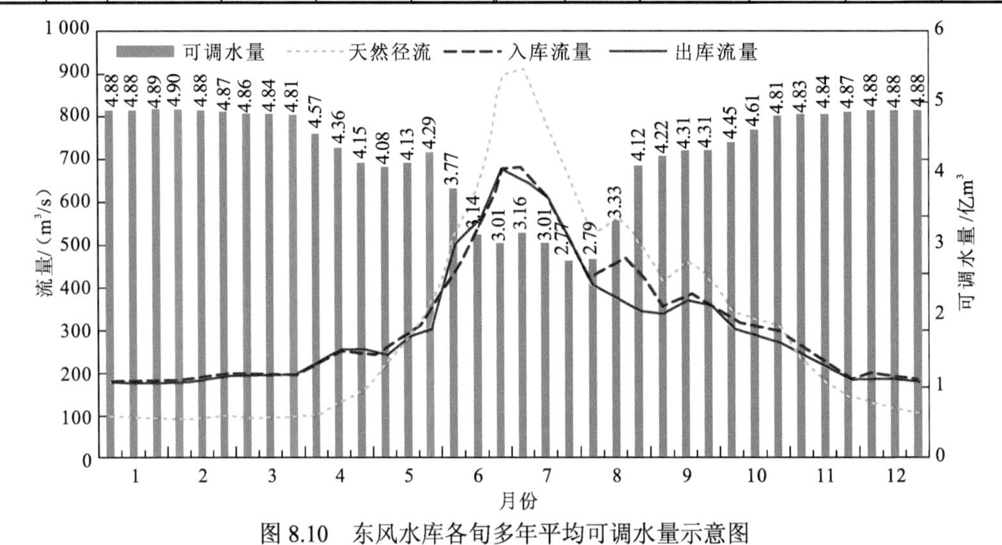


图 8.10　东风水库各旬多年平均可调水量示意图

计算数据显示，经洪家渡水库和东风水库联合调度调蓄运行，水库拦蓄部分汛期水量，非汛期 11 月～次年 4 月向坝址下游多年平均补水 12.44 亿 m³，非汛期水量占比由 18.8%提高至 32.31%，主要为洪家渡水库补水。

### 8.2.3　乌江渡水库可调水量

#### 1. 调度方式

乌江渡水库运行发电调度方式主要为：在电网中主要承担调峰、调频及事故备用的作用；枯水期按保证出力区上调配线调节，水位下降后按保证出力运行；为满足下游航运安全的需要，工程下泄流量不得小于 100 m³/s。

为提高坝址下游集镇、川黔铁路大桥、国道防洪标准，水库调洪方案为：当来水流量 $Q_{入} \leqslant 11\ 700\ m^3/s$ 时，按来水量下泄；当 $11\ 700\ m^3/s < Q_{入} \leqslant 13\ 800\ m^3/s$ 时，按 $11\ 700\ m^3/s$ 控泄；当 $Q_{入} > 13\ 800\ m^3/s$ 时，以来水敞泄方式运行。乌江渡水库最小下泄流量控制指标为 $112\ m^3/s$。乌江渡水库调度图如图 8.11 所示。

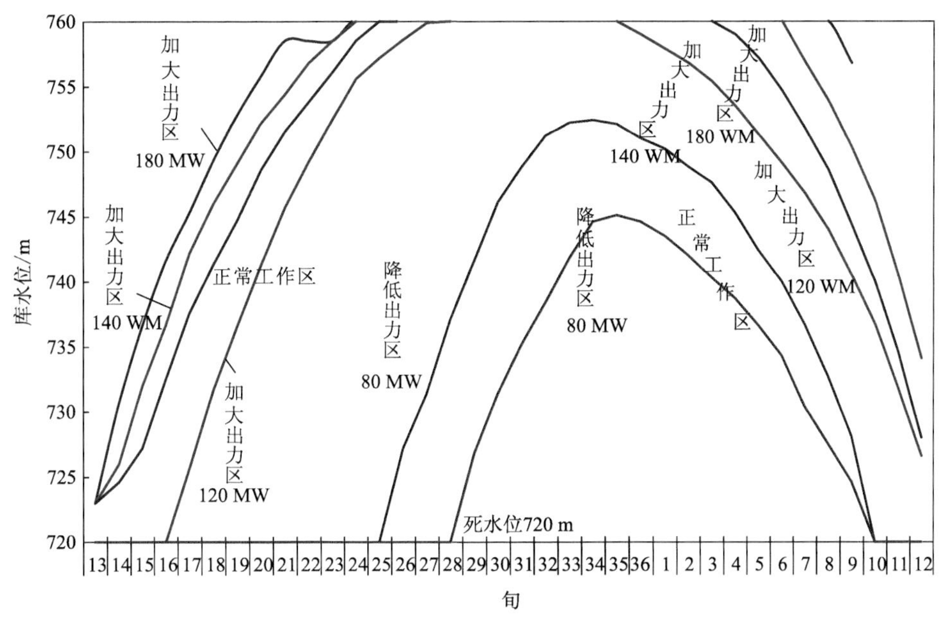

图 8.11　乌江渡水库调度图

## 2. 可调水量分析

根据调研数据，1959～2014 年长系列旬调节计算成果，乌江渡水库各旬可调水量统计如表 8.7 所示，各旬多年平均可调水量如图 8.12 所示。

**表 8.7　乌江渡水库各旬可调水量统计表**　（单位：亿 $m^3$）

| 时间 | | 平均值 | 最大值 | $P=95\%$ | 最小值 | 时间 | | 平均值 | 最大值 | $P=95\%$ | 最小值 |
|---|---|---|---|---|---|---|---|---|---|---|---|
| 1 月 | 上旬 | 11.77 | 13.60 | 6.33 | 4.81 | 4 月 | 上旬 | 6.33 | 10.86 | 0.92 | 0.45 |
| | 中旬 | 11.46 | 13.60 | 6.32 | 6.01 | | 中旬 | 5.44 | 9.06 | 0.00 | 0.00 |
| | 下旬 | 11.02 | 13.60 | 6.20 | 5.71 | | 下旬 | 4.05 | 6.18 | 0.00 | 0.00 |
| 2 月 | 上旬 | 10.49 | 13.35 | 5.75 | 5.18 | 5 月 | 上旬 | 0.76 | 2.86 | 0.00 | 0.00 |
| | 中旬 | 9.97 | 13.60 | 5.27 | 4.51 | | 中旬 | 0.91 | 3.51 | 0.00 | 0.00 |
| | 下旬 | 9.52 | 13.60 | 4.73 | 3.78 | | 下旬 | 1.74 | 4.51 | 0.00 | 0.00 |
| 3 月 | 上旬 | 8.85 | 13.60 | 4.16 | 2.73 | 6 月 | 上旬 | 3.85 | 10.88 | 0.00 | 0.00 |
| | 中旬 | 8.10 | 12.91 | 3.40 | 1.92 | | 中旬 | 6.08 | 13.60 | 0.02 | 0.00 |
| | 下旬 | 7.17 | 12.13 | 2.09 | 1.37 | | 下旬 | 8.71 | 13.60 | 2.50 | 0.00 |

续表

| 时间 | | 平均值 | 最大值 | $P=95\%$ | 最小值 | 时间 | | 平均值 | 最大值 | $P=95\%$ | 最小值 |
|---|---|---|---|---|---|---|---|---|---|---|---|
| 7月 | 上旬 | 10.16 | 13.60 | 2.87 | 0.04 | 10月 | 上旬 | 12.44 | 13.60 | 0.13 | 0.00 |
| | 中旬 | 11.02 | 13.60 | 4.08 | 0.13 | | 中旬 | 12.49 | 13.60 | 0.93 | 0.20 |
| | 下旬 | 11.19 | 13.60 | 4.92 | 0.00 | | 下旬 | 12.50 | 13.60 | 1.54 | 0.33 |
| 8月 | 上旬 | 11.09 | 13.60 | 5.66 | 0.00 | 11月 | 上旬 | 12.53 | 13.60 | 2.96 | 0.69 |
| | 中旬 | 11.04 | 13.60 | 4.60 | 0.00 | | 中旬 | 12.50 | 13.60 | 3.62 | 0.95 |
| | 下旬 | 10.97 | 13.60 | 3.98 | 0.00 | | 下旬 | 12.42 | 13.60 | 5.00 | 0.82 |
| 9月 | 上旬 | 11.90 | 13.60 | 2.84 | 0.00 | 12月 | 上旬 | 12.33 | 13.60 | 5.48 | 1.36 |
| | 中旬 | 12.23 | 13.60 | 1.82 | 0.00 | | 中旬 | 12.27 | 13.60 | 5.87 | 1.81 |
| | 下旬 | 12.46 | 13.60 | 1.00 | 0.00 | | 下旬 | 12.05 | 13.60 | 5.93 | 3.00 |

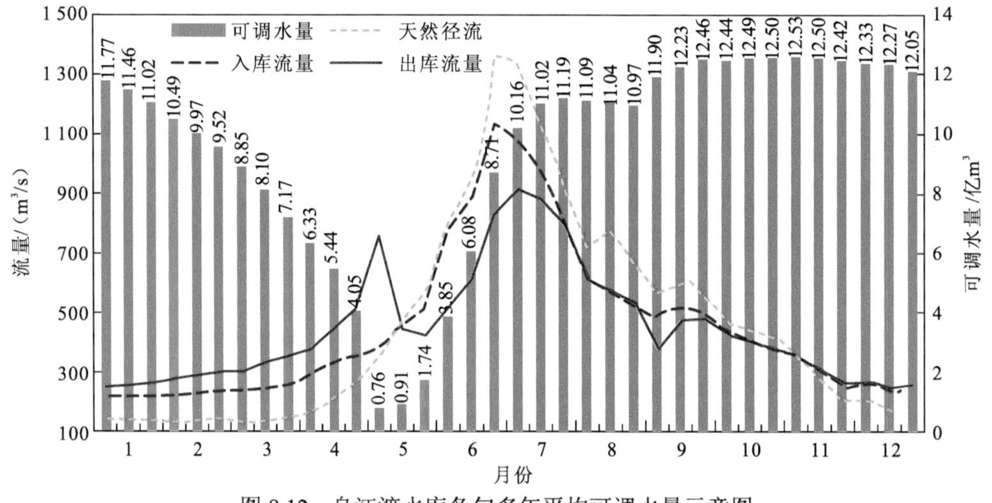


图 8.12　乌江渡水库各旬多年平均可调水量示意图

计算数据显示，经洪家渡水库、东风水库和乌江渡水库联合调度调蓄运行，水库拦蓄部分汛期水量，非汛期 11 月～次年 4 月向坝址下游多年平均补水 20.81 亿 $m^3$，非汛期水量占比由 19.67%提高至 34.77%，其中：洪家渡水库补水贡献 12.44 亿 $m^3$；乌江渡水库补水贡献 8.37 亿 $m^3$。

## 8.2.4　构皮滩水库可调水量

### 1. 调度方式

构皮滩水库承担防洪任务，水库运行调度方式主要为：汛期 6～8 月库水位按防洪限制水位（6～7 月 626.24 m，8 月 628.12 m）控制运行；9 月初水库蓄水，原则上按保证出力运行，拦蓄水量，平稳蓄水；供水期电站一般进行调峰运行。构皮滩水库运行调度方式为：①防洪任务为确保枢纽自身安全，承担乌江中下游防洪任务，配合三峡水库承担长江中下游防洪任务；②6 月 1 日～7 月 31 日的防洪限制水位为 626.24 m，8 月 1 日～8 月 31 日的防洪限制水位为 628.12 m。当库水位达到 630 m 后，按确保枢纽安全方式进行调度。当乌江中下游发生大洪水时，配合思林水库、沙沱水库和彭水水库拦蓄洪水，当长江中下游发生大洪水时，拦蓄乌江来水，减少汇入三峡水库的洪量；③9 月 1 日开始蓄水，逐步蓄水至正常蓄水位 630 m；④非汛期水库根据兴利调度需求进行调度；⑤日均下泄流量不低于 190 m$^3$/s。工程最小下泄流量控制指标为 190 m$^3$/s（日均流量）。构皮滩水库调度图如图 8.13 所示。

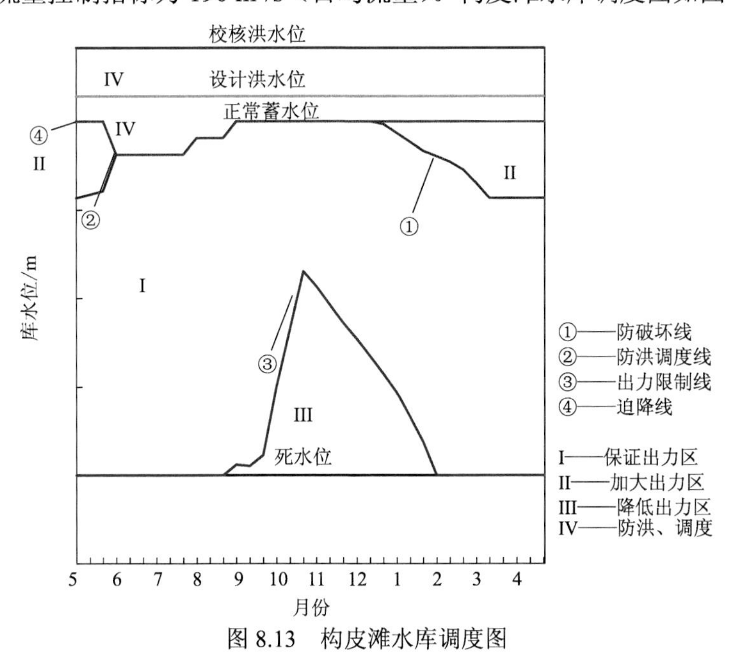


图 8.13　构皮滩水库调度图

## 2. 可调水量分析

根据调研数据，1959～2014 年长系列旬调节计算成果，构皮滩水库各旬可调水量统计如表 8.8 所示，各旬多年平均可调水量如图 8.14 所示。

**表 8.8　构皮滩水库各旬可调水量统计表**　（单位：亿 m$^3$）

| 时间 | | 平均值 | 最大值 | $P=95\%$ | 最小值 | 时间 | | 平均值 | 最大值 | $P=95\%$ | 最小值 |
|---|---|---|---|---|---|---|---|---|---|---|---|
| 1 月 | 上旬 | 22.29 | 24.21 | 10.52 | 3.57 | 3 月 | 上旬 | 16.36 | 17.90 | 5.53 | 0.77 |
| | 中旬 | 21.08 | 22.93 | 8.56 | 2.48 | | 中旬 | 15.86 | 17.39 | 4.69 | 0.44 |
| | 下旬 | 20.12 | 21.99 | 7.31 | 2.05 | | 下旬 | 15.41 | 16.89 | 4.27 | 0.01 |
| 2 月 | 上旬 | 18.95 | 20.70 | 6.75 | 1.84 | 4 月 | 上旬 | 15.12 | 16.43 | 7.38 | 0.77 |
| | 中旬 | 17.81 | 19.44 | 6.19 | 1.62 | | 中旬 | 13.98 | 14.91 | 9.40 | 1.63 |
| | 下旬 | 16.98 | 18.55 | 5.89 | 1.24 | | 下旬 | 12.26 | 12.82 | 8.22 | 2.87 |

续表

| 时间 | | 平均值 | 最大值 | $P=95\%$ | 最小值 | 时间 | | 平均值 | 最大值 | $P=95\%$ | 最小值 |
|---|---|---|---|---|---|---|---|---|---|---|---|
| 5月 | 上旬 | 13.94 | 14.71 | 8.66 | 3.35 | 9月 | 上旬 | 27.12 | 29.06 | 22.72 | 19.54 |
| | 中旬 | 14.85 | 17.36 | 10.80 | 2.60 | | 中旬 | 27.48 | 29.06 | 22.16 | 19.18 |
| | 下旬 | 16.39 | 17.49 | 9.20 | 2.71 | | 下旬 | 27.76 | 29.06 | 21.50 | 18.34 |
| 6月 | 上旬 | 18.46 | 21.65 | 11.05 | 7.99 | 10月 | 上旬 | 27.76 | 29.06 | 21.09 | 17.23 |
| | 中旬 | 21.06 | 25.01 | 13.73 | 10.31 | | 中旬 | 27.53 | 28.81 | 20.92 | 15.58 |
| | 下旬 | 23.77 | 25.01 | 19.23 | 12.97 | | 下旬 | 27.40 | 29.06 | 19.68 | 14.36 |
| 7月 | 上旬 | 24.58 | 25.01 | 23.28 | 15.91 | 11月 | 上旬 | 27.23 | 29.06 | 18.89 | 13.09 |
| | 中旬 | 24.69 | 25.01 | 23.51 | 18.04 | | 中旬 | 26.93 | 28.70 | 17.99 | 11.48 |
| | 下旬 | 24.80 | 25.01 | 24.10 | 19.35 | | 下旬 | 26.27 | 28.14 | 16.14 | 10.33 |
| 8月 | 上旬 | 26.22 | 27.02 | 24.25 | 20.08 | 12月 | 上旬 | 25.27 | 27.11 | 15.08 | 8.70 |
| | 中旬 | 26.36 | 27.02 | 23.72 | 20.17 | | 中旬 | 24.39 | 26.29 | 13.63 | 6.88 |
| | 下旬 | 26.31 | 27.02 | 22.88 | 19.81 | | 下旬 | 23.31 | 25.22 | 11.75 | 4.69 |

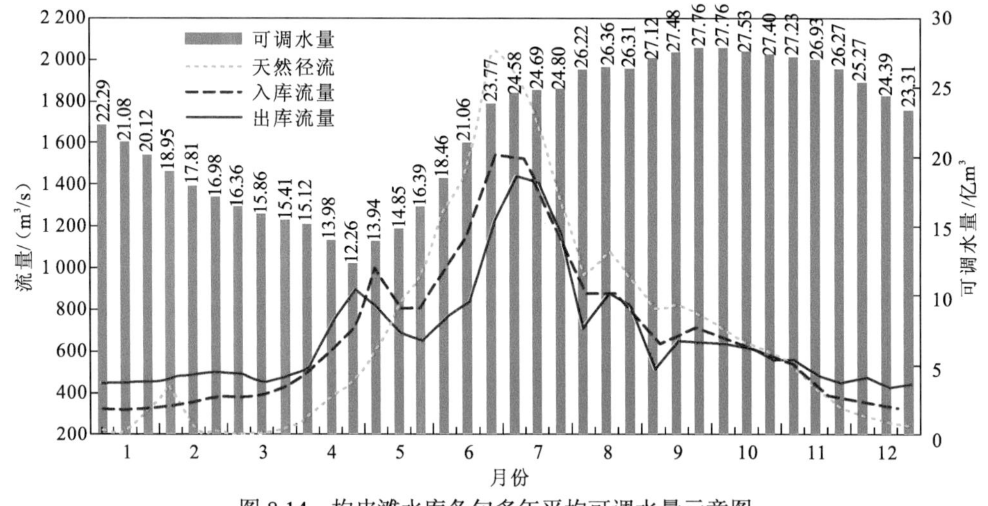


图 8.14　构皮滩水库各旬多年平均可调水量示意图

经洪家渡水库、东风水库、乌江渡水库和构皮滩水库联合调度调蓄运行，水库拦蓄部分汛期水量，非汛期 11 月～次年 4 月向坝址下游多年平均补水 35.75 亿 $m^3$，非汛期水量占比由 20.3%提高至 37.46%，计算初步分析，其中：构皮滩水库补水贡献 14.94 亿 $m^3$；洪家渡水库、乌江渡水库补水贡献 20.81 亿 $m^3$。

在计算长系列 1959～2014 年中，洪家渡水库、东风水库、乌江渡水库和构皮滩水库联合调度可在 19 个枯水年向构皮滩坝址下游年际间（自然年）累计补水 217.72 亿 $m^3$，其中：构皮滩水库贡献 82.19 亿 $m^3$，洪家渡水库、东风水库和乌江渡水库合计贡献 135.53 亿 $m^3$；流域大型水库工程运行缓解水资源量时间分布不均效用显著。

### 8.2.5 彭水水库可调水量

#### 1. 调度方式

彭水水库运行调度方式为：①防洪任务为确保枢纽自身安全，遇20年一遇入库洪水时，在满足库区沿河县城防护要求前提下，不增加下游彭水县城防护负担，配合三峡水库承担长江中下游防洪任务。②5月21日～8月31日的防洪限制水位为287 m。入库洪水不大于21 700 m$^3$/s，最大下泄流量按不超过19 900 m$^3$/s，一般情况下控制库水位不超过288.85 m，动用288.85 m以上防洪库容，视上、下游水情和工情而定。入库洪水大于21 700 m$^3$/s，按出入库流量基本平衡调度，当库水位达到293 m后，按保枢纽安全方式调度，必要时配合三峡水库承担长江中下游防洪任务。③9月1日开始蓄水，逐步蓄水至正常蓄水位293 m。④非汛期水库根据兴利调度需求进行调度。⑤日均下泄流量不低于 280 m$^3$/s。工程最小下泄流量控制指标为280 m$^3$/s。

#### 2. 可调水量分析

根据调研数据，1959～2014年长系列旬调节计算成果，彭水水库各旬可调水量统计如表8.9所示，各旬多年平均可调水量如图8.15所示。

表8.9 彭水水库各旬可调水量统计表 （单位：亿m$^3$）

| 时间 | | 多年平均值 | 最大值 | $P=95\%$ | 最小值 | 时间 | | 多年平均值 | 最大值 | $P=95\%$ | 最小值 |
|---|---|---|---|---|---|---|---|---|---|---|---|
| 1月 | 上旬 | 3.92 | 5.18 | 0.00 | 0.00 | 6月 | 上旬 | 2.85 | 2.85 | 2.85 | 2.85 |
| | 中旬 | 3.75 | 5.18 | 0.00 | 0.00 | | 中旬 | 2.85 | 2.85 | 2.85 | 2.85 |
| | 下旬 | 3.64 | 5.18 | 0.00 | 0.00 | | 下旬 | 2.85 | 2.85 | 2.85 | 2.85 |
| 2月 | 上旬 | 3.65 | 5.18 | 0.00 | 0.00 | 7月 | 上旬 | 2.85 | 2.85 | 2.85 | 2.85 |
| | 中旬 | 3.65 | 5.18 | 0.00 | 0.00 | | 中旬 | 2.85 | 2.85 | 2.85 | 2.85 |
| | 下旬 | 3.71 | 5.18 | 0.00 | 0.00 | | 下旬 | 2.84 | 2.85 | 2.85 | 2.67 |
| 3月 | 上旬 | 3.77 | 5.18 | 0.00 | 0.00 | 8月 | 上旬 | 2.80 | 2.85 | 2.71 | 1.33 |
| | 中旬 | 3.80 | 5.18 | 0.00 | 0.00 | | 中旬 | 2.71 | 2.85 | 1.69 | 0.25 |
| | 下旬 | 3.95 | 5.18 | 0.00 | 0.00 | | 下旬 | 2.66 | 2.85 | 0.08 | 0.00 |
| 4月 | 上旬 | 4.30 | 5.18 | 0.00 | 0.00 | 9月 | 上旬 | 3.86 | 5.18 | 0.76 | 0.00 |
| | 中旬 | 4.80 | 5.18 | 2.10 | 0.00 | | 中旬 | 4.05 | 5.18 | 0.00 | 0.00 |
| | 下旬 | 5.11 | 5.18 | 5.08 | 1.64 | | 下旬 | 4.23 | 5.18 | 0.00 | 0.00 |
| 5月 | 上旬 | 5.18 | 5.18 | 5.18 | 5.18 | 10月 | 上旬 | 4.33 | 5.18 | 0.00 | 0.00 |
| | 中旬 | 2.85 | 2.85 | 2.85 | 2.85 | | 中旬 | 4.33 | 5.18 | 0.00 | 0.00 |
| | 下旬 | 2.85 | 2.85 | 2.85 | 2.85 | | 下旬 | 4.52 | 5.18 | 0.00 | 0.00 |

续表

| 时间 | | 多年平均值 | 最大值 | $P=95\%$ | 最小值 | 时间 | | 多年平均值 | 最大值 | $P=95\%$ | 最小值 |
|---|---|---|---|---|---|---|---|---|---|---|---|
| 11月 | 上旬 | 4.67 | 5.18 | 0.00 | 0.00 | 12月 | 上旬 | 4.54 | 5.18 | 0.00 | 0.00 |
| | 中旬 | 4.70 | 5.18 | 0.00 | 0.00 | | 中旬 | 4.35 | 5.18 | 0.00 | 0.00 |
| | 下旬 | 4.67 | 5.18 | 0.00 | 0.00 | | 下旬 | 4.13 | 5.18 | 0.00 | 0.00 |

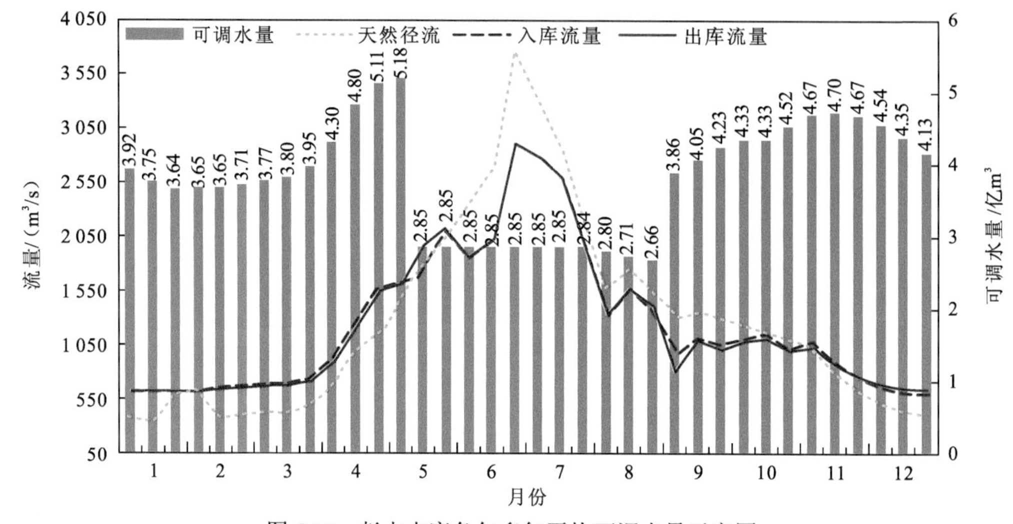


图 8.15 彭水水库各旬多年平均可调水量示意图

计算数据显示，经洪家渡水库、东风水库、乌江渡水库、构皮滩水库和彭水水库联合调度调蓄运行，水库拦蓄部分汛期水量，非汛期 11 月～次年 4 月向彭水坝址下游多年平均补水 34.33 亿 $m^3$，非汛期水量占比由 22.28%提高至 31.33%，计算初步分析，补水效用主要由洪家渡水库、乌江渡水库和构皮滩水库贡献。

# 第9章

# 长江中下游干流应急补水调度

结合目前对旱警、旱限水位制定的要求，以及对干流应急补水调度预案的编制要求，本章针对长江中下游需水和流域情势，分析明确供水控制断面和相应范围；结合长系列调研数据，研究制定不同河段各断面的供水预警参数；在此基础上，结合枯水应急条件下的用水需求，计算提出不同区域的缺水量，以此制定相应条件下的供水水源工程体系；通过对供水水库不同调度方式的对比分析，明确应急补水的可调水量，并针对枯水条件给出应急调度方式建议，为长江中下游应急补水调度方案制定提供技术支撑。

# 9.1 控制断面的确定

长江中下游干流（宜昌至大通河段）示意图如图 9.1 所示，长江中下游干流在城陵矶由东南走向以近似垂直夹角转向东北走向，后在汉口、湖口近似垂直夹角相继转向，宜昌至大通河段整体呈“W”形状走向；洞庭湖水系、汉江、鄱阳湖水系水量依次分别于城陵矶、汉口、湖口汇入长江干流。由于范围广、取水用户多、水情和用水情况差异大等，根据人口和灌溉面积分布、河段特性、主要问题、调度响应及时性、控制水文站地理位置等因素综合考虑，将长江中下游干流划分为“宜昌至城陵矶河段”“城陵矶至大通河段”“大通以下河段”三个区间河段进行分别研究和分析。

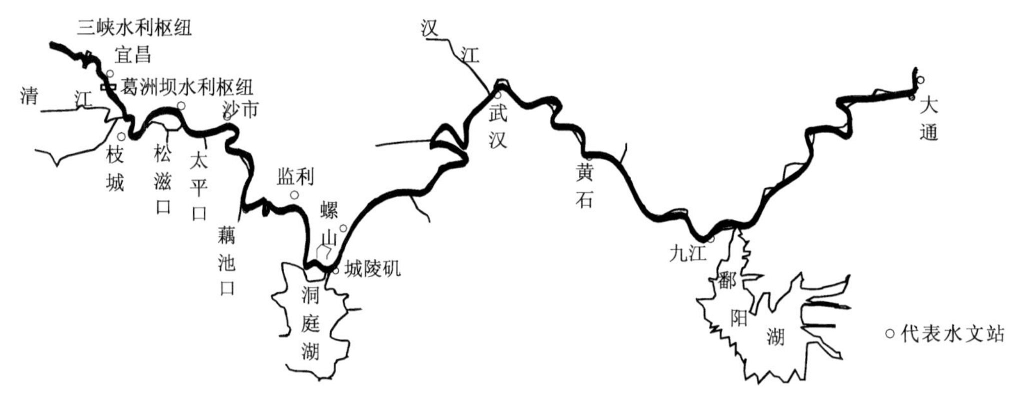


图 9.1　长江中下游干流（宜昌至大通河段）示意图

长江中下游干流主要水文站包括宜昌站、沙市站、螺山站、汉口站、九江站、大通站等，重要断面有枝城断面、藕池口断面、石首断面、监利断面、莲花塘断面、黄石港断面、马头镇断面、安庆断面、南京断面、芜湖断面、马鞍山断面等，应急水量调度控制断面宜从中选取。

## 9.1.1 宜昌至城陵矶河段

长江中下游干流宜昌至城陵矶河段长约 433.6 km，如图 9.2 所示，河段内集中取水口供水人口约 341.86 万人，灌溉面积约 443.68 万亩。针对宜昌至城陵矶河段应急水量调度控制断面，宜从宜昌断面、枝城断面、沙市断面、藕池口断面、石首断面、螺山断面、莲花塘断面中选择。

宜昌站位于三峡大坝下游约 43 km 处，集水面积 100.55 万 $km^2$，为长江出三峡水库后控制水文站，上游约 6 km 处为葛洲坝枢纽。宜昌河段经葛洲坝枢纽的建设、运行长时期冲刷，在三峡水库运行前河段冲淤显著，宜昌站水位-流量数据分析显示，1979～2003 年，站址断面流量为 6 000 $m^3/s$，水位降幅约 1.42 m；2003～2020 年三峡水库试运行后，断面流量为 6 000 $m^3/s$，水位降幅约 0.58 m，显著小于下游河段冲刷程度。目前宜昌河段枯

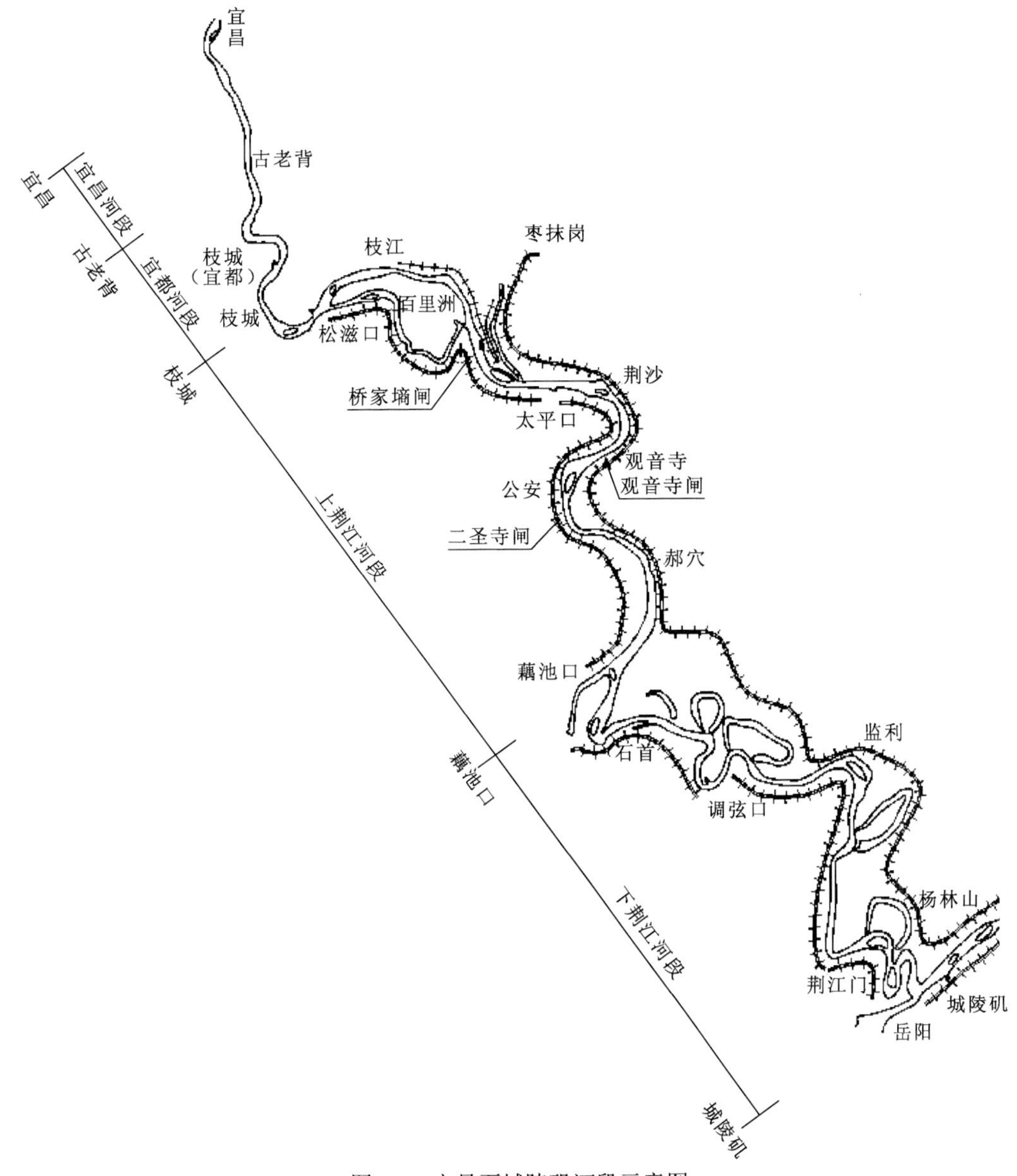

图 9.2　宜昌至城陵矶河段示意图

水期水位高于三峡水库试运行前水平，宜昌主城区供水水源为支流官庄水库，应急水源地为原旧有水源地东山运河，仅有约 14%的人口自长江干流取用水，自长江干流取用水尚不存在取水困难情形，宜昌站不能代表本河段水文、水沙形势及沿岸集中取水口取用水安全形势。

沙市站位于荆州沙市区二郎矶，上距宜昌站约 147 km，集水面积 103.2 万 km$^2$，为长江干流荆江河段控制水文站。荆江河段为三峡水库运行后冲刷最显著河段，2002 年 10 月～2019 年 10 月，荆江河段平滩河槽累计冲刷量 11.92 亿 m$^3$，年均冲刷量为 0.7 亿 m$^3$，河段深泓纵向以冲刷为主，平均冲刷深度为 2.94 m，最大冲刷深度为 16.2 m。沙市站逐时水位-流量数据分析显示，三峡水库试运行后 2003～2019 年，沙市站断面流量为 6 000 $m^3/s$，水位降幅约 2.59 m，沙市站基本能反映河段水文情势变化。

沙市站地理位置居于洞庭湖松滋口、太平口、藕池口三口之间且是河段控制水文站，为便于调度方案和实际调度简捷易行，减少水库应急水量调度目标数量，本书推荐荆江河段、洞庭湖三口各类保障用水预警参数可由沙市站水文参数反映，据此，拟定沙市站为现阶段宜昌至城陵矶河段应急水量调度控制断面，以宜昌站为河段节点分析水量应急调度方案、验证调度效果。

### 9.1.2　城陵矶至大通河段

长江中下游干流城陵矶至汉口河段长约 233.4 km，城陵矶至湖口河段示意图如图 9.3 所示，河段内集中取水口供水人口约 587.6 万人，灌溉面积约 27.75 万亩；汉口至大通河段长约 511.4 km，河段内集中取水口供水人口约 624.73 万人，灌溉面积约 99.61 万亩。由此综合统计城陵矶至大通河段长约 744.8 km，河段内集中取水口供水人口约 1 012.6 万人，灌溉面积约 122.7 万亩。城陵矶至大通河段应急水量调度控制断面，宜从汉口断面、黄石港断面、马头镇断面、九江断面、安庆断面中选择。

汉口站位于武汉长江大桥下游约 3.0 km 武汉关处，站址上游约 1.4 km 处为汉江汇入长江口，上距宜昌站约 667.0 km，集水面积 148.8 万 $km^2$，为长江中游干流控制水文站。站址下游紧邻叶家洲河段、团风河段、黄州河段、黄石河段，地级市黄冈、鄂州、黄石主城区分处上述河段。

九江站位于九江滨江路，上距汉口站约 267.6 km，下距大通站约 243.8 km，集水面积 152.3 万 $km^2$，为长江中游干流重要水文站，鄱阳湖水系入江湖口位于站址下游约 25 km 江心洲南岔河道下游端。

汉口站为长江中游控制水文站，断面生态流量基本可以反映和满足汉口至九江河段需要，叶家洲河段、团风河段、黄州河段、黄石河段用水需求可由汉口站水文参数反映；九江站下游有鄱阳湖水系自湖口汇入长江，水文情势与九江站有较大不同，其下游河段用水需求可由临近的大通站水文参数反映；城陵矶至汉口河段没有地级城市和灌溉面积 10 万亩以上灌区，无大的保障目标，本书拟采用螺山站作为节点分析和验证该河段水量应急调度方案，不另外设置控制断面。因此，初拟汉口站为现阶段城陵矶至大通河段应急水量调度控制断面，另外以螺山站、九江站为河段节点分析水量应急调度方案、验证调度效果。

### 9.1.3　大通以下河段

长江中下游干流大通以下河段集中有我国最大最密集城市群落之一，供水人口约 4 884 万人，灌溉面积约 239.5 万亩。大通以下河段控制断面，宜从大通断面、南京断面、芜湖断面、镇江断面、马鞍山断面中选择。

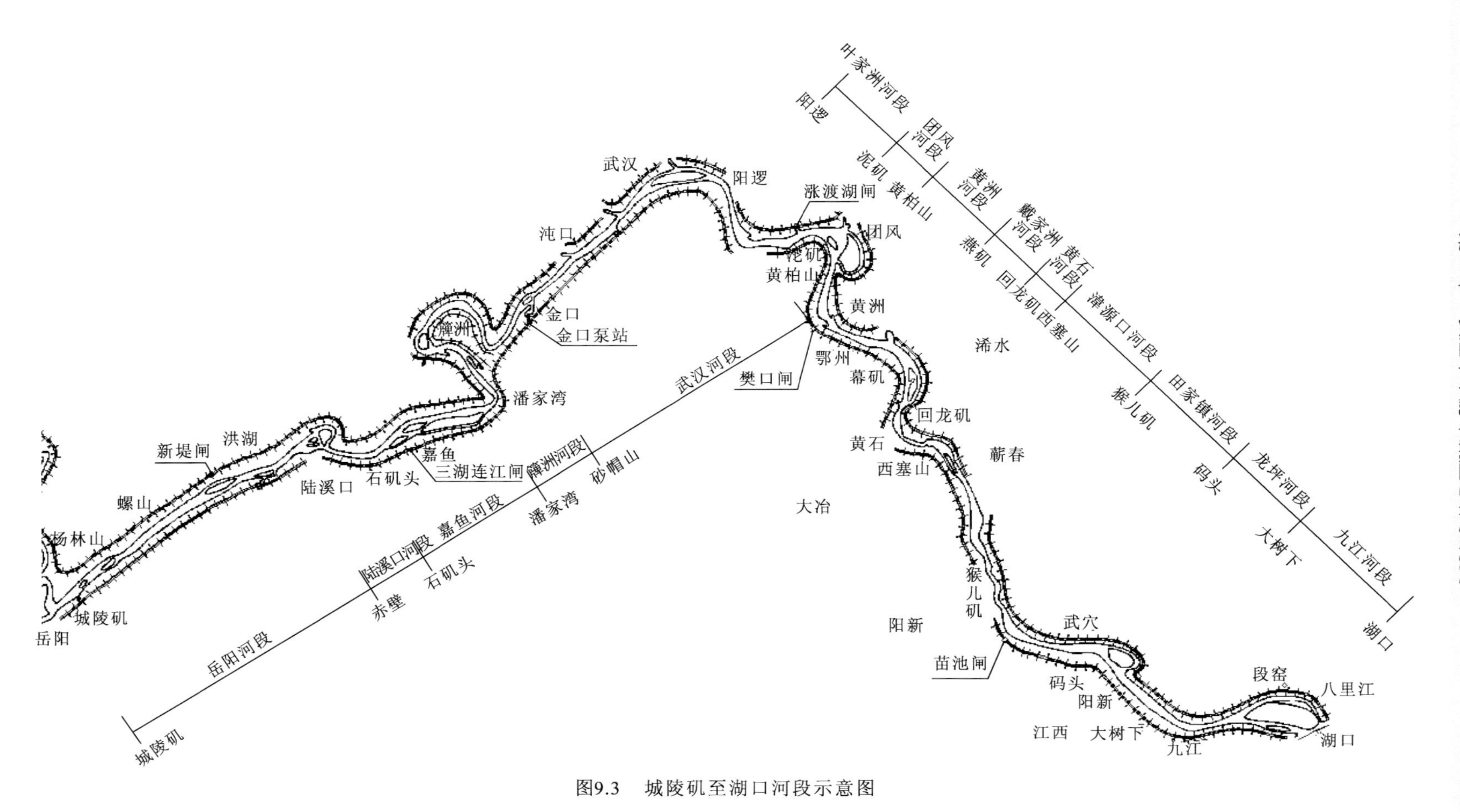


图9.3　城陵矶至湖口河段示意图

大通站位于安徽贵池，上距鄱阳湖湖口 219 km，下距长江口 624 km，集水面积 170.54 万 $km^2$，为长江下游控制水文站，也是全流域控制水文站，断面生态流量保障基本可满足大通以下河段需要。

长江口压咸流量研究一般以大通站径流进行分析研究，目前河口压咸方案和预案采用的预警参数、目标参数均为大通站流量；大通以下河段其他生活、生产、生态各类用水需求基本可以由大通站流量参数反映。据此初拟大通站为预案现阶段“大通以下河段”应急水量调度控制断面。

预案现阶段拟定沙市站、汉口站、大通站等控制水文站为长江中下游干流应急水量调度控制断面；另外以宜昌断面、螺山断面、九江断面作为节点断面，以分析和验证河段水量应急调度方案。

## 9.2　预警参数的确定

预案采取城市抗旱、农业抗旱、生态抗旱三级预警及响应措施，分别保障极端枯水期城乡供水集中取水口、农业灌溉集中取水口取用水安全，以及河段生态环境用水安全。为简化预警级别，预案将河道内需水全部归并至河段生态环境用水安全考虑。

根据《城镇给水排水技术规范》（GB 50788—2012）（中华人民共和国住房和城乡建设部和中华人民共和国国家质量监督检验检疫总局，2012）规定，城镇给水水源“当水源为地表水时，设计枯水流量保障率和设计枯水位保证率不应低于 90%”。根据《城市给水工程规划规范》（GB 50282—2016）（中华人民共和国住房和城乡建设部和中华人民共和国国家质量监督检验检疫总局，2016）规定，以地表水为城市给水水源时“供水保证率宜达到 90%～97%”。根据《灌溉与排水工程设计标准》（GB 50288—2018）（中华人民共和国住房和城乡建设部和中华人民共和国国家质量监督检验检疫总局，2018）规定，在湿润地区或水资源丰富地区，地面灌溉农作物种类以水稻为主的灌溉设计保证率为 80%～95%、以旱作物为主的灌溉设计保证率为 75%～85%。历年来，各时期规程规范对城乡用水、灌溉用水的供水保证率的规定基本一致。河段生态环境用水主要保障水生态用水、水体纳污自净能力流量、冲沙流量等需要。预案据此确定各河段控制断面城市抗旱、农业抗旱分级预警参数。

根据长系列数据统计：宜昌站天然径流 $p$ 为 97%、95%、90%、85%、80%日均流量分别为 3 370 $m^3/s$、3 550 $m^3/s$、3 920 $m^3/s$、4 240 $m^3/s$、4 550 $m^3/s$；宜昌站天然径流 $p$ 为 97%、95%、90%、85%、80%旬均流量分别为 3 420 $m^3/s$、3 600 $m^3/s$、3 960 $m^3/s$、4 250 $m^3/s$、4 560 $m^3/s$，相同特征频率日均流量与旬均流量差别较小。

### 9.2.1　宜昌至城陵矶河段

宜昌至城陵矶河段干流河段长约 433.6 km，沿线依次分布宜昌、荆州、岳阳 3 处地级城市，以及宜都、枝江、公安、江陵、石首、监利 6 处县城，还有沿岸小集镇聚集，干流集中取水口供水人口约 341.86 万人，设计年取用水量约 2.65 亿 $m^3$。河段一般工业和火电自备水源取水口 41 处，设计年取用水量约 1.85 亿 $m^3$。

宜昌站多年平均径流量 4 452 亿 $m^3$（1878～2010 年），洞庭湖四口分流占比目前约 12.3%。区间较大支流有清江、沮漳河。清江汇水面积 1.67 万 $km^2$，多年平均流量 411 $m^3/s$（1951～2010 年），下游搬鱼咀站实测最小流量 20.7 $m^3/s$，控制性梯级隔河岩水库最小下泄流量 46 $m^3/s$；沮漳河汇水面积 7 284 $km^2$，多年平均流量 40.9 $m^3/s$。两支流汇水面积占宜昌站至沙市站区间约 90.5%。

宜昌主城区供水水源为长江二级支流官庄河（柏临河支流）上官庄水库，应急水源地为原旧水源地东山运河（长江支流黄柏河内），仅有约 14%的人口自长江干流取用水，其中最大集中取水口布置在葛洲坝二江库区桥下。宜昌主城区城市用水对干流依赖程度较低，且干流主要集中取水口布置于葛洲坝下，保障程度极高，城市用水基本不存在上游水库群应急补水需要。

荆州主城区三个取水口工程（南湖水厂、郢都水城、柳林水厂）经三峡水库后续规划措施实施改造后，三个核心水厂集中取水口采用船式取水方式，取水口仅需水深 1.5～2.0 m 即可保障取用水。本河段为航运黄金水道部分，三峡水库的航运开发任务能够保障本河段水深不低于 3.5 m，因此，改造后荆州主城区三个城市用水集中取水口工程，对河段流量、水位已基本无特别要求。

岳阳主城区供水水源为洞庭湖支流北港河金凤水库，仅君山区、云溪区有少量用水自长江干流取用，城市应急水源地为洞庭湖，因此岳阳城市用水基本不依赖长江干流。

宜都、枝江、公安、江陵、石首、监利、松滋及沿岸各集镇有改造后集中取水口和原有集中取水口。2019 年 11 月，湖北省水利厅请求加大三峡水库下泄流量；2019 年 11 月 29 日 14 时，石首北门口河段水位持续下降至 26.28 m，水位低于石首周家剅水厂、城区二水厂的两艘取水船设计取水水位，船体已搁浅倾斜，取水出现困难，且船底板有被护岸抛石顶穿的危险，江陵普济中心水厂已无法取水。由于建设资金限制，本河段对部分重点城市取水口采取了改建、重建措施，河段内仍存在未改造原有集中取水口。

河段涉及江汉平原、洞庭湖平原，江汉平原（主要为荆江河段）、洞庭湖平原（主要为洞庭湖四口）自长江干流河道、洞庭湖四口分流河道取水灌溉面积 443.68 万亩，10 万亩以上典型大型灌区包括观音寺、颜家台、西门渊、竹林子、双石碑、荆南码头、黄水套、杨家塆、何王庙、一弓堤等，另有 1 万～10 万亩灌区约 79 处，1 万亩以下小、微型灌区约 578 处，是长江中下游干流取水灌溉面积集中区，约占 55.1%，设计年取用水量约 22.8 亿 $m^3$。河段平均每千米灌区面积约 1.02 万亩，本河段农业抗旱应急调度考虑保障沿岸灌区提灌式运行取用水正常。实施三峡水库后续规划对灌区集中取水口改建、重建后，宜昌至城陵矶河段代表灌区提灌集中取水口统计表如表 9.1 所示。

**表 9.1　宜昌至城陵矶河段代表灌区提灌集中取水口统计表**

| 代表灌区 | 设计运行水位/m | 最低运行水位/m | 设计取水量/（$m^3/s$） | 灌溉面积/万亩 |
|---|---|---|---|---|
| 杨家垴 | 32.50 | 32.20 | 10.0 | 13.00 |
| 竹林子 | 31.82 | 29.07 | 4.8 | 15.98 |
| 荆南码头 | 31.32 | 28.45 | 8.7 | 12.39 |
| 黄水套 | 27.63 | 23.64 | 9.2 | 13.20 |
| 观音寺 | 30.10 | 26.88 | 30.0 | 69.12 |
| 颜家台 | 28.53 | 26.90 | 25.0 | 40.80 |
| 双石碑 | 29.73 | 26.48 | 10.0 | 14.28 |
| 西门渊 | 23.19 | 21.50 | 16.8 | 36.60 |

### 9.2.2　城陵矶至大通河段

城陵矶至大通河段干流河段长约 744.8 km，沿线依次分布武汉、黄冈、鄂州、黄石、九江、安庆、池州 7 处地级城市，以及洪湖、嘉鱼、团风、武穴、湖口、彭泽、东至、望江、枞阳 9 处县城等，还有沿岸密集小集镇，干流集中取水口供水人口约 1 012.6 万人，设计年取用水量约 27.5 亿 $m^3$。

城陵矶至大通河段高耗水一般工业和火电自备水源取水口合计 68 处，设计年取用水量合计约 55.12 亿 $m^3$。

河段内控制水文站汉口站多年平均径流量 7 087 亿 $m^3$（1954～2010 年），洞庭湖水系、汉江、鄱阳湖水系自上而下依次汇入本河段，年均径流量分别为 2 076 亿 $m^3$、506 亿 $m^3$、1 482 亿 $m^3$。

武汉中心城区 8 大核心水厂中，白沙洲、平湖门、余家头、堤角、武钢港 5 座水厂自长江干流取水，琴断口、白鹤嘴、宗关 3 座水厂自汉江干流取水。根据 2011 年第一次水利普查集中取水口统计数据，武汉约 36%人口（分布于汉阳区、硚口区、东西湖区、蔡甸区的约 360 万人）自汉江干流取用水，其他临近水库、湖泊就近取用水人口约 54 万人。中心城区约 500 万人依赖长江干流来水，自长江干流取水水厂取水方式均为浮船式，对水位-流量变化适应性较好，目前尚未出现取用水困难事件。

黄冈中心城区主要由禹王街道二水厂、东湖街道三水厂两座水厂自长江干流取水供给城市用水，取水条件较好，目前尚未出现取用水困难事件。

鄂州中心城区主要由凤凰街道凤凰台水厂、西山街道雨台山水厂两座水厂自长江干流取水供给城市用水，取水条件较好，目前尚未出现取用水困难事件。

黄石中心城区主要由位于沈家营街道黄石市自来水厂凉亭山取水口自长江干流取水供

给城市用水，取水条件较好，目前尚未出现取用水困难事件。

九江中心城区主要由甘棠街道第三水厂、滨兴街道河西水厂、白水湖街道河东水厂3座水厂自长江干流取水供给城市用水，取水条件较好，目前尚未出现取用水困难事件。

安庆中心城区主要由位于人民路街道的市供水集团水厂龙山路取水口自长江干流取水供给城市用水，取水条件较好，目前尚未出现取用水困难事件。

池州中心城区主要由位于秋江街道市供排水公司水厂自长江干流取水供给城市用水，取水条件较好，目前尚未出现取用水困难事件。

洪湖、嘉鱼、团风、武穴、湖口、彭泽、东至、望江、枞阳9处县城及沿江集镇取水条件较好，目前尚未出现取用水困难事件。

武汉、黄冈、鄂州、黄石、九江处于汉口至湖口河段，水情相近，可包络取大值设置汉口站城市抗旱预警参数，另外增加螺山站、九江站为河段节点分析补水调度方案、验证调度效果。安庆、池州位于湖口下游，水情与大通站相近，其城市抗旱预警参数由下游大通站反映。

河段涉及江汉平原、洞庭湖平原、鄱阳湖平原、苏皖沿江平原，自长江干流河道取水的灌溉面积122.77万亩，本河段无10万亩以上灌区，主要分布灌溉面积1万亩以上灌区38处，以九江对岸黄梅清江口闸灌区8.81万亩面积最大，其余灌溉面积1万亩以下小、微型灌区约251处，灌溉年设计年取用水量约6.39亿$m^3$。河段内灌区分布零散，单一灌区灌溉面积不大，河段平均每千米灌区面积约0.16万亩，目前尚未出现灌区取水困难事件。

### 9.2.3　大通以下河段

大通以下河段干流河段长约624 km，分布有上海、南京，沿线其他地级城市有铜陵、芜湖、马鞍山、镇江、扬州、泰州、常州、南通8处，县城（区）有义安、繁昌、当涂、和县、仪征、扬中、泰兴、靖江、江阴、张家港、常熟、太仓、海门、启东、崇明15处，沿岸小集镇密集，干流集中取水口供水人口约4 884万人，约占中下游干流供水总人口的75.99%，设计年取用水量约54.69亿$m^3$。

河段内火电企业自备水源取水口52处，设计年取用水量约268.45亿$m^3$。高耗水一般工业企业自备水源取水口123处，设计年取用水量约24.41亿$m^3$。河段内另有生态环境取水口3处，设计年取用水量约1.51亿$m^3$。

河段内主要跨流域调水工程包括：①南水北调东线工程。从长江至东平湖设13个梯级抽水站，总扬程65 m，设计最终规模（第三期）年均引调水量约148.17亿$m^3$；②引江济淮工程。通过引江济巢、江淮沟通、江水北送三大输水段落向淮河流域调水，规划2030年、2040年年均引水量分别为33.03亿$m^3$、43亿$m^3$；③引江济太工程。从江苏常熟的望虞河引长江水抽提入太湖，设计75%频率枯水年的引长江水量31.87亿$m^3$。

河段内控制水文站大通站多年平均径流量8 946亿$m^3$。淮河水系自扬州三江营借道入海水量年均205亿$m^3$。

南京中心城区主要由北河口水厂、城北水厂、双闸水厂、江宁水厂、江浦水厂、浦口水厂、上元门水厂、远古水厂等核心水厂自长江干流取水供给城市用水，另有约20万人就近自临近水库和支流取用水。南京中心城区众核心水厂取水口运行水位为-8～-5 m，取水条件较好，基本不存在取用水困难问题。

铜陵中心城区主要由位于横港社区的横港水厂、滨江社区的新民水厂自长江干流取水供给城市用水。两座主要水厂和其他小水厂取水口运行水位为-0.7～3.0 m，取水条件较好，基本不存在取用水困难问题。

芜湖中心城区主要由位于吉和街道的健康路水厂、滑港街道的利民路水厂、天门山街道的杨家门水厂自长江干流取水供给城市用水，另有弋矶山街道铁路局水厂及三山经济开发区的两座水厂自长江干流取水供给城市用水，取水条件较好，目前尚未出现取用水困难事件。

马鞍山主要由位于佳山乡的市二水厂翠螺山南脚下取水口取水供给城市用水，取水条件较好，目前尚未出现取用水困难事件。

南京下游镇江、扬州、泰州、常州、南通等地级城市中心城区主水厂取水条件较好，目前尚未出现取用水困难事件。位于感潮河段的南通中心城区河段水厂有正常的避咸蓄淡的时段，长江口咸潮入侵影响不大。

大通站上游安庆、池州所处河段汇水面积大，水量丰沛，至大通河段枯水期比降约0.02‰，分析大通站频率水位，安庆、池州中心城区河段主槽河道水位基本不存在取用水困难问题。

本河段城市用水抗旱问题主要为应对咸潮入侵可能导致的水质性水安全事件。位于长江口北支江岸的江苏启东主要自内陆河网运河、内河取用水，南通海门自崇明岛西端崇头上游取用水，并且长江口北支江岸有正常避咸蓄淡时机，咸潮不利影响相对较小。因此，本河段城市用水抗旱问题主要为应对咸潮入侵可能导致的上海水质性水安全事件。上海70%原水供应由青草沙水库、陈行水库、东风西沙水库长江干流河道内3座避咸蓄淡型河口江心水库供应，其中，东风西沙水库供水崇明岛。在上海原水供水配额中，青草沙水库、陈行水库分别供应中心城区原水水量58%、12%；陈行水库有效库容950万 $m^3$，供水规模166万 $m^3/d$，供水范围包括宝山区、普陀区、闸北区、杨浦区、虹口区和浦东部分地区，供水人口约300万人，在不蓄取淡水的情况下可正常供水7天左右；青草沙水库有效库容4.38亿 $m^3$，供水规模719万 $m^3/d$，长江口咸潮入侵期间，水库设计在不蓄取淡水的情况下仍可正常供水最长连续68天。

根据不完全统计，陈行水库建成后1994～2014年共发生125次咸潮入侵。其中：1999年发生咸潮入侵8次，总天数达73天；2002年、2004年、2007年咸潮入侵达10次，总天数达到68～79天。青草沙水库自2010年运行以来，2013年咸潮入侵3次，历时7天21小时；2014年咸潮入侵8次，其中最严重的发生在2月3～26日，历时22天6小时。在历次的研究中，都以陈行水库正常运行7天遭破坏对应的大通站径流量参数，作为长江口压咸临界流量进行研究。咸潮入侵与径流量、潮汐、风、海平面上升、陆架环流等因子相关。长江口咸潮具有日、月、年、年际变化周期。目前，采用大通站流量 10 000 m³/s、12 000 m³/s、13 000 m³/s、15 000 m³/s 分别作为 I～IV 级预警条件之一。

在长江口咸潮记录中，有发生在 2001 年 10 月 18～23 日对应大通站流量 32 410 m³/s 的咸潮、2009 年 10 月 22～26 日对应大通站流量 15 200 m³/s 咸潮，由此可见，现行应对工作预案目标是保障某个频率范围内的普通和较大咸潮的供水安全问题。长江口咸潮具有日、月、年、年际变化周期的特点，导致其必定存在年代际周期规律，2001 年 10 月 18～23 日对应的大通站流量为 32 410 m³/s 的超级咸潮发生在 12 月～次年 3 月枯水期时，按流域水工程体系可调水量分析，枯水期压制此类超级咸潮并不现实。长江口咸潮与长江径流是几乎没有相关性的独立事件，应对长江口咸潮，应首先研究分析和确定所需要应对的咸潮规模和频率水平，再单独分析长江上游大型水库群调节能力可以应对的咸潮规模和频率水平，进而提出和确定的长江口压咸方案，同时厘清上游大型水库群应急补水调度力所不逮的咸潮事件范围，从而考虑其他综合处置应对的工程措施和非工程措施。目前暂无此方面研究，本书暂采用现行《长江口咸潮应对工作预案》预警参数。

河段涉及苏皖沿江平原、里下河平原、长江三角洲平原，数据统计显示，自干流河道取水灌溉面积 239.51 万亩，设计年取用水量约 21.4 亿 m³。最大灌区为大通站下游约 50 km 处灌溉面积 90 万亩凤凰颈排灌站供水灌区，另有 12 处中型灌区分布（以江坝抗旱站取水口灌溉面积 3.45 万亩为最大），以及 468 处灌溉面积小于 1 万亩的小、微型灌区。河段平均每千米灌区面积约 0.385 万亩。大通站下游约 50 km 处灌溉面积约 90 万亩凤凰颈排灌站灌区，占河段自干流取水农业灌溉面积约 37.5%；凤凰颈排灌站为引江济淮工程三大输水线之一的引江济巢线渠首工程，工程于 1987 年开工，1991 年竣工验收，排灌站最大排洪量 240 m³/s，最大取水量 200 m³/s，排灌站取水渠底板高程 1.5 m；大通至凤凰颈排灌河段枯水期比降约 0.015‰，查阅大通站逐日逐时水位-流量关系数据，在流量为 10 000 m³/s 条件下，大通站水位 4.13～5.15 m，完全可以满足凤凰颈排灌站灌溉用水需要。

现阶段预案研究根据集中取水口高程、径流频率流量、恢复原状水平、取水困难事件分析等方法综合确定，宜昌至城陵矶河段控制断面为沙市站，城陵矶至大通河段控制断面为汉口站，大通以下河段控制断面为大通站，拟定各控制断面现阶段预警参数如表 9.2 所示。

**表 9.2　长江中下游干流水量应急调度预警参数表**　（单位：m³/s）

| 控制水文站 | I 级预警 | II 级预警 | III 级预警 |
|---|---|---|---|
| | 城市抗旱 | 农业抗旱 | 生态抗旱 |
| 沙市站 | 6 220 | 8 550 | 8 800 |
| 汉口站 | 8 070 | 9 560 | 9 700 |
| 大通站 | 12 000 | 10 000 | 12 000 |

注：表中数据为日均流量。

# 9.3　水源工程体系可调水量

## 9.3.1　水源工程体系拟定

根据工程地理位置、工程特性及丰枯互补考虑，现阶段可以作为长江中下游干流应急水量调度水源工程主要包括长江干流溪洛渡水库、向家坝水库、三峡水库，雅砻江锦屏一级水库、二滩水库，乌江洪家渡水库、乌江渡水库、构皮滩水库，以及岷江（含大渡河）紫坪铺水库、瀑布沟水库和嘉陵江亭子口水库、宝珠寺水库。所选择12座已建水源工程水库正常蓄水位对应库容合计约931.9亿$m^3$，调节库容合计约527.3亿$m^3$。

紫坪铺水库1959～2014年长系列12月～次年3月最小可调水量0.00～7.58亿$m^3$，亭子口水库长系列12月～次年3月最小可调水量0.00～3.76亿$m^3$，宝珠寺水库长系列12月～次年3月最小可调水量0.00～6.22亿$m^3$。紫坪铺水库工程开发任务为灌溉、防洪、发电、供水，兼顾环境保护和旅游等；工程下游分布有成都、眉山、乐山等地，岷江河口地处宜宾，水库下游沿岸对紫坪铺水库下泄水量依赖程度较大。宝珠寺水库开发任务以发电为主，兼顾防洪、灌溉、航运、养殖、旅游等综合效益；亭子口水库开发任务以防洪、发电及城乡供水、灌溉为主，兼顾航运，并具有拦沙减淤等综合利用效益；两水库下游分布有广元、南充等地，嘉陵江河口地处重庆，下游嘉陵江干流沿岸对亭子口水库、宝珠寺水库下泄水量依赖程度较大。紫坪铺水库、亭子口水库和宝珠寺水库3座水库有供水、灌溉任务，3座水库下游城市、灌区较多，对其下泄水量依赖程度大，容易存在抗旱调水和发生供水区、受水区优先次序矛盾问题，且预期可调水量较小，预案中本阶段水源工程体系暂不考虑紫坪铺水库、亭子口水库和宝珠寺水库，推荐已建水源工程体系包括三峡水库、溪洛渡水库、向家坝水库、洪家渡水库、乌江渡水库、构皮滩水库、锦屏一级水库、二滩水库、瀑布沟水库9座水库工程，以及乌东德水库、白鹤滩水库、两河口水库、双江口水库4座水库，13座水库正常蓄水位相应库容合计1 247.55亿$m^3$，调节库容合计710.49亿$m^3$。

## 9.3.2　水库可调水量

已建工程可调水量分析数据采用列入长江流域大型水库群（41座）联合调度中的大型水库三峡水库、溪洛渡水库、向家坝水库、构皮滩水库、锦屏一级水库、二滩水库、瀑布沟水库7座水库1959～2014年长系列旬调节计算过程数据；未列入联合调度的洪家渡水库、乌江渡水库2座水库1959～2014年长系列旬调节计算过程数据。乌东德水库、白鹤滩水库、两河口水库和双江口水库4座水库，模拟调度依据按工程设计文件调度方案和方式。各水库可调水量如表9.3所示。

表 9.3　13 座水库可调水量统计表　（单位：亿 $m^3$）

| 时间 | | 平均值 | $P=75\%$ | $P=95\%$ | 最小值 | 时间 | | 平均值 | $P=75\%$ | $P=95\%$ | 最小值 |
|---|---|---|---|---|---|---|---|---|---|---|---|
| 1 月 | 上旬 | 639 | 634 | 571 | 413 | 7 月 | 上旬 | 202 | 185 | 160 | 134 |
| | 中旬 | 622 | 616 | 552 | 399 | | 中旬 | 233 | 216 | 189 | 174 |
| | 下旬 | 602 | 595 | 530 | 384 | | 下旬 | 251 | 238 | 219 | 201 |
| 2 月 | 上旬 | 582 | 575 | 514 | 368 | 8 月 | 上旬 | 287 | 270 | 231 | 211 |
| | 中旬 | 561 | 555 | 491 | 355 | | 中旬 | 328 | 306 | 259 | 211 |
| | 下旬 | 542 | 537 | 473 | 340 | | 下旬 | 371 | 355 | 297 | 228 |
| 3 月 | 上旬 | 519 | 513 | 449 | 327 | 9 月 | 上旬 | 450 | 428 | 366 | 269 |
| | 中旬 | 496 | 487 | 426 | 318 | | 中旬 | 544 | 523 | 418 | 294 |
| | 下旬 | 469 | 461 | 401 | 303 | | 下旬 | 576 | 579 | 460 | 330 |
| 4 月 | 上旬 | 445 | 435 | 377 | 304 | 10 月 | 上旬 | 660 | 654 | 503 | 372 |
| | 中旬 | 418 | 408 | 357 | 303 | | 中旬 | 679 | 682 | 543 | 420 |
| | 下旬 | 337 | 327 | 301 | 271 | | 下旬 | 684 | 688 | 562 | 453 |
| 5 月 | 上旬 | 260 | 251 | 224 | 199 | 11 月 | 上旬 | 688 | 688 | 632 | 461 |
| | 中旬 | 193 | 186 | 156 | 138 | | 中旬 | 687 | 688 | 633 | 460 |
| | 下旬 | 118 | 109 | 88 | 71 | | 下旬 | 684 | 683 | 637 | 459 |
| 6 月 | 上旬 | 97 | 83 | 65 | 53 | 12 月 | 上旬 | 678 | 676 | 648 | 455 |
| | 中旬 | 125 | 105 | 81 | 76 | | 中旬 | 669 | 667 | 638 | 445 |
| | 下旬 | 167 | 154 | 128 | 112 | | 下旬 | 654 | 650 | 620 | 427 |

### 9.3.3　水量应急调度方案建议

调水线路可根据实际情况从下列线路中选择，以主调水线路为主，在补水水量较大需要在水源工程体系中平衡考虑时，增加补偿调水线路，调水线路排名不分先后，按实时水情、工情确定。

1. 宜昌至城陵矶河段

**1）城市抗旱和农业抗旱**

城市抗旱：在沙市站流量 $Q\leqslant 6\,220\ m^3/s$ 且湖北或湖南省级机构提出河段城市抗旱应急调度申请，可启动本河段城市抗旱应急调度。农业抗旱：在 4 月、5 月，沙市站流量 $Q\leqslant 8\,550\ m^3/s$ 且湖北或湖南省级机构提出河段农业抗旱应急调度申请，可启动本河段农业抗旱应急调度。

主调水线路：乌东德水库→白鹤滩水库→溪洛渡水库→向家坝水库→三峡水库→沙市站。

补偿调水线路包括：①两河口水库→锦屏一级水库→二滩水库→乌东德水库；②双江口水库→瀑布沟水库→三峡水库；③洪家渡水库→乌江渡水库→构皮滩水库→三峡水库。

城市抗旱调度目标：河段河道水位高程满足河段城市取用水需要。农业抗旱调度目标：春耕期河段河道水位高程满足沿岸灌区灌溉期（10～15 天）取用水需要。

**2）生态抗旱**

在沙市站流量 $Q \leqslant 8\,800\ \mathrm{m^3/s}$，且流域管理机构提出生态抗旱意见，可启动本河段生态抗旱应急调度。

主调水线路：①两河口水库→锦屏一级水库→二滩水库→乌东德水库→白鹤滩水库→溪洛渡水库→向家坝水库→三峡水库→沙市站；②双江口水库→瀑布沟水库→三峡水库→沙市站；③洪家渡水库→乌江渡水库→构皮滩水库→三峡水库→沙市站。

生态抗旱调度目标：河段径流满足水生态环境需要。

### 2. 城陵矶至大通河段

**1）城市抗旱和农业抗旱**

城市抗旱：在汉口站流量 $Q \leqslant 8\,070\ \mathrm{m^3/s}$，且相关省级机构（湖北、湖南、江西、安徽）提出河段城市抗旱应急调度申请，可启动本河段城市抗旱应急调度。农业抗旱：在 4 月、5 月，汉口站流量 $Q \leqslant 9\,560\ \mathrm{m^3/s}$，且相关省级机构（湖北、湖南、江西、安徽）提出河段农业抗旱应急调度申请，可启动本河段农业抗旱应急调度。

主调水线路：乌东德水库→白鹤滩水库→溪洛渡水库→向家坝水库→三峡水库→沙市站→汉口站。

补偿调水线路包括：①两河口水库→锦屏一级水库→二滩水库→乌东德水库；②双江口水库→瀑布沟水库→三峡水库；③洪家渡水库→乌江渡水库→构皮滩水库→三峡水库。

城市抗旱调度目标：河段河道水位高程满足河段城市取用水需要。农业抗旱调度目标：春耕期河段河道水位高程满足沿岸灌区灌溉期（10～15 天）取用水需要。

**2）生态抗旱**

在汉口站流量 $Q \leqslant 9\,700\ \mathrm{m^3/s}$，且流域管理机构提出生态抗旱意见，可启动本河段生态抗旱应急调度。

主调水线路：①两河口水库→锦屏一级水库→二滩水库→乌东德水库→白鹤滩水库→溪洛渡水库→向家坝水库→三峡水库→沙市站→汉口站；②双江口水库→瀑布沟水库→三峡水库→沙市站；③洪家渡水库→乌江渡水库→构皮滩水库→三峡水库→沙市站。

生态抗旱调度目标：河段径流满足水生态环境需要。

### 3. 大通以下河段

**1）城市抗旱和农业抗旱**

城市抗旱：在大通站流量 $Q \leqslant 12\ 000\ m^3/s$，且上海提出长江口压咸应急调度申请，可启动本河段城市抗旱应急调度。农业抗旱：在 4 月、5 月，大通站流量 $Q \leqslant 10\ 000\ m^3/s$，且相关省级机构（安徽、江苏、上海）提出河段农业抗旱应急调度申请，可启动本河段农业抗旱应急调度。

主调水线路：①两河口水库→锦屏一级水库→二滩水库→乌东德水库→白鹤滩水库→溪洛渡水库→向家坝水库→三峡水库→沙市站→汉口站→大通站；②双江口水库→瀑布沟水库→三峡水库→沙市站→汉口站→大通站；③洪家渡水库→乌江渡水库→构皮滩水库→三峡水库→沙市站→汉口站→大通站。

城市抗旱调度目标：按水工程体系调节能力，应对长江口咸潮入侵对上海可能带来的水质性水安全问题。农业抗旱调度目标：春耕期河段河道水位高程满足沿岸灌区灌溉期（10～15 天）取用水需要。

**2）生态抗旱**

在大通站流量 $Q \leqslant 12\ 000\ m^3/s$，且流域管理机构提出生态抗旱意见，可启动本河段生态抗旱应急调度。

调水线路与城市抗旱调水线路一致。调度目标：河段径流满足水生态环境需要。

长江中下游干流水量应急调度响应参数表见表 9.4。

**表 9.4　长江中下游干流水量应急调度响应参数表**

| 指标 | 宜昌站 | 沙市站 | 螺山站 | 汉口站 | 九江站 | 大通站 |
|---|---|---|---|---|---|---|
| 水位变幅/m | 0.47 | 0.65 | 0.63 | 0.50 | 0.42 | 0.28 |
| 传播时间/h | 0 | 18 | 57 | 81 | 111 | 139 |

注：表中水位变幅为各节点小流量条件下径流变化 $1\ 000\ m^3/s$ 的相应水位变幅，宜昌站、沙市站流量 $Q \leqslant 10\ 000\ m^3/s$；螺山站流量 $Q \leqslant 12\ 000\ m^3/s$；汉口站、九江站、大通站流量 $Q \leqslant 15\ 000\ m^3/s$。

# 参考文献


长江勘测规划设计研究院, 2005. 南水北调中线一期工程可行性研究总报告[R]. 武汉: 长江勘测规划设计研究院.

长江勘测规划设计研究院, 2009a. 长江中下游水量应急调度预警水位研究[R]. 武汉: 长江勘测规划设计研究院.

长江勘测规划设计研究院, 2009b. 三峡工程对长江中下游重点影响区影响处理[R]. 武汉: 长江勘测规划设计研究院.

长江勘测规划设计研究院, 2013a. 大通以下主要引排江工程引排水对长江干流水文情势的影响分析[R]. 武汉: 长江勘测规划设计研究院.

长江勘测规划设计研究院, 2013b. 长江干流大通以下区域水资源供需平衡分析和主要控制断面管理指标分析[R]. 武汉: 长江勘测规划设计研究院.

长江勘测规划设计研究有限责任公司, 2014a. 三峡水库汛前水位集中消落调度方式优化研究[R]. 武汉: 长江勘测规划设计研究有限责任公司.

长江勘测规划设计研究有限责任公司, 2014b. 三峡水库消落期调度风险分析及应急调度策略研究[R]. 武汉: 长江勘测规划设计研究有限责任公司.

成都勘测设计研究院, 2008. 金沙江溪洛渡水电站发电特性研究报告[R]. 成都: 成都勘测设计研究院.

顾玉亮, 吴守培, 乐勤, 2003. 北支盐水入侵对长江口水源地影响研究[J]. 人民长江, 34(4): 1-3, 16-48.

国家发展和改革委员会, 2003. 关于三峡水电站上网电价和输电价格有关问题的通知[R]. 北京: 国家发展和改革委员会.

国家发展和改革委员会, 2011a. 关于陕西省引汉济渭工程项目建议书的批复[R]. 北京: 国家发展和改革委员会.

国家发展和改革委员会, 2011b. 国家发展改革委关于适当调整电价有关问题的通知[R]. 北京: 国家发展和改革委员会.

国家发展和改革委员会, 2011c. 国家发展改革委关于调整华中电网电价的通知[R]. 北京: 国家发展和改革委员会.

国家发展和改革委员会, 2015. 国家发展改革委关于完善跨省跨区电能交易价格形成机制有关问题的通知[R]. 北京: 国家发展和改革委员会.

国家发展和改革委员会, 2019. 国家发展改革委关于降低一般工商业电价的通知[R]. 北京: 国家发展和改革委员会.

国家环境保护总局, 国家质量监督检验检疫总局, 2002. 地表水环境质量标准: GB3838—2002[S]. 北京: 中国环境出版集团.

韩乃斌, 1983. 长江口南支河段氯度变化分析[J]. 水利水运科学研究(1): 74-81.

贺松林, 丁平兴, 孔亚珍, 2006. 长江口南支河段枯季盐度变异与北支咸水倒灌[J]. 自然科学进展(5):

584-589.
环境保护部, 2018. 饮用水水源保护区划分技术规范: HJ338—2018[S]. 北京. 中国环境出版社.
孔亚珍, 贺松林, 丁平兴, 等, 2004. 长江口盐度的时空变化特征及其指示意义[J]. 海洋学报, 26(4): 9-18.
茅志昌, 沈焕庭, 肖成献, 2001. 长江口北支盐水倒灌南支对青草沙水源地的影响[J]. 海洋与湖沼(1): 58-66.
茅志昌, 沈焕庭, 姚运达, 1993. 长江口南支南岸水域盐水入侵来源分析[J]. 海洋通报(3): 17-25.
沈焕庭, 茅志昌, 谷国传, 等, 1980. 长江口盐水入侵的初步研究: 兼谈南水北调[J]. 人民长江(3): 20-26.
沈焕庭, 茅志昌, 朱建荣, 2003. 长江河口盐水入侵[M]. 北京: 海洋出版社.
水利部长江水利委员会, 2001. 南水北调中线工程规划(2001 年修订)[R]. 武汉: 水利部长江水利委员会.
水利部长江水利委员会, 2011. 长江流域水资源管理控制指标方案[R]. 武汉: 水利部长江水利委员会.
水利部长江水利委员会, 2012. 长江流域综合规划(2012～2030 年)[R]. 武汉: 水利部长江水利委员会.
宋志尧, 茅丽华, 2002. 长江口盐水入侵研究[J]. 水资源保护(3): 27-30, 69.
王国峰, 乐勤, 2003. 长江口北支盐水入侵对陈行水库取水口的影响[J]. 城市公用事业(4): 21-22, 45.
王伟光, 郑国光, 2012. 应对气候变化报告(2012): 气候融资与低碳发展[M]. 北京: 社会科学文献出版社.
吴辉, 朱建荣, 2007. 长江河口北支倒灌盐水输送机制分析[J]. 海洋学报(中文版)(1): 17-25.
肖成猷, 沈焕庭, 1998. 长江河口盐水入侵影响因子分析[J]. 华东师范大学学报(自然科学版)(3): 74-80.
徐建益, 袁建忠, 1994. 长江口南支河段盐水入侵规律的研究[J]. 水文(5): 1-6, 63.
《中国河湖大典》编纂委员会, 2010. 中国河湖大典[M]. 北京: 中国水利水电出版社.
中华人民共和国国家质量监督检验检疫总局, 中国国家标准化管理委员会, 2006. 气象干旱等级: GB/T 20481—2006[S]. 北京: 中国气象局.
中华人民共和国国务院, 2010. 全国水资源综合规划(2010～2030 年)[R]. 北京: 中华人民共和国国务院.
中华人民共和国水利部, 2008a. 长江口综合整治开发规划[R]. 北京: 中华人民共和国水利部.
中华人民共和国水利部, 2008b. 旱情等级标准: SL 424—2008[S]. 北京: 中国水利水电出版社.
中华人民共和国水利部, 2009a. 城市供水应急预案编制导则: SL459—2009[S]. 北京: 中国水利水电出版社.
中华人民共和国水利部, 2009b. 三峡水库优化调度方案[R]. 北京: 中华人民共和国水利部.
中华人民共和国水利部, 2011. 水利水电建设项目水资源论证导则: SL525—2011[S]. 北京: 中国水利水电出版社.
中华人民共和国水利部, 2015. 三峡(正常运行期)—葛洲坝梯级水利枢纽梯级调度规程[R]. 北京: 中华人民共和国水利部.
中华人民共和国水利部, 2019. 三峡(正常运行期)—葛洲坝水利枢纽梯级调度规程(2019 年修订版)[R]. 北京: 中华人民共和国水利部.
中华人民共和国住房和城乡建设部, 中华人民共和国国家质量监督检验检疫总局, 2012. 城镇给水排水技术规范: GB 50788—2012[S]. 北京: 中国建筑工业出版社.
中华人民共和国住房和城乡建设部, 中华人民共和国国家质量监督检验检疫总局, 2016. 城市给水工程规划规范: GB 50282—2016[S]. 北京: 中国建筑工业出版社.

中华人民共和国住房和城乡建设部，中华人民共和国国家质量监督检验检疫总局，2018. 灌溉与排水工程设计标准: GB 50288—2018[S]. 北京：中国计划出版社.

朱建荣，朱首贤，2003. ECOM 模式的改进及在长江河口、杭州湾及邻近海区的应用[J]. 海洋与湖沼(4): 364-374.

BOWDEN K F, 1967. Circulation and diffusion[J]. American association for the advancement of science publication, 83: 15-36.

BOWDEN K F, SHARAF EL DIN S H, 1966. Circulation, salinity and river discharge in the mersey estuary[J]. Geophysical journal of the royal astronomical society, 10: 383-400.

BOWDEN K F, FAIRBAIRN L A, HUGHES P, 1959. The distribution of shearing stresses in a tidal current[J]. Geophysical journal of the royal astronomical society, 2(4): 288-305.

BOWEN M M, GEYER W R, 2003. Salt transport and the time-dependent salt balance of a partially stratified estuary[J]. Journal of geophysical research, 108(C5): 3158.

FISCHER H B, 1972. Mass transport mechanisms in partially stratified estuaries[J]. Journal of fluid mechanics, 53: 672-687.

GEYER W R, TROWBRIDGE J H, BOWEN M M, 2000. The dynamics of a partially mixed estuary[J]. Journal of physical oceanography, 30: 2035-2048.

LACY J R, STACEY M T, BURAU J R, et al., 2003. Interaction of lateral baroclinic forcing and turbulence in an estuary[J]. Journal of geophysical research, 108(C3): 3089.

LERCZAK J A, GEYER W R, 2004. Modeling the lateral circulation in straight, stratified estuaries[J]. Journal of physical oceanography, 34: 1410-1428.

LERCZAK J A, GEYER W R, CHANT R J, 2006. Mechanisms driving the time-dependent salt flux in a partially stratified estuary[J]. Journal of physical oceanography, 36(12): 2296-2311.

MACCREADY P, 1999. Estuarine adjustment to changes in river flow and tidal mixing[J]. Journal of physical oceanography, 29: 708-726.

MACCREADY P, 2004. Toward a unified theory of tidally-averaged estuarine salinity structure[J]. Estuaries, 27(4): 561-570.

PARK K, KUO A Y, 1996. Effect of variation in vertical mixing on residual circulation on narrow, weakly nonlinear estuaries[M]// AUBREY D G, FRIEDRICHS C T. Buoyancy effects on coastal and estuarine dynamics. Washington DC: American Geophysical Union.

PRANDLE D, 2004. Saline intrusion in partially mixed estuaries[J]. Estuarine coastal and shelf science, 59(3): 385-397.

PRITCHARD D W, 1952. Salinity distribution and circulation in the chesapeake bay estuaries system[J]. Journal of marine research, 11: 106-123.

PRITCHARD D W, 1954. A study of the salt balance in a coastal plain estuary[J]. Journal of marine research, 13: 133-144.

PRITCHARD D W, 1956. The dynamic structure of a coastal plain estuary[J]. Journal of marine research, 15:

33-42.

PRITCHARD D W, 1967. Observation of circulation in coastal plain estuaries[J]. Estuaries, 83, 37-44.

RALSTON D K, GEYER W R, LERCZAK J A, 2008. Subtidal salinity and velocity in the Hudson River estuary: Observations and modeling[J]. Journal of physical oceanography, 28: 753-770.

SCULLY M E, GEYER W R, LERCZAK J A, 2009. The influence of lateral advection on the residual estuarine circulation: A numerical modeling study of the Hudson River estuary[J]. Journal of physical oceanography, 39: 107-124.

SMITH R, 1976. Longitudinal dispersion of a buoyant contaminant in a shallow channel[J]. Journal of fluid mechanics, 78(4): 677-688.

WARNER J C, GEYER W R, LERCZAK J A, 2005. Numerical modeling of an estuary: A comprehensive skill assessment[J]. Journal of geophysical research, 110: 1-13.

WU H, ZHU J R, CHEN B R, et al., 2006. Quantitative relationship of runoff and tide to saltwater spilling over from the North Branch in the Changjiang Estuary: A numerical study[J]. Estuarine coastal and shelf science, 69(1/2): 125-132.

XUE P F, CHEN C S, DING P X, et al., 2009. Saltwater intrusion into the Changjiang River: A model-guided mechanism study[J]. Journal of geophysical research, 114(C2): 1-15.